Ralph Schlieper-Damrich, Petra Kipfelsberger,
Netzwerk CoachPro® (Hrsg.)

Wertecoaching

Beruflich brisante Situationen
sinnvoll meistern

managerSeminare Verlags GmbH

Ralph Schlieper-Damrich, Petra Kipfelsberger, Netzwerk CoachPro®
Wertecoaching
Beruflich brisante Situationen sinnvoll meistern

© 2008 managerSeminare Verlags GmbH
2. Auflage 2011
Endenicher Str. 41, D-53115 Bonn
Tel: 0228–977 91-0, Fax: 0228–616164
shop@managerseminare.de
www.managerseminare.de/shop

Alle Rechte, insbesondere das Recht der Vervielfältigung und der Verbreitung sowie der Übersetzung vorbehalten.

ISBN-13: 978-3-936075-72-7

Lektorat: Jürgen Graf
Cover: istockphoto
Druck: Kösel GmbH und Co. KG, Krugzell

Inhalt

Begrüßung ins Buch 9

Zum guten Beginn 13

Kapitel 1: Der Mensch strebt nach Sinn

1.1	**Brisanz und Sinn**	19
1.2	**Logos und Logotherapie**	21
1.3	**Existenzanalytisches Menschenbild**	23
1.3.1	Die drei Seinsschichten	23
1.3.2	Der Wille zum Sinn	27
1.3.3	Vom ‚Willen zum Sinn' zur Sinnerfüllung	32
1.4	**Werteverwirklichung**	33
1.4.1	Wertekonflikt	33
1.4.2	Wertekategorien	35
1.4.3	Tragische Trias	36
1.5	**Logotherapeutisch geprägte Haltungen und Vorgehensweisen**	41
1.5.1	Drei therapeutische Sequenzen	41
1.5.2	Der Logotherapeut als Sinnförderer	43
1.5.3	Charakterisierung von Gesundheit und Krankheit	45
1.6	**Methoden der Logotherapie**	49
	– Methode: Paradoxe Intention mittels Humor	50
	– Methode: Aufmerksamkeitsregulation durch Dereflexion	52
	– Methode: Einstellungsmodulation als Therapieziel und als Interventionsform	54
	– Intervention zur Einstellungsmodulation: Das Sinnwahrnehmungstraining	55
	– Intervention zur Einstellungsmodulation: Der Fantastische Dialog	56
	– Intervention zur Einstellungsmodulation: Die Werteimagination	56

– Intervention zur Einstellungsmodulation:
Die Biografiearbeit 57
– Intervention zur Einstellungsmodulation:
Der gemeinsame Nenner 57
1.7 **Forschung am Sinn** 59

Kapitel 2: Sokratischer Dialog

2.1 **Menschenbilder von Sokrates und Frankl**................... 67
2.1.1 Organe der Erkenntnis und des Sinns 72
2.1.2 Das Dialogische Prinzip 74
2.2 **Der Dialog im Sokratischen Dialog**............................... 78
2.2.1 Ziele und Resultate eines Dialogs 79
2.2.2 Das Prinzip ‚Augenhöhe' im Dialog 80
2.3 **Sokratische Strategien** 82
2.3.1 Sokratische Ironie.. 85
2.3.2 Mäeutik 86
2.3.3 Sokratische Fragen.. 87

Kapitel 3: Wertecoaching

3.1 **Coaching – Vom Allgemeinen zum Speziellen**............... 93
3.2 **Coaching zwischen Führungsarbeit und
Psychotherapie** 96
3.3 **Unterscheidungsmerkmale zwischen Logotherapie
und Coaching**.. 98
3.4 **Übergänge zwischen Logotherapie und
Wertecoaching** 102
3.5 **Thesen zum Transfer logotherapeutischen
Gedankenguts ins Wertecoaching** 105
– These 1: ‚Ver-Antwortung' 106
– These 2: ‚Anspruchsdenken'... 107
– These 3: ‚Werte-Ordnung' 109
– These 4: ‚Trotzmacht des Geistes' 111
– These 5: ‚Unvergänglichkeit des Vergangenseins'......... 113
– These 6: ‚Tod als Ansporn zum verantworteten Tun' 114
– These 7: ‚Tragischer Optimismus' 116
– These 8: ‚Perspektivenwechsel'....................................... 118
– These 9: ‚Vom Sinn zum Gewinn' 119
– These 10: ‚Verlierbarer Nutzen – unverlierbarer Wert' ... 121

3.6	Sinnvolles Arbeiten eines Wertecoachs	122
3.7	Methoden des Wertecoachings – Wertecoaching als Methode	123
3.7.1	Sokratische Dialogik im Coaching	124
3.7.2	Der ‚sokratische Coach'	125
3.7.3	Wertecoaching als Methode	128

Kapitel 4: Wertecoaching in der Praxis

4.1	**Sinn. Macht. Echt.** Praxisbeitrag von Bertram Kasper	136
4.2	**Auf zu neuen Ufern** Praxisbeitrag von Gunda Hess	153
4.3	**Neuen Sinn finden im brisanten Umfeld** Praxisbeitrag von Monica Ockenfels	171
4.4	**Man lebt ja nur einmal** Praxisbeitrag von Ralph Schlieper-Damrich	195
4.5	**Auf dem Weg zu sinnvollem Erfolg** Praxisbeitrag von Malu Salzig	204
4.6	**Sein und sollen** Praxisbeitrag von Ralph Schlieper-Damrich	230
4.7	**Klare Werte – starkes Team** Praxisbeitrag von Nina Eschemann	248
4.8	**Wertecoaching – ein echter Erlebnisprozess?!** Praxisbeitrag von Frau Anonyma	272

Zum guten Sinn 282

Anhang

Wertecoach-Collegium	290
Wissenschafts-Collegium	293
Literaturverzeichnis	295
Tabellen- und Abbildungsverzeichnis	300
Stichwortverzeichnis	302

Hinweis des Autorenteams: Um den Leserinnen und Lesern dieses Buches einen lesefreundlichen Text anzubieten, haben wir da, wo es sich nicht aus dem Kontext heraus anders anbot, nur in der männlichen Form geschrieben, immer war aber die weibliche Form gedanklich eingeschlossen. Wir hoffen auf Ihr Verständnis.

Ebenso haben wir uns während der Schlussredaktion entschlossen, den in der Fachliteratur verwendeten und damit auch in diesem Buch in Originalzitaten auftretenden Plural ‚Coachs' zu übernehmen, auch wenn wir wissen, dass viele Menschen das Wort ‚Coaches' für stimmiger halten.

*„Der Mensch ist das Wesen,
das immer entscheidet, was es ist."*

Viktor E. Frankl

Begrüßung ins Buch

Dieses Buch wurde für Führungskräfte und Coachs geschrieben. Warum sollten Sie dieses Buch lesen? Ich bin seit 20 Jahren in verschiedenen Führungsrollen in Unternehmen tätig. Als Personalverantwortlicher kenne ich alle gängigen Instrumente der Personalarbeit. Ich habe viele Moden kommen und gehen sehen. Auch die Entwicklung des Coachings habe ich aufmerksam beobachtet.

Die zunehmende Bedeutung dieser intensiven Beratungsdisziplin für die persönliche Entwicklung von Führungskräften und den Unternehmenserfolg, gilt es zu hinterfragen. Für mich ist es höchste Zeit, dass Coaching in all seinen Facetten beleuchtet und stärker professionalisiert wird, um als dauerhaftes und vor allen Dingen erfolgreiches Instrument in Unternehmen Einsatz zu finden.

Worauf ist die bisherige Entwicklung zurückzuführen?

Zum einen nehme ich seit Jahren eine Verlagerung der Lern- und Trainingsansätze, weg von Standardinstrumenten hin zu höchst individuellen Maßnahmen, wahr. Training bedeutete noch vor zehn Jahren, alle Führungskräfte einer Ebene durch ein Seminarangebot zu schleusen, um einen einheitlichen Kenntnis- und Erfahrungsstand herzustellen. Im Zeitverlauf wurde dabei jedoch nicht berücksichtigt, dass die Anforderungen an Unternehmen und ihre Leistungsträger immer differenzierter und spezialisierter wurden. Die Ursachen dafür finden wir unter anderem in einer verstärkten Kundenorientierung, einer weiter zunehmenden Individualisierung der Kundenbedürfnisse und – damit verbunden – in einer enormen Angebotstiefe bei Produkten, Dienstleistungen und Services.

Dieser Entwicklung hat eine ebenso differenzierte Unterstützung von Führungskräften und Mitarbeitern zu folgen. Wir wissen heute, dass jeder Mensch über ein einzigartiges Set von Talenten verfügt. Verfolgt man den in der Psychologie inzwischen anerkannten und weit verbreiteten Grundsatz, dass Personalentwicklung besonders leicht fällt und besonders erfolgreich ist, in den Bereichen, in denen der Mensch seine Stärken hat, so bedeutet dies zwangsläufig, höchst individuelle, ja maßgeschneiderte Entwicklungsmaßnahmen und -instrumente einzusetzen.

Coaching bietet diese Individualität. Hervorragende Coachs nutzen zu jedem Klientenanliegen passende Interventionen. Dieses profunde Vorgehen ermöglicht es dem Klienten, zielsicherer, robuster und schneller neue Wege persönlicher Entwicklung einzuschlagen.

Gilt dies für alle Organisationen?

Nein! Je geringer der Reifegrad einer Organisation ist, desto sinnvoller sind standardisierte Instrumente. Ich meine, in stark zentralisierten Organisationen, in denen die Mitarbeiter noch hinsichtlich ihrer Grundfertigkeiten entwickelt werden müssen, können auch standardisierte Trainingstools eingesetzt werden. Je reifer und komplexer eine Organisation aber ist, desto stärker sind individuelle Maßnahmen gefragt.

Komplexität wird getrieben beispielsweise durch dezentrale Strukturen, die Größe des Unternehmens oder den Grad an Kundennähe und Internationalität. Coaching adressiert diese Komplexität.

Zum anderen kommt Coaching dem verstärkt nachgefragten Bedürfnis von Führungskräften nach Entschleunigung entgegen. Organisationen und Kommunikationen haben sich in den letzten zehn Jahren erheblich beschleunigt. Entscheidungen werden zunehmend ad hoc abverlangt – natürlich auf der Basis wohl fundierter Fakten.

Schnelligkeit im Verhalten, Schnelligkeit im Denken und Schnelligkeit bei Entscheidungen erfordern Phasen der Reifung. Intuition muss hart erarbeitet und aufgebaut werden. Dazu bedarf es der Reflexion. Denken und Nachdenken sind in meiner Wahrnehmung aber keine gängigen Kulturtechniken mehr. Sie werden weder in Schulen und Universitäten substanziell gelehrt noch in Unternehmen konsequent praktiziert. Führungskräfte müssen an diese Kulturtechniken wieder herangeführt werden. Dies leistet Coaching.

Werden dementsprechend Coachs verstärkt nachgefragt und ihre Leistungen wertgeschätzt? Noch nicht genug! Warum nicht? Zu wenige Coachs haben bislang die herausragende Bedeutung von ‚Sinn' für die Führung und Leitung von Unternehmen herausgearbeitet. Und zu wenige Führungskräfte achten in ihrem Führungsalltag kontinuierlich auf die Dimensionen des Sinns und der Werte. Viel zu häufig wird die Reflexion der Werte von Praktikern als Luxus angesehen. Wertebewusstsein und Klarheit in Bezug auf sinnvolles Handeln muss hingegen viel stärker gefördert werden. Coachs müssen verstärkt über die Fähigkeit verfügen, Werte- und Sinnfragen zu stellen und ihren Klienten einen Raum zur Betrachtung und Kräftigung ihrer Werte zu öffnen. Traditionelle Unternehmer und ‚Leader' haben schon immer über diese Managementfähigkeit verfügt. Die Manager der Globalisierung müssen diese von Coachs erlernen. Wertecoaching ist daher fundamentales Coaching.

Wertearbeit steht in unmittelbarer Nähe zur Ausformung einer ‚Unternehmensethik'. Dieser Begriff ist meines Erachtens zu Recht in Mode gekommen. Es ist die Aufgabe der Unternehmensführer, dafür zu sorgen, dass er nicht verflacht oder gar schnell wieder in Vergessenheit gerät.

Wie integriert man die Ethik in die Unternehmenskultur? Hierzu muss in meinem Verständnis in den nächsten Jahren eine noch intensivere Diskussion über Unternehmenswerte geführt werden. Fairness, Vertrauen, Verlässlichkeit, Loyalität und Verantwortung gilt es zu definieren. Mitarbeiter und Führungskräfte müssen über einen Werte-Konsens verfügen.

Aber welche Werte, Normen und Standards sind uns wichtig?

Es gibt wahrlich ein starkes, neues Bedürfnis nach wahrer ‚Sinnlichkeit', Sinnhaftigkeit und Werten. Wert-‚voll' sind Unternehmen mit echten, beständigen Werten – und nicht nur einem kurzfristigen Shareholder-Value. Die Skandale und Unternehmenskrisen der letzten Jahre haben deutlich gemacht, dass vielen Unternehmen ihre Werte verloren gegangen sind. Nun heißt es, alte und neue Werte zu vereinbaren und zu verwirklichen. Auch dies ist möglich in ernsthaft und professionell gestalteten Coachingprozessen, durch die der Einzelne und damit das gesamte Unternehmen profitieren.

Dieses Buch vermittelt Ihnen wichtige Grundlagen des Wertecoachings, es stellt dabei einen intensiven Bezug zum Lebenswerk von Viktor E. Frankl her, dessen Arbeit an Werten und Sinn im therapeutischen Kontext eine gute Ausgangsbasis für Analogien ins Coaching darstellt. Zahlreiche Praxisbeispiele bringen diese theoretische Basis zum Leuchten.

Ich finde, Coachs sollten diese Ansätze nutzen, um zu noch größerer Akzeptanz und Durchsetzung ihrer Leistungen in Unternehmen zu gelangen. Und Führungskräfte mögen durch diese Perspektiven eingeladen sein, sich mit ihren Wertesystemen und ihrem Verständnis von Sinn auseinanderzusetzen.

Wenn Sie als Führungskraft oder Coach gute Entwicklungen und Veränderungen bewirken wollen, dann begrüße ich Sie nun zum Wertecoaching.

Prof. Dr. Utho Creusen
Chief Human Resources Officer
Media-Saturn-Holding GmbH

Zum guten Beginn ...

Ralph Schlieper-Damrich

Coachs therapieren nicht. Qualifizierte Business Coachs achten auf Transparenz und Berechenbarkeit ihrer Rolle. Solide arbeitende Coachs kennen jedoch auch die Welt der Psychotherapie, denn eine eigene Rolle wird umso klarer, je klarer man die Rollen benachbarter Disziplinen kennt. Im Wertecoaching laden wir unsere Leser daher dazu ein, eine aus unserer Sicht besondere ‚gute Nachbarschaft' von Coaching und Psychotherapie kennenzulernen. Kein anderer als der Wiener Psychiater und Neurologe Viktor E. Frankl (1905-1997) spricht dabei wohl eine solche Einladung menschenorientierter aus – und das, obwohl ihm die Arbeit von Coachs selbst kaum umfassend bekannt gewesen sein dürfte.

Viktor E. Frankl gilt als Protagonist sinnzentrierter Psychotherapie. Mit seiner Logotherapie spricht er den Menschen als Wesen an, das nach Sinn in seinem Leben sucht, nach Sinn fragt, diesen Sinn letztlich in Freiheit und Verantwortung findet, durch die Verwirklichung von Werten diesen Sinn erfüllt und sich auf diesem Wege existenzielle Antworten selbst zu geben vermag. Freiheit, Verantwortung und Selbsthilfe sind ihrerseits Grundpfeiler des Coachings. Der Fokus auf Werte und Sinn ist der Rahmen für das Wertecoaching, dem dieses Buch gilt.

In einem wesentlichen Aspekt geht es Frankl und uns um das Erkennen von Werten, die der Mensch verwirklichen will, um sein privates und berufliches Leben sinnvoll zu gestalten. Hierzu nutzt die Logotherapie ein Methodenrepertoire, das sich sogar zum Teil dazu anbietet, in adaptierter Weise auch im Wertecoaching angewandt zu werden. Viel wichtiger jedoch als diese ‚Leihgaben' ist es für uns, mit diesem Buch einen Beitrag dafür zu leisten, Führungskräften die Haltung und das Menschenbild nahezubringen, das wir als unabdingbar für eine respektvolle Arbeit mit dem Wertesystem eines Menschen ansehen. Frankl leistet hier Großes, und wir knüp-

fen in weiten Teilen unserer Ausführungen gerne an ihn an, jedoch ohne damit Vorschub zu einer dogmatischen Verengung leisten zu wollen. Im Autorenkreis finden sich Freunde der Sichtweisen Sartres, Schweitzers, Bubers, Antonovskys, Seligmans und anderer Philosophen und Psychologen, die sich mit Fragen der Werte und des Sinns befassten. Der aufmerksame Leser wird in den Praxisteilen diese Bezüge durchschimmernd wahrnehmen. Da jedoch alle Autoren auch mit dem auf diesen Kontext fokussierten Lebenswerk Frankls vertraut sind, entschlossen wir uns, diese gute Gemeinsamkeit zu nutzen und auf einem Theorieteil, der eben Frankls Logotherapie und Existenzanalyse zur Basis haben wird, aufzubauen.

> „Es gibt keine Situation,
> in der das Leben aufhören würde,
> uns eine Sinnmöglichkeit anzubieten,
> und es gibt keine Person,
> für die das Leben nicht eine Aufgabe bereithielte."
>
> Viktor E. Frankl

So sehen wir es auch, und wir haben uns gefragt, welche Aufgabe wir als Autorenteam gemeinsam annehmen könnten, um über sie Führungskräften wie Coachs, Praktikern wie Theoretikern gleichermaßen eine anregende Perspektive zu bieten. Als Team intern und extern agierender Business-Coachs haben wir immer wieder erlebt, dass der Umgang mit Werten und Wertmaßstäben, mit Belastungen im Berufsleben, mit brisanten Situationen, Krisen und Differenzen zwischen eigenen und fremden Wertvorstellungen oder auch mit mangelnden Sinnhaftigkeiten die Gespräche im Coaching formten. Wir haben erkannt, dass es dabei wichtig ist, das Wesentliche des Menschen, seine Werte, in den Vordergrund zu rücken und ihm im Coaching seinen angemessenen Raum zu geben. Es entstand die Idee zum Wertecoaching. Und zu diesem Buch.

Wien ist die Stadt dreier Psychiater, deren Schaffenskraft bis heute die ‚Bilder vom Menschen' und die Arbeit mit ihnen tief geprägt haben. Mit Sigmund Freud (1856-1939) wurde die ‚Psychoanalyse' begründet, Alfred Adler (1870-1937) folgte mit seiner ‚Individualpsychologie' und Viktor E. Frankl (1905-1997) mit seiner ‚Existenzanalyse'. Frankl wollte den in der Psychoanalyse postulierten ‚Willen des Menschen zur Lust' ebenso wenig als Einheitsverständnis

Zum guten Beginn ...

angenommen wissen wie den in der Individualpsychologie formulierten ‚Willen des Menschen zur Macht'. Seine Existenzanalyse, die operativ in der Logotherapie mündet, erweitert beide Theoriegebäude um den für ihn alles entscheidenden ‚Willen des Menschen zum Sinn'.

Zu Beginn dieses Buches wird dieser Wille zum Sinn ein zentrales Thema sein. Im späteren Praxisteil werden sich Wege zeigen, wie die arbeitenden Coachs ihre Klienten darin unterstützen, stimmige Antworten auf brisante Sinnfragen zu finden. Sie folgen dabei über weite Strecken den Grundzügen ermöglichungsdidaktisch geprägter Prozessgestaltung, die bereits im Buch ‚Ermöglichungscoaching'[1] ausführlich entfaltet worden ist und dazu führt, dass in diesem Buch der Schwerpunkt mehr auf den Inhalten des Coachings als auf dessen Form liegen kann.

Sinn (lat. sensus): die alles Denken, Wollen und Tun bestimmende geistige Mitte (Sinnesart, Gemütsart) des Menschen; die im Verstehen zugänglichste geistige Bedeutung von etwas im Hinblick auf einen größeren Zusammenhang.[2]

Auch dieses Buch soll ein lebendiger Begleiter für den Leser werden. Daher sei bereits hier darauf hingewiesen, dass die Webpräsenz *www.wertecoaching.biz* eine umfangreiche Vorstellung von Methoden und Tools bereithält, auch derer, die die Autoren in ihren Praxisfällen nicht zum Einsatz brachten. Eben diese Zusammenstellung wird sich über die Zeit hinweg weiter vergrößern und dem Leser die Gelegenheit geben, verschiedene Zugänge zur Arbeit mit Werten und Sinn zu ‚erlesen'.

*www.wertecoaching.biz
Login mit:
werte
sinn*

Wir glauben, die Arbeit mit Werten hat auf eine besondere Weise mit dem zu tun, was im täglichen ‚Pflichtenheft' unserer Klientel geschrieben steht – mit der Aufgabe, kräftig zu führen. Führungs-Kraft zu ‚sein' stellt eben auch eine Verpflichtung dar, neben dem angemessenen Einsatz von Macht und Stärke – die sich in Kompetenz und Hierarchie begründen kann – im Führungsverhalten mit der ganzen Persönlichkeit durchzutönen (per-sonare = durchtönen). Die ‚Töne' wiederum finden ihren Ursprung in den personalen Werten des Menschen. Was der Mensch sich also ‚wert' ist, zeigt sich schließlich in seinem wertschätzenden Verhalten, in seinen Handlungen, Entscheidungen und Kommunikationen.

Wertecoaching stellt für uns eine angemessene Gesprächsplattform dar, auf der unsere Klienten reflektieren können, in welcher Weise sie ihren Sinn gefunden haben, in welcher Weise sie in ihrem Umfeld dazu beitragen, dass die Menschen dort ihre Werte ver-

wirklichen können oder in welcher Weise sie brisante Situationen sinnvoll meistern können. Und es gibt viele brisante Situationen ...

... und so bin ich bestrebt, die Position des Vorstandes einzunehmen ... mit meinen 56 Jahren stellt das für mich die Krönung meiner beruflichen Laufbahn dar ... ich kann auf eine stetige Entwicklung zurückblicken, manchmal gab es side-steps, dann wieder nächste Stufen ... es ist für mich nur logisch, nun in den Vorstand aufzurücken ... wozu das gut ist? ... ich kenne mein Unternehmen genau, und ich will mitwirken, dass unsere Firma dorthin kommt, wohin wir uns vorgenommen haben, es im Markt zu platzieren ... wozu das für mich gut ist? ... ich sagte ja schon, es wäre die Krönung ... wer mich krönen würde? Sie stellen vielleicht Fragen! ... rein formal ist die Benennung zum Vorstand bei uns eher blutleer, man wird „announced" ... wer würde mich wohl informell krönen? ... wissen Sie – aber ich glaube, das hat mit meinem Thema hier nichts zu tun – [stockend] es war mir leider nicht vergönnt, Kinder zu bekommen. Ich wäre wirklich gerne Vater geworden. Und manchmal denke ich mir so, dass ich mich so ins Zeug gelegt habe, weil es eben mit einer ganzen Familie für mich nichts wurde ... an sich würde das Ungeborene mich krönen, klingt seltsam, oder? ...

Anm.: Ausgangssituation eines Coachings, beginnend im Januar 2008, in diesem Buch nicht weiter ausgeführt.

Fußnote:

1) vgl. Schlieper-Damrich et al., 2006, S. 13 ff.
2) vgl. Müller et al., 1988, S. 281

Kapitel 1

Der Mensch strebt nach Sinn

Petra Kipfelsberger

Schnellfinder

1.1	**Brisanz und Sinn**	19
1.2	**Logos und Logotherapie**	21
1.3	**Existenzanalytisches Menschenbild**	23
1.3.1	Die drei Seinsschichten	23
1.3.2	Der Wille zum Sinn	27
1.3.3	Vom ‚Willen zum Sinn' zur Sinnerfüllung	32
1.4	**Werteverwirklichung**	33
1.4.1	Wertekonflikt	33
1.4.2	Wertekategorien	35
1.4.3	Tragische Trias	36
1.5	**Logotherapeutisch geprägte Haltungen und Vorgehensweisen**	41
1.5.1	Drei therapeutische Sequenzen	41
1.5.2	Der Logotherapeut als Sinnförderer	43
1.5.3	Charakterisierung von Gesundheit und Krankheit	45
1.6	**Methoden der Logotherapie**	49
	– Methode: Paradoxe Intention mittels Humor	50
	– Methode: Aufmerksamkeitsregulation durch Dereflexion	52
	– Methode: Einstellungsmodulation als Therapieziel und als Interventionsform	54
	– Intervention zur Einstellungsmodulation: Das Sinnwahrnehmungstraining	55
	– Intervention zur Einstellungsmodulation: Der Fantastische Dialog	56
	– Intervention zur Einstellungsmodulation: Die Werteimagination	56
	– Intervention zur Einstellungsmodulation: Die Biografiearbeit	57
	– Intervention zur Einstellungsmodulation: Der gemeinsame Nenner	57
1.7	**Forschung am Sinn**	59

1.1 Brisanz und Sinn

Brisante Themen dulden meist wenig Aufschub. Das Empfinden, in einer heiklen, brisanten Situation zu sein, wird oft mit Druckgefühl, Stress, Handlungseile, Hilfsbedürftigkeit, Sackgasse, Dilemma oder auch Krise oder Angst verbunden. ‚Ich bin erschüttert', ‚Ich kann so nicht mehr', ‚Ich weiß nicht' mögen als recht treffende Antworten auf die Frage ‚Wie geht es Ihnen?' gelten, die einem Menschen gestellt wird, der sich in einem brisanten Zustand befindet.

Etwas ist aus dem Lot, etwas ist leer im Leben geworden, etwas ist sehr schwer zu verdauen. Die Hoffnung auf eine schnelle Lösung, hektische Ad-hoc-Aktionen, das Warten auf gute Feen oder auch Verdrängung oder Fluchtverhalten sind je nach Grad der Betroffenheit vielfach beobachtete Folgewirkungen. Manche von ihnen führen zumindest kurzfristig und kurzzeitig zu einer gewissen Entlastung.

Spricht ein Mensch über Brisantes, dann stehen fundamentale Fragen und Überlegungen im Raum wie ‚wieso ich', ‚warum so', ‚mag ich so noch leben', ‚bin ich da, wo ich bin, an einem guten Platz', ‚das kann doch nicht wahr sein', ‚ich bin mir doch mehr wert', ‚wo ist darin noch Sinn'. Es ist spürbar – hier adressiert der Mensch eine substanziellere Ebene, hier wird es nicht nur wichtig, sondern wesentlich. Coaching auf dieser Ebene des Wesentlichen ist für den Coach nicht voraussetzungslos – es bedarf einer klaren Orientierung: Klarheit im Menschenbild, Klarheit in der Prozessgestaltung, Klarheit in inhaltlichen Äußerungen.

Wollen Coachs dies für ihre Arbeit lernen, so bietet sich für sie an, offen und kreativ dorthin zu schauen, wo Arbeit an brisanten Themen ehedem auf der Tagesordnung steht. Führungskräften, die in ihrer Rolle in einem derart angespannten Umfeld arbeiten, wird der Blick, wie andernorts an Fragen nach dem Sinn gearbeitet wird, sowohl dabei helfen, die persönlichen Kenntnisse zu vertiefen als

auch in akuten Situationen die eigene Einflussnahme angemessen zu gestalten.

Ein solcher Blick führte die an diesem Buch mitwirkenden Coachs zu einer im Business weithin unbekannten Qualität – zur sinnzentrierten Psychotherapie Viktor E. Frankls. Die Auseinandersetzung mit Frankl stellt – so viel sei vorweggenommen – in unserer Sicht ein Desiderat für Unternehmen und Institutionen, für Führende und Geführte dar.

Mit dem ersten Kapitel verfolgen wir daher das Ziel, dem Leser zu ermöglichen, sich ein fundamentales Verständnis über die Theoriearchitektur Frankls, seiner Beziehung zu Geist und Existenz, aufzubauen. Ebenfalls in diesem Kapitel erhält der Leser einen umfassenden Überblick über das methodische Repertoire der Logotherapie. Das zweite Kapitel widmet sich einer Interventionsform – dem Sokratischen Dialog – der auch eine feste Größe in der logotherapeutischen Arbeit darstellt. Impulse für die praktische Arbeit im Coaching und Hinweise zu methodischen Details werden im dritten Kapitel folgen – sie sind der Grundstock für die Integration logotherapeutischen Gedankenguts in Coachingprozesse. Das vierte Kapitel steht dann auch ganz im Zeichen konkret durchgeführter Arbeiten und einer ausführlichen Reflexion der Coachs und Klienten.

1.2

Logos und Logotherapie

*"Ganz Mensch ist der Mensch eigentlich nur dort,
wo er ganz aufgeht in einer Sache,
ganz hingegeben ist an eine andere Person."*

Viktor E. Frankl

Die Logotherapie Viktor E. Frankls versteht den Menschen als ein nach Sinn strebendes Wesen. Ihre Aufgabe als sinnzentrierte Psychotherapie ist es, Menschen bei ihrer Sinnfindung zu helfen. Sie wird dazu – wie wir später ausführen werden – mit dem ‚Wesentlichen' des Menschen arbeiten, mit seinem Wertesystem und dessen Verwirklichung.

Logotherapeutisches Arbeiten unterscheidet sich vom verbreiteten ‚psychologischen' Therapieparadigma, in dessen Fokus die heilende Arbeit an der *psychischen Verfassung* eines Menschen steht – und in dessen Konsequenz dann auch ein ‚gesünderer' geistiger Zustand erhofft wird. In der Logotherapie steht hingegen dieser *geistige Zustand* im Vordergrund des therapeutischen Geschehens. Verläuft die Therapie des ‚Logos', des Sinns und des Geistigen, erfolgreich, so wirkt sich dies in der Folge auch heilsam auf die Seele und die Psyche des Menschen aus.

Logotherapie und Existenzanalyse konzentrieren sich auf das Geistige im Menschen.

Für Frankl ist das Sinnbedürfnis des Menschen dessen zentrale Motivation und die per se gegebene Möglichkeit der Sinnfindung das Fundament seiner Existenz. In Abgrenzung zur ‚Psycho'-Analyse, die ihren Blick auf psychisch-triebhafte Energien lenkt, postuliert Frankl daher mit seiner ‚Existenz'-Analyse einen auf eigenverantwortetes, selbst gestaltetes und menschenwürdiges Leben gerichteten Menschen. Kurz gesagt: Frankl versteht den Menschen nicht als ‚Ge-Triebenen', sondern als Existierenden (existere = ins Leben getreten).

Die Existenzanalyse ist die anthropologische Wurzel der Logotherapie.

Die Existenzanalyse ist demnach die anthropologisch-ganzheitliche Wurzel, die Logotherapie die auf diesen Wurzeln gewachsene und als Dritte Wiener Schule der Psychotherapie [nach Freud und Adler] angesehene Therapierichtung. Für den auf der Basis der Existenzanalyse arbeitenden Logotherapeuten steht das konkrete, individuelle Leben und Erleben eines Patienten und die mit diesem Leben verbundenen möglichen existenziellen Gründe und Auswirkungen einer seelischen Erkrankung im Arbeitsfokus. Der Therapeut unterstützt darin, dass der Patient zu einem freien Erleben, zu eigenverantwortlichen Positionen und einem sinnvollen Umgang mit sich und seiner Umwelt gelangt.

Die Therapie des Logos, also die therapeutische Arbeit an der ‚geistigen Person' des Menschen, basiert somit auf der freien und verantwortlichen Existenz des Menschen. Im Zentrum der individuellen Existenz steht mithin der Sinn im Leben und mit diesem verbunden die personalen Werte, denen gegenüber der Mensch sich verhält und für deren Verwirklichung er sich motiviert.

Es geht nicht um Selbstverwirklichung. Es geht um Sinnverwirklichung.

Anders als Freud, der den Willen zur Lust, und anders als Adler, der den Willen zur Macht postulierte, kommt Frankl zu der Erkenntnis, dass der ‚Wille zum Sinn' allen anderen Motivationen vorgängig ist. Der Wille zum Sinn ist etwas Ursprüngliches im Menschen, er kann nicht auf ‚Ein-Flüsse' zurückgeführt werden, auf die der Mensch nur reagieren kann. Stärker noch: Der Mensch ist für Frankl nicht restlos determiniert. Er kann immer auch anders werden – wenn er nur will.

Existenzanalytisches Menschenbild

In der existenzanalytischen Perspektive wird der geistigen Dimension eine besondere Bedeutung zuerkannt. Der durch den Geist gekennzeichnete ‚Homo noeticus' (nous = Geist (griech.)) ist ein freies und verantwortliches Wesen, eine geistige Person, die sich zu sich selbst und zu anderen verhalten kann.

Das existenzanalytische Menschenbild geht dabei von einem Menschen aus, der drei Dimensionen, die somatische, die psychische und die geistige Dimension in sich vereint. Der Mensch sei „eine leiblich-seelisch-geistige Einheit und Ganzheit"[1], „eine Einheit trotz Mannigfaltigkeit"[2], so Frankl.

1.3.1 Die drei Seinsschichten

Alles Leibliche zählt zur somatischen Dimension. Zu ihr gehören das organische Zellgeschehen und die biologisch-physiologischen Körperfunktionen.

Die psychische Dimension des Menschen umfasst die Kognitionen und Emotionen, die „Sphäre seiner Befindlichkeit [...], seine Gestimmtheit, (Trieb-)Gefühle, Instinkte, Begierden, Affekte."[3] Hierzu gehören auch intellektuelle Fähigkeiten, Verhaltensmuster sowie soziale Prägungen.

Intentionalität, Schöpferisches, Ethisches und Werteverständnis entsprechen der noetischen Dimension. Auch die Fähigkeit, sich auf die Transzendenz (auf das Göttliche) zu beziehen sowie das Vermögen der selbstlosen, nicht berechnenden Hingabe wurzeln in der noetischen Dimension. Mit der noetischen Dimension vermag der Mensch, zu seiner Leiblichkeit und seiner psychischen Befindlichkeit ‚so oder so' Stellung zu nehmen, und über diese geistige

„Das Geistige aber ist nicht nur eine eigene Dimension, sondern auch die eigentliche Dimension des Menschseins."[4]

Stellungnahme auch seinen psychophysischen Zustand ein Stück weit zu steuern. Für die Logotherapie stellt eben diese noetische Dimension die eigentliche dar.

Psychophysikum = psychische und somatische Dimension

Die beiden ‚sub'-noetischen Dimensionen, die somatische und psychische Dimension, werden im ‚Psychophysikum' zusammengefasst. Sie werden dynamisch betrachtet und als psychophysischer Parallelismus bezeichnet. Sie sind so gleichgeschaltet, so innig miteinander verbunden, dass ein somatischer Vorgang auch in der Psyche einen parallelen Vorgang auslöst – et vice versa.

Ein Hungergefühl, wenn es lange andauert, kann zu Frustration führen. Ein Trauergefühl kann körperliche Reaktionen auslösen (zugeschnürte Kehle, Schlafstörung, körperliche Kraftlosigkeit). In der somatischen und psychischen Dimension ähnelt der Mensch weitestgehend dem höher entwickelten Tier.

„Mit dem Tier teilt der Mensch die biologische und die psychologische Dimension. Mag sein Tiersein auch noch so sehr von seinem Menschsein her dimensional überhöht und geprägt sein, irgendwie hört der Mensch nicht auf, auch ein Tier zu sein. Ein Flugzeug hört nicht auf, genauso wie ein Auto auf dem Flughafengelände, also in der Ebene umherfahren zu können; aber als ein wirkliches Flugzeug wird es sich erst dann erweisen, wenn es sich in die Lüfte, also in den dreidimensionalen Raum erhebt. Genauso ist der Mensch auch ein Tier; aber er ist auch unendlich mehr als ein Tier, und zwar um nicht weniger als eine ganze Dimension, nämlich die Dimension der Freiheit. Die Freiheit des Menschen ist selbstverständlich nicht eine Freiheit von Bedingungen, sei es biologischen, sei es psychologischen oder soziologischen; sie ist überhaupt nicht eine Freiheit von etwas, sondern eine Freiheit zu etwas, nämlich die Freiheit zu einer Stellungnahme gegenüber all den Bedingungen. Und so wird sich denn auch ein Mensch erst dann als ein wirklicher Mensch erweisen, wenn er sich in die Dimension der Freiheit aufschwingt."[5]

Freiheit schließt für Frankl immer schon die Verantwortung gegenüber einem konkreten Sinn ein. Über das Psychophysikum erhebt sich also das Noetische und setzt sich mit den subnoetischen Seinsschichten auseinander (siehe Abb. 1, S. 25). Diese Auseinandersetzung fühlt sich oft wie ein ‚Kampf' an – das Geistige in der

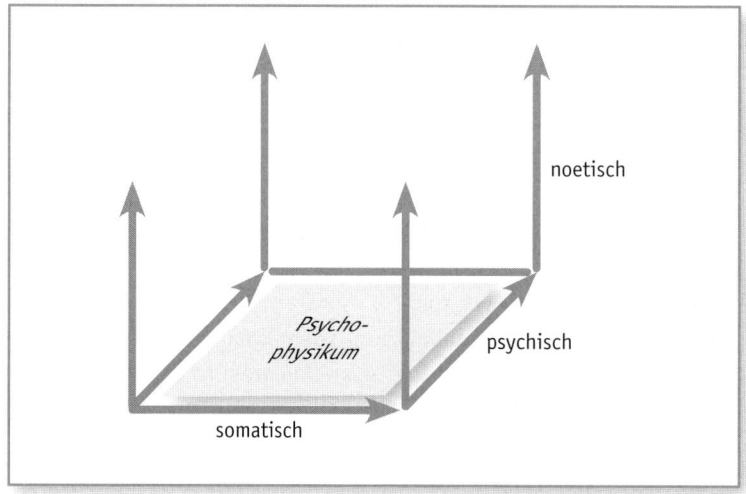

Abb. 1: Dimensionalontologie, in Anlehnung an Lukas[6]

Form von Freiheit und Verantwortlichkeit setzt sich nicht immer sofort gegenüber der Trägheit des Psychophysikums durch. Damit erschließt sich die Ursache für Anliegen und Problemstellungen des Logotherapie-Patienten (und, wie wir sehen werden, auch des Wertecoaching-Klienten), *dass nämlich in einem Menschen zuweilen das Psychische über das Geistige dominiert.*

Die Möglichkeit zur *Bewältigung dieser psychischen Dominanz* – von Frankl ‚Trotzmacht des Geistes' genannt – findet ihre Quelle in der besonderen Gabe des Geistes, ein ‚es hat mich' in ein ‚ich habe es' umzumünzen. Diese Gabe des Geistes, der so genannte ‚noo-psychische Antagonismus', ist eine der wesentlichen Säulen der Logotherapie-Theorie Frankls. Er ermöglicht es dem Menschen, sich über bestimmte störende Protagonisten oder Begebenheiten (zum Beispiel psychische Frustration, Gefühle der Minderwertigkeit, Angst, Zwang, depressive Stimmungen), die er hat, zu erheben und sich von diesen zu distanzieren.

Trotzmacht des Geistes = der Psyche geistig trotzen.

Ein Beispiel aus Frankls Leben im Konzentrationslager beschreibt die herausragende Trotzkraft menschlichen Geistes. Es handelt von der letzten Scheibe Brot, die ein Hungernder einem noch Bedürftigeren, als er selbst es ist, schenkt. Das Magenknurren und ein niedriger Blutzuckerspiegel des Hungrigen repräsentieren die somatische Dimension. Auf der psychischen Ebene verspürt er ein

Verlangen nach Essen, und Essfantasien quälen ihn. Das Psychophysikum, das die körperliche und seelische Ebene vereint, spiegelt den engen parallelen Verlauf zwischen Körper und Psyche wider. Der Hungernde würde nur allzu gerne das Brot selbst essen. Löst sich nun dieser in der noetischen Seinsschicht vom Hungergeschehen heraus und gibt die letzte Brotscheibe einem noch Bedürftigeren, so hat sein Geist das Subnoetische überwunden und ihm getrotzt.[7]

„Das Ich ist nicht bloß Ergebnis von ‚Trieb'-Komponenten, die wir uns etwa nach Art eines Kräfteparallelogramms vorzustellen hätten. Vielmehr hat das Ich von vornherein und auf jeden Fall die Entscheidungsgewalt. Diese Mächtigkeit des Ich gegenüber dem Es [gegenüber den Trieben] kann nicht selber wiederum aus Triebhaftigkeit abgeleitet werden."[8] Frankl findet sich hier im Einklang mit Martin Buber, der vor ‚einer Verwechselung von Macht und Kraft' gewarnt hat und erklärte, man müsse zwischen Kräften einerseits, und der ‚Fähigkeit, Kräfte in Bewegung zu setzen' andererseits sehr genau unterscheiden. Letztere Fähigkeit, diese Macht, Kräfte in Bewegung zu setzen, habe der Geist. Von hier aus lässt sich erneut die „Herrschaft des Geistes" über die Triebe zumindest erahnen.

„Ich muss mir von mir selbst nicht alles gefallen lassen!"

Die Idee der Trotzmacht des Geistes hat Frankl immer wieder in seinen Vorträgen mit einem eindringlichen Satz veranschaulicht: „Ich muss mir von mir selbst nicht alles gefallen lassen!" Dieser Kernsatz der personalen Perspektive zielt darauf ab, dass sich ein Individuum nicht nur in einer konkreten Situation über Schmerzen des Psychophysikums hinwegsetzen kann, sondern sich auch über seinen eigenen Charakter erheben, sich zu seinem ‚so und so bestimmten Charakter' verhalten kann.

Charakter hat man. Person ist man.

Der Mensch *ist* von vornherein geistige Person, *hat* einen psychischen Charakter und *wird* zur reifen Persönlichkeit, indem er sich als geistige Person [die er ist] mit dem eigenen Charakter [den er hat] auseinandersetzt. Charakter hat man, Person ist man. Wir spüren, in der Logotherapie steht das unverlierbare Sein und nicht das Haben im Zentrum. Der Mensch ist ‚entscheidendes Sein' (Karl Jaspers), er entscheidet nicht nur etwas, vielmehr auch sich selbst – und das in jedem Moment.

Der Mensch ist ein Wesen, das immer entscheidet, wer es im nächsten Augenblick sein wird, sagt Frankl. Natürlich bleibt der

Mensch vielfach determiniert durch biologische, psychologische, soziologische und ökonomische Faktoren, so dass man sagen kann: Der Mensch ist nicht frei ‚von' all diesen Faktoren. Aber – und das ist entscheidend – er ist frei, ‚zu' diesen Faktoren eine persönliche Stellungnahme zu beziehen. Dem Menschen ist es möglich, zu äußeren Gegebenheiten und inneren Zuständen Stellung zu beziehen, sich so oder so einzustellen, sich so oder anders zu verhalten.

1.3.2 Der Wille zum Sinn

„Sinn ist also jeweils der konkrete Sinn einer konkreten Situation. Er [der Sinn] ist jeweils die Forderung der Stunde. Sie [die Situation] aber ist jeweils an eine konkrete Person adressiert. Und genauso wie jede einzelne Situation etwas Einmaliges ist – genauso ist jede einzelne Person etwas Einzigartiges. [...] Aber er ist allgegenwärtig. Es gibt keine Situation, in der das Leben aufhören würde, uns eine Sinnmöglichkeit anzubieten, und es gibt keine Person, für die das Leben nicht eine Aufgabe bereithielte."[9]

Der Sinn im Leben zeichnet sich für Frankl darin aus, dass er ein ‚Apriori', eine von vornherein gegebene Größe ist und dabei dem Wollen vorausgeht. Er kann somit nicht gemacht, gedacht, gesetzt oder erfunden werden – Sinn muss gefunden, entdeckt und abgetastet werden.

In diesem Findeprozess unterstützt den Menschen das individuelle ‚Sinn-Organ', das Gewissen. Die Fähigkeit des Gewissens, den Sinn aufzuspüren besteht stetig „ad situationem"[10] und „ad personam"[11] – ungeachtet der auch im Therapie- oder Coachingprozess zu beachtenden Möglichkeit, dass der Mensch einer ‚Sinn-Täuschung' unterliegt und Gefahr läuft, sich zu verfehlen. Die Verknüpfung aus dieser Einmaligkeit und Einzigartigkeit nennt Frankl den „unikalen Sinn"[12].

Unikaler Sinn ist immer nur im Hier und Jetzt erfahrbar – eine Tatsache, die als Situationssinn bezeichnet wird. „Je umfassender ein Sinn ist, umso weniger faßlich ist er. Der unendliche Sinn ist für ein endliches Wesen überhaupt nicht faßlich."[13] „Denn dieses ‚Sinnganze' setzt sich ja aus den ‚Teilsinnen', nämlich aus den ‚Situationssinnen', zusammen."[14]

Der Mensch soll die situativ sinnvollste Möglichkeit wählen. Seine Entscheidung sowie die daraus folgende Handlung entsprechen seiner Antwort auf die Situation. Dabei gilt für Frankl: „Das Leben selbst ist es, das dem Menschen Fragen stellt. Er hat nicht zu fragen, er ist vielmehr der vom Leben her Befragte, der dem Leben zu antworten – das Leben zu ver-antworten hat."[15] Wichtig an dieser Stelle ist, dass Frankl mit der Formulierung von ‚Frage-Antwort' nicht Worte meint, sondern Situationen und Taten, denn nur im Handeln, im Vollzug der je eigenen Existenz lassen sich die Lebensfragen wahrhaft beantworten, wobei Handeln manchmal auch ein Nichthandeln bzw. ein Loslassen bedeuten kann – eben je nach Situation.

Sein, Sinn und Sollen entwickeln eine dauerhafte Spannung – das Sinnorgan antwortet auf das Sollen, auf die Anfragen des Lebens. Dieser von Frankl so genannte ‚noodynamische Bogen' spannt sich ausgehend von der Realität hin zur Idealität, zu einem sinnvollen und verwirklichungswerten Ziel. „Die Spannung zwischen Sein und Sein-sollen gehört eben zum Mensch-sein mit dazu. Und darum ist sie auch unabdingbare Bedingung seelischen Gesund-seins."[16]

Mit dieser Haltung wendet sich Frankl ausdrücklich gegen das Prinzip der Homöostase. Er kritisiert oberflächliches Gleichgewicht-Halten-Wollen, das sich ihm heute wohl insbesondere im ‚Wellness-Hype' als Kompensations-Antwort auf belastenden Stress oder als ‚Flucht in die Sucht' als Antwort auf existenzielle Leere offenbaren würde.

Selbsttranszendenz = höchste Entfaltungsstufe menschlicher Existenz

Erinnern wir, dass Sinn der konkrete Sinn in einer konkreten Situation ist, dann folgt hieraus, dass das Sinn-Sollen außerhalb der eigenen Person liegt und damit eine Bewegung des Geistes erfordert. Diese Bewegung wird im Begriff der Selbsttranszendenz operationalisiert.

Die Selbsttranszendenz weist über das Individuum hinaus und ist eine „Über-Selbst-Zielrichtung"[17]. Die mit der Selbsttranszendenz verbundene Überschreitung des Egos* gilt in der Logotherapie als die höchste Entfaltungsstufe menschlicher Existenz.[18] Das Symbol,

---

*Anm: In der Existenzanalyse sind ‚Ego' und ‚Selbst' keine identischen Begriffe. Das Selbst meint das Geistige. In der Selbsttranszendenz wird daher nicht das Ureigene, das Selbst, vergessen, sondern das Ego wird hinter sich gelassen.

das Frankl zur Beschreibung der Selbsttranszendenz heranzieht, ist der Bumerang in seiner traditionellen Verwendung als Jagdwaffe. Dieser kehrt nach erfolgreichem Wurf nicht zum Werfer zurück, wie die Selbsttranszendenz nicht auf das Individuum verweist, sondern auf etwas oder jemanden gerichtet ist. „Menschsein weist über sich selbst hinaus, es verweist auf etwas, das nicht wieder es selbst ist. Auf etwas oder auf jemanden. Auf einen Sinn, den zu erfüllen es gilt, oder auf anderes menschliches Sein, dem wir begegnen. Auf eine Sache, der wir dienen, oder auf eine Person, die wir lieben."[19]

Indem der Mensch seiner Berufung nachgeht oder jemand anderem in seiner Einmaligkeit begegnet und ihn anerkennt, bejaht und liebt, wächst er über sich hinaus und formt sich dadurch selbst zur Persönlichkeit. „[…] ganz Mensch ist der Mensch eigentlich nur dort, wo er ganz aufgeht in einer Sache, ganz hingegeben ist an eine andere Person. Und ganz er selbst wird er, wo er sich selbst – übersieht und vergißt."[20] Diese Selbstvergessenheit darf nicht als Missachtung seines Selbst verstanden werden, sondern meint ganz im Gegenteil, sich selbst zu „überbieten".[21]

Eine Person kann nur dann ganz zu sich selbst kommen und sich erkennen, wenn sie ihren unikalen Sinn erfüllt und somit als ‚Nebenprodukt' sich selbst verwirklicht. „Aber nur in dem Maße, in dem der Mensch Sinn erfüllt, in dem Maße verwirklicht er auch sich selbst: Selbstverwirklichung stellt sich dann von selbst ein, als eine Wirkung der Sinnerfüllung, aber nicht als deren Zweck."[22] Würde das Individuum seine Selbstverwirklichung auf direktem Weg anstreben, so würde es sich selbst verfehlen, da es zu sehr mit sich, mit dem eigenen Ego und der eigenen psychischen Befindlichkeit beschäftigt wäre.

Aus diesem Grund muss auch Glück ‚er-folgen'.[23] Der Mensch braucht einen Grund zum Glücklichsein – dieser wiegt mehr als das Glück selbst. Erfährt der Mensch seinen Sinn, so stellt sich in der Folge ein ‚im Frieden sein', ein Lustempfinden, ein ‚Flow' oder ein Glückserlebnis ein. Nicht so zwingend umgekehrt.

„[…] die Querverbindung zwischen Hingabe und Glück [tritt] zutage, nämlich die an sich banale Tatsache, daß Glück nicht bedeutet, daß es einem gut geht, sondern daß man für etwas gut ist!"[24] Zahlreiche logotherapeutische Untersuchungen konnten aufzeigen, dass für eine sinnvolle Aufgabe Verzichte hingenommen und Bedürfnisse

zurückgestellt werden.²⁵ Selbsttranszendenz steht daher in enger Verbindung zur ‚Selbst'-Vergessenheit, die ihrerseits nicht voraussetzungslos ist und eines ausreichenden Maßes an Selbsterkenntnis bedarf.

Selbsterkenntnis = Werde, der einzig und allein du sein kannst und sein sollst.

Wie soll sich jemand auf etwas oder jemanden ausrichten können, wenn er mit sich selbst nicht ‚im Reinen' ist? Wie soll jemand seine Talente sinnvoll einsetzen, wenn er diese nicht kennt? „Die Selbsterkenntnis deckt das Gewordene des Selbst auf, das triebhaft Unbewußte, das Erzogenwordensein in gewissen Bahnen und natürlich auch die willentlichen Zutaten der Person aus vergangenen Epochen."²⁶

Sich selbst zu erkennen heißt, zurückzublicken auf die eigene Vergangenheit. Selbsterkenntnis ist reflexive Arbeit – und eine unmittelbare Arbeit im Rahmen der Logotherapie und des Werte- und Sinncoachings. „Das ‚Werde, der du bist' bedeutet nicht nur: Werde, der du sein kannst und sein sollst – sondern auch: Werde, der einzig und allein du sein kannst und sein sollst."²⁷

Selbstdistanzierung = Der Mensch ist nicht frei von Bedingungen, sondern frei, zu ihnen Stellung zu nehmen.

Auf dem Reifungsprozess ‚vom Typ zum Original', vom Charakter zur mündigen Persönlichkeit, ist es von großer Bedeutung, als geistige Person zu seinem Charakter Stellung zu beziehen. Der noo-psychische Antagonismus oder das Ringen des Geistigen mit dem Psychischen ermöglicht es dem Menschen, aus sich herauszutreten und sich selbst mit dem Blick von außen zu betrachten. Er kann sich vom Psychophysikum distanzieren. Der Mensch ist nicht frei von seinen Bedingungen, aber er ist frei, zu seiner Bedingtheit Stellung zu nehmen.²⁸ Auf diese Weise erschließt sich der Mensch mit seiner praktizierten Selbstdistanzierung den Freiraum zur sinnvollen Veränderung. Jetzt kann er sich selbst und Situationen neu bewerten, indem er wählt und verwirft; denn: Wählen und Verwerfen ist das eigentliche Tun des Menschen.

Wählen und Verwerfen ist das eigentliche Tun des Menschen.

Mit der Auseinandersetzung zwischen noetischer Dimension und Psychophysikum und ihrer operativen Umsetzung durch Selbsttranszendenz und Selbstdistanzierung wird die Trotzmacht des Geistes erlebbar. In ihr wird der ‚Homo noeticus' fassbar – diese Trotzmacht ist ein zwar störbares, aber unzerstörbares Potenzial des Menschen.²⁹ Auf diese Macht und geistige Stärke greifen Logotherapie und auch werte- und sinnbasiertes Coaching zurück, wenn sie Patienten und Klienten bekräftigen, mit einem ‚Und-jetzt-erst-recht!',

einem ‚So-nicht!' oder vielleicht mit einem – typisch Frankl'schem: ‚Ich muss mir von mir selbst nicht alles gefallen lassen' dem vermeintlich Unabänderlichen, Abhängigen oder Unumstößlichen zu trotzen.

Das Individuum in der Wohlstandsgesellschaft, dem alle ‚Lebens-Mittel' zum Zwecke des Überlebens zur Verfügung stehen, braucht und sucht einen ‚Lebens-Sinn'.[30] Dieses Streben zeigt sich darin, dass der Mensch das ‚Warum' und ‚Wozu' kennen will. Es ist dieser Wille zum Sinn, der den Menschen zu seinen Handlungen motiviert. „Auf Grund seiner Selbst-Transzendenz ist der Mensch ein Wesen auf der Suche nach Sinn. Im Grunde ist er beherrscht von einem Willen zum Sinn."[31]

Der Wille zum Sinn ist Ausgangspunkt der logotherapeutisch geprägten Intervention – und wie wir später sehen werden auch der Interventionen im Wertecoaching. „Der Mensch ist aufgrund seiner geistig-personalen Verfasstheit nicht vorrangig glücks- oder lustorientiert, sondern intendiert in seinem existenziellen Handeln Sinn. Insofern hat der Mensch Beweggründe, die ihn zum Denken, Entscheiden und Handeln motivieren."[32]

> „Wer ein Warum hat, erträgt fast jedes Wie."
> Friedrich Nietzsche

Wird das ‚Warum', zum Beispiel eines Leidens oder einer brisanten Situation, verstanden, so lässt sich individuelles Schicksal besser bewältigen. Als ein derart nach Sinn strebendes Wesen ist der Mensch „intentional strukturiert."[33] Durch diesen Bezug zur Intentionalität kann die Frankl'sche Theorie vom Sinn als ein auf Handlungen, Entscheidungen und Kommunikationen ausgerichtetes Motivationskonzept verstanden werden.

Die Sinntheorie Frankls versteht sich als ein auf Handlungen, Entscheidungen und Kommunikationen ausgerichtetes Motivationskonzept.

Das Sinnhafte ist also mehr als eine bloße Zielorientierung. Während die Orientierung auf Ziele intrapsychisch zu verstehen ist, bewegt der Wille zum Sinn das Individuum dazu, sich selbst zu überbieten und sich auf den ‚Logos' hinzuzubewegen. Das Mehr ist hierbei der Faktor Verantwortung, denn das ‚Ich' intendiert ein ‚Du' zum Beispiel in Form einer Aufgabe, die nicht wiederum das ‚Ich' selbst ist (Selbsttranszendenz). Der ‚innere' Anteil, das Streben nach Sinn, und der ‚äußere' Anteil, das Sinnangebot (der Sinnanruf) der Situation, fügen sich bei der Sinnerfüllung zusammen.[34]

1.3.3 Vom ‚Willen zum Sinn' zur Sinnerfüllung

Fassen wir den Prozess zur Sinnerfüllung in der Abbildung 2 zusammen, so steht an dessen Anfang der individuelle Wille zum Sinn, dem Schritte der Selbsterkenntnis, der Selbstdistanzierung und der Selbsttranszendenz zum Zwecke einer konkreten Hingabe an eine Sache, Aufgabe oder eine Person folgen und letztlich, als Nebenprodukt, in der Qualität der Sinnerfüllung mündet. Die einzelnen Schritte können je nach Situation einmal eher sequenziell, ein andermal eher parallel vollzogen werden. Im Zustand der Sinnerfüllung kann zumeist ein Glückserlebnis oder eine wahrgenommene Selbstverwirklichung berichtet werden.

Weder Sinn noch Glück, noch Selbstverwirklichung sind auf direktem Weg zu erreichen. Sinn findet die sinnvitale Persönlichkeit als Folge eines Reifungsprozesses, der den Menschen zu seinem eigentlichen, individuellen Kern führt. Nur wer laut Frankl nicht dauernd mit sich selbst [mit seinem Ego] beschäftigt ist und sich somit im positiven Verständnis selbst ‚vergisst', kann sich jemand anderem bzw. etwas anderem zuwenden und dabei sein wahres Ich entdecken. Gerne und oft spricht Frankl in diesem Kontext von der ‚heilsamen Selbstvergessenheit'.

Legende:

↛ Dieser Weg ist nicht möglich.

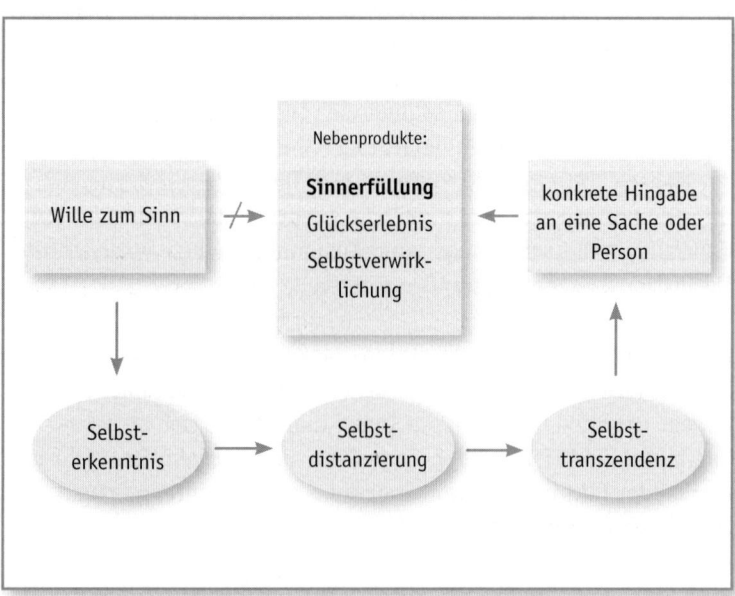

Abb. 2: Prozess zur Sinnerfüllung, in Anlehnung an Lukas [35]

1.4 Werteverwirklichung

In der Logotherapie und Existenzanalyse nimmt nicht nur der Begriff ‚Sinn' eine zentrale Stellung ein, sondern auch der Begriff ‚Wert'. Eine Möglichkeit, Sinn im Leben zu finden, bietet die Verwirklichung von Werten. Diese sind nach Frankl im Kontrast zum konkreten Sinnanruf als „abstrakte Sinn-Universalien"[36] zu verstehen [zum Beispiel die Zehn Gebote oder die Menschenrechtserklärung der UNO]. Bei seiner Wertedefinition lehnt er sich stark an die materiale Wertethik von Max Scheler (1874–1928) an und vertritt folglich einen ‚pragmatischen Wertidealismus', da nicht die Verwirklichung *von* Werten, sondern die Sinnerfüllung *durch* Werte im Zentrum steht. „Ein Wert ist demnach ein noch nicht verwirklichter Sinn, also eine Sinnmöglichkeit."[37]

Werte werden durch Aufgaben konkretisiert und durch Handlungen, Entscheidungen und Kommunikationen erlebbar. Etymologisch lässt sich der Begriff ‚Wert' auf ‚gegen etwas gewendet' zurückführen, woraus sich vermutlich die Bedeutung ‚einen Gegenwert habend' entwickelt hat. Im Frankl'schen Verständnis haben Werte den Gegenwert der Sinnerfüllung. Das Wort ‚Wertung' besagt so viel wie ‚Einschätzung' und ‚Würdigung'[38]. Die (Be-)Wertung oder auch Priorisierung von unterschiedlichen Sinnmöglichkeiten erfolgt durch das Gewissen. Scheler spricht eher vom Wertvorziehen, um anzudeuten, dass der einzelne Mensch mit seinem tiefsten Wertgefühl in einer jeden Situation etwas Bestimmtes vorzieht und somit etwas anderes verwirft. In diesem Licht ist es zweckdienlich, den weithin genutzten Begriff des ‚Wertekonfliktes' zu beleuchten.

1.4.1 Wertekonflikt

Frankl bezweifelt, ob ein Wertekonflikt überhaupt bestehen kann. Er bestätigt zwar Situationen, in denen ein Mensch vor eine Werte-

wahl gestellt sein kann, wenn sich zwei abstrakte Sinnprinzipien widersprechen (zum Beispiel bei einem Dilemma zwischen Loyalität zu einem routinierten Arbeitsumfeld einerseits und dem Wunsch nach Entwicklung neuer Wissensinhalte andererseits). Ist dies der Fall, so hat das Gewissen verantwortungsvoll zu entscheiden.[39]
Dies wiederum bedingt, dass der Mensch sein Gewissen, sein Sinn-Organ aktiviert. Geschieht dies nicht, so kann durch den Verlust der noetischen Dimension ein Konflikterlebnis resultieren. Die Reduzierung auf den beiden Dimensionen des Psychophysikums, wird in Abbildung 3 dargestellt.

Im dreidimensionalen Raum ist die Kugel ‚Wert B' der Kugel ‚Wert A' aufgrund ihrer Höhe in der noetischen Ebene überlegen und sie kollidieren nicht miteinander. Wegen des höheren Zahlenwerts von ‚Wert B' wäre im konkreten Fall nach ‚Wert B' zu handeln. Wird nun diese Anordnung in einen zweidimensionalen Kontext in das Psychophysikum hineinprojiziert, so entstehen zwei sich überlappende Kreise, was den vermeintlichen Wertekonflikt in der Schnittmenge aufzeigt.[40] Der Mensch wäre unschlüssig, ob er ‚Wert A' oder ‚Wert B' verwirklichen soll.

Das Gewissen wird zur entscheidenden und erkennenden Instanz, welcher Wert in der konkreten Situation zum Tragen kommen soll.

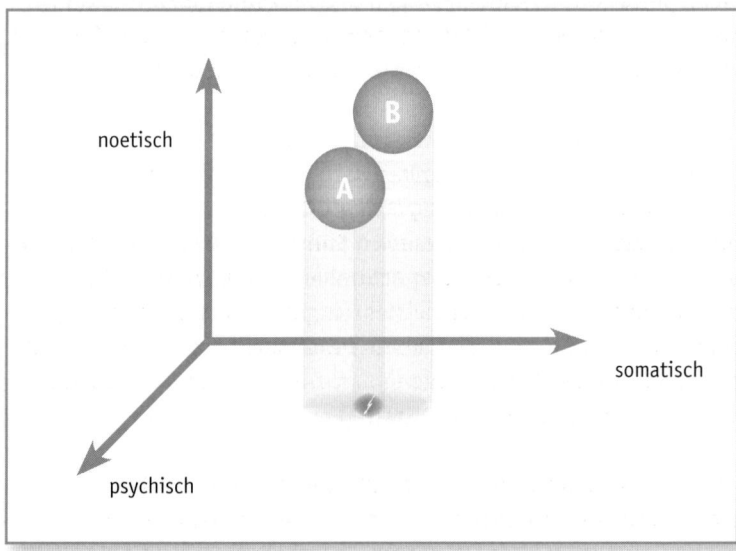

Abb. 3: Wertekonflikt, resultierend aus Dimensionsverlust durch Projektion, in Anlehnung an Frankl[41]

Diese Entscheidung über die Werteordnung muss keine sein, die ein für allemal Gültigkeit hat. Vielmehr ist eine Priorisierung von einander widerstrebenden Werten wie beispielsweise ‚Stabilität' und ‚Veränderung' vollkommen situationsabhängig und hat folglich immer wieder aufs Neue stattzufinden.

Der Mensch ist demnach in seiner Gewissens-Bildung gefordert, die ihm ein kritisches und intuitives Abwägen von Werten in den einzelnen Situationen ermöglicht und ein Leben mit den Werten nahelegt, die er in je einer konkreten Situation verwirklichen soll. „Das Leben verlangt vom Menschen diesbezüglich eine ausgesprochene Elastizität, eine elastische Anpassung an die Chancen, die es ihm gibt."[42]

1.4.2 Wertekategorien

Die drei ‚Hauptstraßen', den Sinn im Leben zu entdecken, sind für Frankl die Kategorien ‚schöpferische Werte', ‚Erlebniswerte' und ‚Einstellungswerte'. Die *schöpferischen Werte* zeichnen sich durch das Aktive, Kreative und Produktive aus. Das Etwas-in-die-Welt-Hineinschaffen durch Arbeiten, Tun, Organisieren, Verwalten und Erziehen setzt die Arbeitsfähigkeit voraus. Der Mensch als ‚Homo faber' gestaltet, verwaltet, erschafft und erfindet. Hierzu zählt auch das Leistungs- und Erfolgsstreben des Menschen, und hier vollzieht sich eine Bewegung vom Inneren nach Außen.

Schöpferische Werte
Erlebniswerte
Einstellungswerte

Bei den *Erlebniswerten* steht die Liebes-, Genuss- und Wahrnehmungsfähigkeit im Vordergrund. Der Mensch erlebt bzw. liebt etwas in ihrer oder seiner Einzigartigkeit, sei es beispielsweise ein Ereignis der Natur, das Ästhetische einer Kunst oder auch das Besondere in einem Menschen. Der ‚Homo amans', der liebende Mensch, ist weniger der Arbeitsame als vielmehr derjenige, der betrachtet, genießt, liebt und spürt.[43] Man könnte hier auch von Kontemplation sprechen, von der Betrachtung und vom meditativen Empfinden des Schönen, des Guten und des Wahren.

Mit der dritten Kategorie, den *Einstellungswerten*, hat sich Frankl besonders beschäftigt. Sie grenzt sich zu den beiden anderen dadurch ab, dass die damit einhergehende Leidensfähigkeit im Kontext von Leid, Schuld und Tod erst vom ‚Homo patiens' erworben werden muss, während die Talente für das Schöpferische und die Organe für das Erleben etwas Gegebenes sind."[44] Lukas schreibt dazu: „Das unabänderliche Schicksal, dem gegenüber der Mensch nichts anderes mehr tun kann, als Haltung anzunehmen, läßt sich nach Frankl nochmals in die ‚tragische Trias' von Leid, Schuld und Tod aufgliedern. Denn jeder Mensch leidet irgendwann, jeder Mensch macht sich irgendwie schuldig, und jeder Mensch stirbt einmal."[45]

Einstellungswerte zu verwirklichen, bedeutet „Haltung vor dem Leben einzunehmen" und „sich geistig einzustellen auf Finales". Einstellung und Haltung gründen auf dem System abstrakter individueller Werte, und sie zeigen sich – konkret und sichtbar – in Verhalten, Handlung und Kommunikation.

1.4.3 Tragische Trias

Leid, Schuld und Tod sind Aufgaben mit besonderem Charakter. Dort, wo der Mensch die Situation äußerlich nicht ändern kann, kann er immerhin noch sich selbst ändern, indem er einen inneren Reifungsprozess vollzieht.[46] Diese Änderung geschieht über die Haltung und die Einstellung zu diesem Schicksal. ‚Think-Positive'-Aufrufe mit ihrem inhärenten Verdrängungsmechanismus werden von der Logotherapie als Begrenzung des Lebens abgelehnt.

Für den beruflichen Kontext zeigt sich die Analogie darin, dass im Gegensatz zu eher oberflächlichen Appellen wie eines ‚Es wird schon wieder' zum Beispiel ein Wertecoaching die Elemente der tragischen Berufstrias ‚Verlust', ‚Verfehlung' und ‚Trennung' tief gehend thematisiert. Dabei wird der Klient darin unterstützt, derart eingetretene oder zu erwartende Situationen mit ‚Größe' zu meistern, um somit individuelle Lebenssouveränität aufzubauen oder zu erhalten.*

---

* Anm.: Der Begriff der „tragischen Berufstrias" und Hintergrundinformationen dazu finden sich auf www.managerseelsorge.de

Zur Vertiefung

*„Menschliches Verhalten wird nicht
von Bedingungen diktiert,
die der Mensch antrifft,
sondern von Entscheidungen,
die er selbst trifft."*

Viktor E. Frankl

Der leidende Mensch

Bei einer schweren Krankheit hat der Mensch immer noch die Freiheit, sich ihr gegenüber einzustellen und sie innerlich zu bewältigen. Selbst wenn der Mensch nach außen hin keinen Gestaltungsraum mehr hat, also weder schöpferische Werte noch Erlebniswerte verwirklichen kann, so bleibt ihm immer noch die ‚Selbstgestaltung'[47], die Gestaltung seiner Einstellung, da Geistiges nicht erkranken kann.

Im Extremfall ist das Noetische nicht verfügbar, völlig blockiert oder eingemauert, so dass keine logotherapeutische Behandlung möglich ist.[48] Eine wertvolle Haltung gegenüber dem eigenen unveränderlichen Schicksal einzunehmen, wird aus logotherapeutischer Sicht als Leistung angesehen,[49] denn sie verhindert, dass Leidketten entstehen, dass Frust an Unschuldigen ausgelassen wird und dass eigene positive Chancen verkannt werden.[50]

Es geht also darum, das unveränderbare Leid anzunehmen, es zu akzeptieren und mit Würde zu tragen. „[...] pati aude – wage es, zu leiden!"[51] Der leidende Mensch, der ‚Homo patiens' versteht sich selbst nicht als Opfer, sondern vielmehr als Mensch, der verantwortungsbewusst mit der leidvollen Situation umgeht.

Der Physiker Stephen Hawking ist hierfür ein beredtes Beispiel. Er war 20 Jahre alt, als er von seiner unheilbaren Krankheit (ALS = amyotrophe Lateralsklerose) erfuhr – viel später sagte er über diesen Moment:

"Die Erkenntnis, dass ich an einer unheilbaren Krankheit litt, an der ich wahrscheinlich in ein paar Jahren sterben würde, war ein ziemlicher Schock. Wie konnte mir so etwas passieren? Warum sollte meinem Leben ein so plötzliches Ende gesetzt werden? [...] Aber dann bin ich nicht gestorben.

Bevor meine Krankheit erkannt worden war, hatte mich mein Leben gelangweilt. Trotz des dunklen Schattens, der über meiner Zukunft lag, stellte ich zu meiner Überraschung fest, dass ich das Leben jetzt mehr genoß als früher. Ich kam mit meiner Arbeit gut voran, wurde Physiker und habe eine Reihe wissenschaftlicher und populärwissenschaftlicher Vorträge gehalten. [...]

An amyotropher Lateralsklerose leide ich im Grunde genommen, seit ich erwachsen bin. Doch sie hat mich nicht daran gehindert, eine liebenswerte Familie zu gründen und erfolgreich meine Arbeit zu tun. [...] Ich hatte insofern Glück, als meine Krankheit langsamer vorangeschritten ist als in vielen anderen Fällen. Was beweist, dass man die Hoffnung nie aufgeben sollte."[52]

Kann das Leid beseitigt oder verringert werden, ist Aktivität gefragt. So wird deutlich, dass Frankl keinesfalls zum Leiden aufruft und keineswegs lehrt, dass der Sinn des Lebens im Leiden bestünde, sondern dass Sinn trotz Leid möglich ist.[53]

Am überzeugendsten hat Frankl diese Botschaft in seinem Buch „Trotzdem Ja zum Leben sagen" entfaltet, in dem er über seine KZ-Erlebnisse berichtet hat. Dieses Buch wurde in 30 Sprachen übersetzt und millionenfach gelesen.

Der schuldige Mensch

Jeder Mensch macht sich irgendwie irgendwann schuldig. Schuld auf sich laden kann der Mensch nur, wenn er während dieses Augenblicks in Freiheit war und Wahlmöglichkeiten hatte. Sofern dies zutrifft, trägt er für seine Entscheidung und für sein Handeln Verantwortung.

„Nur ein Wesen, das frei ist, kann Angst haben [...], und nur ein Wesen, das verantwortlich ist, kann schuldig werden. Daraus ergibt

sich, daß ein Wesen, das zum Freisein und Verantwortlichsein begnadigt ist, zum Ängstlichwerden und Schuldigwerden verurteilt ist."[54]

Selbst wenn der Mensch nichts getan hat, kann er sich auch schuldig machen, indem er eine bessere Wahlmöglichkeit unterlassen hat. Es gibt demnach auch eine Schuld der Unterlassung, wenn ein Mensch sich weigert, das Sinnvolle, das ihm möglich ist, zu tun. [...] Schuld ist in diesem Sinne immer eine persönliche, nie eine kollektive.[55]

Auch eine schuldig gewordene Person ist frei und verantwortlich, sich zu dieser Belastung einzustellen. Daher ist es auch das Wesentliche im Umgang mit der Schuld, dass der Mensch über diese – beispielsweise durch die Haltung der Reue – hinauswächst.

Der sterbende Mensch

Der letzte Aspekt der tragischen Trias ist der Tod bzw. das Leben bis zum letzten Moment.

„[...] das Leben des Menschen behält seinen Sinn bis ‚in ultimis' – demnach solange er atmet; solange er bei Bewußtsein ist, trägt er Verantwortung gegenüber Werten und seien es auch nur Einstellungswerte. Solange er *Bewußt-sein* hat, hat er *Verantwortlich-sein* (kursiv = hervorgehoben durch Verfasser). Seine Verpflichtung, Werte zu verwirklichen, läßt ihn bis zum letzten Augenblick seines Daseins nicht los."[56]

Sinn ist etwas Gegebenes. Er wird nicht erfunden, sondern gefunden. Das Postulat von der ‚Sinnhaftigkeit des Lebens', das die logotherapeutische Überzeugung zum Ausdruck bringt, besagt: „[...] daß das Leben einen bedingungslosen Sinn hat, den es unter keinen Umständen verliert."[57] Der Sinn des Lebens ist das Leben selbst und der konkrete Sinn erschließt sich aus dem je eigenen, aus dem je ‚meinigen' Leben.

Ein solches Leben heißt, dass sich Menschen ihre Wesensgesetze in Freiheit aneignen oder gegen sie verstoßen, ‚aus der Art schlagen' können. Leben in der Weise des Menschen heißt, dass der Mensch

nicht vom Faktischen restlos determiniert ist, denn: Der Sinn des Faktums ist das ‚Facultativum', die Aufgabe.[58] Das Leben ist also eine Aufgabe und jeder Mensch hat seine an ihn gestellten Aufgaben bis zu seinem letzten Atemzug zu vollbringen.

Zugleich ist jeder Mensch eine sich selbst überantwortete Aufgabe. Erst der Tod beendet diese Forderung an den Menschen und macht das Leben zu einem Perfectum.[59]

„Denn das Selbst ‚ist' ja eigentlich nicht, es ‚wird' doch immer erst. Es kann somit gar nicht anders ‚sein' denn als gewordenes, eben als fertig gewordenes. Und fertig geworden ist es erst – im Augenblick des Todes."[60]

1.5

Logotherapeutisch geprägte Haltungen und Vorgehensweisen

Frankl war sich bewusst, dass seine von ihm begründete Logotherapie weder ein Allheilmittel für sämtliche Anliegen noch stets erfolgreich ist. „[…] weder läßt sich jede Methode in jedem Falle mit den gleichen Erfolgsaussichten anwenden, noch kann jeder Therapeut jede Methode mit der gleichen Wirksamkeit handhaben."[61]

In der einzeltherapeutischen Beziehung treffen zwei Persönlichkeiten aufeinander: Therapeut und Patient. Beide sind ebenso einmalig und einzigartig wie die Situationen. Das Gelingen einer Therapie ist daher multifaktoriell, wobei als einer der wesentlichen Erfolgsfaktoren das Vertrauensverhältnis zwischen Therapeut und Patient gilt. Eine funktionierende und stabile Beziehungsebene ist die Grundlage für die Arbeit an dem Patientenanliegen, für die so genannte Inhaltsebene. Riedel et al. betonen in ihrem „Handbuch der Existenzanalyse und Logotherapie" zudem als therapeutische Leitidee, „daß ein transparentes und dem Patienten nachvollziehbares therapeutisches Vorgehen dem Therapieerfolg zuträglicher ist."[62]

Hierzu gehört die Prüfung durch den Therapeuten, ob die Logotherapie im konkreten Fall je nach Anliegen, Situation und Beziehung zwischen Therapeut und Patient ‚sinn-voll' ist. Fällt das Ergebnis dieser Abwägung positiv aus, so kann die Therapie beginnen.*

1.5.1 Drei therapeutische Sequenzen

Die therapeutischen Sequenzen im Frankl'schen Ansatz sind *Einsicht*, *Veränderung* und *Akzeptanz*. Dem Explorationsstadium, der

---

* Anm.: Für den Coachingkontext nehmen Schlieper-Damrich et al. in ihren Ausführungen zum Ermöglichungscoaching eine ebensolche ‚transparente' Haltung ein.[63]

Phase der Einsicht, folgt die Intervention mit der Wirkung einer Akzeptanz und/oder einer Veränderung.

„Die Existenzanalyse umfasst den einsichtgebenden Bereich der Therapie."[64] Sie expliziert die Struktur des Problems und erhebt Informationen, zum Beispiel durch die Sammlung biografischer Daten, Ermittlung der gegebenen Ressourcen des Patienten und durch diagnostische Verfahren. Die Bestandsaufnahme und die Analyse des Ist-Zustands stehen im Zentrum, wobei stets das Geistige und somit die Intentionalität auf Werte und Sinn betont wird und es, wie es Frankl ausdrückt, zur ‚Konfrontation der Existenz mit dem Logos' kommt. „Existenzanalyse nenne ich nun jene psychotherapeutische Behandlungsmethode, die ihm [dem Patienten] helfen möchte, in seinem Dasein Sinnmomente zu entdecken, Wertmöglichkeiten aufzuspüren"[65], aber auch die eigene Verantwortlichkeit erleben zu lassen. Darin ist der Moment der Konfrontation zu erkennen.

In der zweiten Phase des Therapieprozesses werden auf Grundlage der in der ersten Sequenz gewonnenen Einsichten angemessene Interventionen initiiert. Selbstgestaltungspotenziale wie die Selbstdistanzierung oder die Selbsttranszendenz werden aktiviert und sollen Veränderungen in der Bewertung des Zustands und der Befindlichkeit herbeiführen. Freiheit und Verantwortlichkeit des Menschen bleiben als existenzanalytisch-anthropologische Qualitäten unumstößlich erhalten.

Die Logotherapie nutzt als existenzielle Ressourcen die Sinnerlebnisse des Patienten, die Arbeit mit Werten und Kräften des Geistig-Unbewussten, die (neu) angeregt werden sollen. Das Interventionsspektrum reicht von ‚Strategien gelingenden Lebens', über das ‚Fantastische Gespräch', zum ‚Sinnwahrnehmungstraining' bis zur ‚Wertimagination' oder zum ‚Sokratischen Dialog'.

Logotherapeutische Ziele sind die Einstellungsmodulation, konkrete Veränderungen und das Akzeptieren des Unabänderlichen. Sinn trotz Leid zu finden, eine leidvolle Situation in einen neuen Wertekontext einzubetten und damit eine Einstellungsjustierung zu initiieren, ist das Hauptanliegen der akzeptanzorientierten Sequenz.

1.5.2 Der Logotherapeut als Sinnförderer

In allen drei Sequenzen arbeitet der Therapeut mit dem Logos: dem Geist und Sinn. Er ist derjenige, der den Patienten bei dessen Heilung, dem Prozess der Sinnfindung, anregt und fördert. „Sinn läßt sich also nicht verschreiben [...]"66, vielmehr ist es die Aufgabe des Patienten, seinen Sinn neu, erneut oder überhaupt zu entdecken. Der Therapeut unterstützt ihn hierbei, indem er beispielsweise dabei hilft, die Wertevorstellungen des Patienten zu klären. „Es geht nicht darum, daß wir dem Patienten einen Daseinssinn geben, sondern einzig und allein darum, daß wir ihn instand setzen, den Daseinssinn zu finden, daß wir sozusagen sein Gesichtsfeld erweitern, so daß er des vollen Spektrums personaler und konkreter Sinn- und Wertmöglichkeiten gewahr wird."67

Von einem optimalen Therapieerfolg ist die Rede, wenn der Patient es schafft, „aus Treue zu sich selbst ‚gar nicht anders zu können (bzw. zu wollen), als seinem an innersten Wertmaßstäben geeichten Gewissen zu folgen'."68 Der Patient soll ‚seine' Wahrheit finden, die sich ihm in der Wirklichkeit kundtun wird, sofern sie wirklich seine Wahrheit ist, „[...] denn die Logotherapie hat den Menschen zum Bewußtsein seines Verantwortlichseins zu bringen; aber darüber hinaus darf sie ihm keinerlei konkrete Werte vermitteln, muß sich vielmehr darauf beschränken, den Patienten die auf eine Verwirklichung durch ihn wartenden Werte und den einer Erfüllung durch ihn harrenden Sinn selbsttätig finden zu lassen.69

Der Patient soll ‚seine' Wahrheit finden.

Bei diesem selbsttätigen Finden des Sinns kann der Therapeut insofern helfen, als dass er zusammen mit dem Patienten „ethisch oder psychohygienisch fragwürdige, störungserzeugende oder störungserhaltende Elemente"70 prüft und zwar vor dem Gewissen des Patienten. Der Patient darf und soll die Hilfe des Therapeuten bei seiner Sinnsuche annehmen und soll sich dabei bewusst sein, dass er selbst verantwortlich ist. Ein wichtiges Prinzip der logotherapeutischen Intervention lautet: „Man soll Hilfe anbieten, aber Verantwortung nicht abnehmen!"71 Die Verantwortung wird dem Patienten nicht abgesprochen und damit vermieden, dass er als Opfer gesehen und behandelt wird oder sich selbst für ein Opfer hält. Die Existenzanalyse, die auf die unverlierbare Freiheit und Verantwortlichkeit baut, lässt keine ‚Opfer-Haltungen' zu. Schließlich entscheidet laut Frankl jeder stets selbst, wer er ist und was aus ihm im nächsten Augenblick wird.

In der Existenzanalyse gibt es keine ‚Opferhaltung'.

Business-Analogon

„Aus einer empirischen Untersuchung mit knapp 140 Führungspersonen [...] wissen wir, dass ein Viertel [.] so etwas wie eine noetive (geistige) Dissonanz erlebt.

Menschen, die davon ‚lahm'gelegt werden, müssen folgendes Spannungsfeld auflösen: Auf der einen Seite besteht ein intensives Bestreben, auf Ziele hinzuarbeiten, Projekte zu verwirklichen und Ideen in Realitäten umzuwandeln, auf der anderen Seite müssen sie bitter akzeptieren, dass äußere Umstände (interner ruinöser Wettbewerb, gegenseitiges Ausspielen, bewusstes Schubladisieren von gut durchdachten Verbesserungsvorschlägen) die ehrgeizigen Vorhaben zunichte machen. [...] Mit anderen Worten: Diese beschriebenen Führungspersonen [.] waren motiviert, wurden aber durch das eigene Unternehmen systematisch demotiviert. Was sie allerdings übersehen, ist die Tatsache, dass sie selbst durch einen nicht zu unterschätzenden Eigenanteil dazu beigetragen haben, demotiviert zu werden.

Die Demotivation ist somit nicht nur durch das Erlebte allein bedingt, also von außen, vom sozialen Umfeld, verursacht, sondern ist auch auf biographisch bedingte Eigenschaften (zum Beispiel stressfördernde Persönlichkeitsmuster) zurückzuführen."[72]

Die Überforderung, vor denen Personalverantwortliche stehen, ist spürbar, und der Ausweg heißt sicher nicht Motivations-Event oder ‚die Führungskraft als Therapeut'. Ein guter Beginn mag darin bestehen, ‚hin'- statt ‚zu'zuhören, den Menschen als nach Sinn suchendem nicht zu leugnen und ihn in der Verantwortung für seinen Sinn zu belassen. Auch wird es günstig sein, in der Kommunikation erspürte Sinnleere-Empfindungen bei Mitarbeitenden, Vorgesetzten und Kollegen nicht zu verdrängen, sondern mit Angeboten der Sinnförderung und Sinnvereinbarung zu korrigieren.

Zentral für die Einstellung und das Verhalten des Logotherapeuten ist das noetische Axiom: der Glaube an das unverlierbare Geistige im Menschen.

In diesem Zusammenhang formulierte Frankl sein psychiatrisches Credo: „[…] wenn es also nicht so wäre, daß die geistige Person vom Psychophysischen her wohl störbar ist, aber nicht zerstörbar, dann stünde es nicht dafür, Psychiater zu sein."[73]

Das explizite psychiatrische Credo lautet: „Ich glaube an das Fortbestehen der geistigen Person auch noch hinter der vordergründigen Symptomatik psychotischer Erkrankung."[74] Diesem zutiefst humanistischen Glaubensbekenntnis fühlte sich Frankl stets verpflichtet.

Sein zweites Credo, das psychotherapeutische, baut auf dem ersten auf und beinhaltet den noo-psychischen Antagonismus und die Trotzmacht des menschlichen Geistes. Es lautet: „Ich glaube an die Fähigkeit des Geistes im Menschen, unter allen Bedingungen und Umständen irgendwie abzurücken vom Psychophysikum und sich in fruchtbare Distanz zu ihm zu stellen."[75]

Das Vertrauen auf die unzerstörbare geistige Dimension ermöglicht erst jegliches (logo-)therapeutische Arbeiten, das das Erkennen des Sinnpotenzials durch Mobilisierung der Geisteskräfte zum Ziel hat.

Wie sich das psychiatrische und psychotherapeutische Credo im konkreten Verhalten des Logotherapeuten widerspiegeln, wird von Fall zu Fall variieren. Wir werden später erkennen, dass dies auch für den derart arbeitenden Werte- und Sinncoach gelten wird. Entscheidend ist jedoch, dass die innere Haltung des Therapeuten und des Coachs durchgängig von diesen Überzeugungen geprägt ist. Das feste Vertrauen auf eine unverlierbare geistige Dimension soll der Patient, resp. der Klient, spüren und an ihr Gefallen finden, da sie der Ausgangs-, Dreh- und Richtungspunkt der Logotherapie bzw. des Wertecoachings ist.

1.5.3 Charakterisierung von Gesundheit und Krankheit

Das Gesunde und Intakte steht in der logotherapeutischen Arbeit im Vordergrund. Aber wie charakterisiert Frankl einen gesunden Menschen und welche Störungen bzw. Krankheiten können auftreten?

Aus dem Frankl'schen Ansatz hat Becker[76] einige Merkmale eines psychisch gesunden Menschen abgeleitet:

Der aktive, soziale Mensch, der sein Leben verantwortlich selbst entscheidet, Stärke in schwierigen Situationen zeigt, Werte entdeckt und einen Lebenssinn findet, charakterisiert die intakte, mündige, sinnvitale und wertorientierte Persönlichkeit.

- Es gelingt ihm, seinem Leben einen Sinn zu verleihen.
- Er ist schöpferisch und aktiv, soweit es seine gesundheitliche Verfassung und die äußeren Umstände zulassen.
- Er geht liebevolle Beziehungen zu anderen Menschen ein.
- Er verfügt über einen starken Willen.
- Er erkennt den Aufgabencharakter des Lebens an, hält eine Situation nicht vorschnell für aussichtslos und neigt nicht zur Resignation.
- Er ist in der Lage, Spannungen, Leiden und schwere Schicksalsschläge zu ertragen, zu gestalten und daran zu reifen.
- Er fühlt sich nicht als Opfer bestimmter Erbanlagen, Charakterzüge und Umweltbedingungen, sondern frei, eigene Entscheidungen zu treffen.
- Er ist bereit, für sein Leben sowie für andere Menschen Verantwortung zu übernehmen.

Noogene Neurose = innere Reifungskrise

Der Leser ist nun eingeladen, mit dieser Brille insbesondere auf das Krankheitsbild zu schauen, das in der Neurosenlehre erstmals von Frankl[77] herausgearbeitet wurde: die noogene Neurose. Für Frankl vermag sowohl Psychisches, Somatisches oder eben auch Geistiges (Noogenes) krankhafte Auswirkungen zeitigen, streng genommen hat für ihn jedoch eine Neurose weniger einen Krankheitsstatus, sondern repräsentiert eher eine innere Reifungskrise eines Menschen.

Lukas führt drei mögliche Ursachen für eine noogene Neurose an: ein geistiges Problem, ein sittlicher Konflikt oder eine existentielle Krise.[78] Kann jemand die Frage nach dem Sinn im eigenen Leben nicht befriedigend beantworten, so liegt eine existenzielle Frustration vor. Die Frage nach dem Sinn im Leben ist jedoch ein Privileg des Menschen und konstatiert seine geistige Aktivität. „Die existentielle Frustration ist somit weder etwas Krankhaftes, noch ist sie in jedem Falle etwas Krankmachendes; […] Wann immer sie aber faktisch pathogen (pathogen = Krankheit erzeugend) wird, also tatsächlich zu neurotischer Erkrankung führt, bezeichnen wir solche Neurosen als noogene (noogen = geistig entstanden) Neurosen. […] Es muß sohin, soll eine noogene Neurose entstehen, in die existentielle Frustration eine somatopsychische Affektion erst einklingen."[79]

Hier macht Frankl nochmals deutlich, dass auch bei einer noogenen Neurose nicht der Geist krank ist, sondern dass sich die Neurose, die ihren Ausgangspunkt in der geistigen Dimension hat, in der psychophysischen Dimension auswirkt. Der noogene Neurotiker leidet unter seiner Orientierungslosigkeit und seinem Sinnlosigkeitsgefühl. Für ihn ist alles nichts bzw. für ihn ist „alles, was besteht, wert, daß es zugrunde geht".[80] Ein derart geistiger Notstand kann in einer seelischen Krankheit münden, wenn der Mensch

- auf seine existenziell wichtigen Fragen keine oder für ihn nicht stimmige Antworten findet;
- nicht spürt, wozu es gut ist, auf der Welt zu sein;
- keinen Sinn mit seiner Existenz verbindet;
- im Gefühl verstrickt ist, es sei egal, ob er existiere oder nicht.

Ausprägungen dieser Krankheitsform sind ein inneres Leeregefühl, das Frankl als „existentielles Vakuum"[81] bezeichnet. „Die Aufgabe des Arztes, dem Patienten zu einer – zu des Patienten eigener! – Wert- und Weltanschauung zu verhelfen, ist in einer Zeit wie der heutigen nur um so dringlicher, als ungefähr 20 Prozent der Neurosen durch ein Sinnlosigkeitsgefühl bedingt und verursacht sind, das ich als das existentielle Vakuum bezeichne."[82]

Existenzielles Vakuum = wesentlicher Auslöser noogener Neurosen

Weitere Formen und Phänomene der existenziellen Not sind ein chronisches Sinnlosigkeitsgefühl, Passivität, Gleichgültigkeit, Konsumdenken, Jagd nach Lust sowie permanente Langeweile.[83] „Eines der Erkennungszeichen ist, daß die Patienten nicht wissen, *was* ihnen fehlt, sie wissen nur, *daß* ihnen etwas fehlt."[84] Je nach Alter des Patienten äußern sich die Symptome verschieden: Junge Menschen neigen vielleicht zu Extremverhalten wie S-Bahn-Surfen oder Flucht in virtuelle Zweit-Identitäten, Menschen in der Lebensmitte leiden möglicherweise unter vielfältiger Enttäuschung, mangelnder Wertschätzung, oder sie bewegt die Frage, ob das denn nun ‚alles gewesen ist'. Ältere Menschen werden gegebenenfalls zu Dauerkritikern oder resignierten Zweiflern, oder sie vermitteln das Empfinden, dass es immer an anderen lag, so dass sie ihre Chancen nicht haben ergreifen können.

Die noogene Neurose wirkt sich einerseits in Versäumnissen und andererseits in Fehlhandlungen aus. Obwohl positive Lebenswege gegeben wären, werden diese nicht gegangen. Vielfach wird in diesem Zusammenhang versäumt, mit der freien Zeit etwas Sinnvolles anzufangen. Die so genannte ‚Sonntagsneurose', der ‚Weihnachtsstreit' oder die ‚Pensionierungskrise' stellt sich ein. Nicht selten steigert sich dieses Empfinden einer Lebensunwertigkeit darin, ebendieses eigene Leben sogar zu schädigen. Fehlhandlungen wie Aggressionen, Perversionen oder die Flucht in Scheinwelten sind bekannte Konsequenzen.

Nicht der Verlust von Werten, sondern der Verlust der Wahrnehmung von Werten ist die Wurzel der noogenen Störung. Frankl spricht hierbei von der ‚Wertblindheit': „Wer jedoch überhaupt keine Werte und sinnvolle Aufgaben in seinem Leben mehr wahrnimmt, wer ‚wertblind' geworden ist, bei dem verkümmert die höchste Humanfähigkeit: die Fähigkeit zur Selbsttranszendenz. Ihm fehlt ja dasjenige, auf das hin er sich selbst transzendieren könnte und sollte. Dies schafft eine permanente Infragestellung seiner gesamten Existenz."[85]

Bildlich dargestellt hängt über dem noogenen Neurotiker ein Schleier, der ihm die Sicht auf Werte und Sinn im Leben nimmt. Nur bei denjenigen, deren Neurose auf einen sittlichen Konflikt bzw. eine Wertekollision zurückgeht, fehlen nicht Werte, sondern die Wahrnehmung von Wertprioritäten.[86] Dass hier das ursprüngliche, aber zugeschüttete Wertegefühl belebt werden muss, leuchtet ein.

Methoden der Logotherapie

1.6

Im Mittelpunkt des therapeutischen Arbeitens stehen Methoden, die in Interventionen genutzt werden und auf die drei Aspekte ‚Erwartung', ‚Einstellung' und ‚Aufmerksamkeit' zielen. „Die Erwartung bezieht sich auf dasjenige, was aus der Welt auf den Menschen einströmt. Die Einstellung bezieht sich auf dasjenige, was vom Menschen in die Welt ausstrahlt. Und die Aufmerksamkeit bezieht sich auf denjenigen Teil der Welt, der dem Menschen ‚gehört', weil der Mensch geistig ‚bei ihm' ist."[87]

Jede der Methoden, die im Folgenden kurz vorgestellt werden, lässt sich zumindest einer dieser Aspekte zuordnen: Die ‚Paradoxe Intention' beispielsweise setzt an der Erwartung an, die ‚Dereflexion' hilft, die Aufmerksamkeit zu verlagern und die ‚Einstellungsmodulation', der ‚Fantastische Dialog' oder der ‚Sokratische Dialog' zielen auf die Änderbarkeit von Einstellungen ab.

Das vorrangige Ziel logotherapeutischer Intervention ist die Änderung in den Einstellungen, denn „eine veränderte innere Einstellung zieht ohne weiteren Aufwand ein verändertes Verhalten nach sich."[88] „[Es ist der Logotherapie] weniger um das Symptom zu tun, als um die Einstellung des Patienten gegenüber dem Symptom; denn nur allzu oft ist die betreffende Fehleinstellung das eigentlich Pathogene. Die Logotherapie unterscheidet da verschiedene Einstellungsmuster und versucht, auf Seiten des Patienten einen Einstellungswandel herbeizuführen; mit anderen Worten, sie ist so recht Umstellungstherapie."[89]

Die Einmalig- und Einzigartigkeit von Situation und Person, die in der Frankl'schen Theorie großgeschrieben wird, führt dazu, dass sie „weniger einem ausgefeilten Methodenrepertoire, als vielmehr den ‚Richtlinien der Improvisationskunst'"[90] folgt. Der Gestaltungskraft der Improvisation zu folgen bedeutet, die Feinabstimmung

Improvisation als Respektbeweis vor der Einzigartigkeit

auf die Nuancen der jeweiligen Patientenpersönlichkeit und Therapiesituation zu gewährleisten, „ohne dabei den Boden humanwissenschaftlicher Grundanschauungen zu verlassen. Während der Improvisationskunst des Therapeuten Sätze, Bilder, Gleichnisse und Argumente entspringen, die er vielleicht noch nie in seiner ganzen Therapeutenlaufbahn verwendet hat, [...], gewährleistet das Menschenbild des Therapeuten das Fundament, auf dem seine Improvisationskunst ruht. [...] Auch der Logotherapeut kann ratlos sein, aber er kann nie tiefer fallen als bis auf den Grund des logotherapeutischen Menschenbildes, wo man aufgefangen wird vom psychotherapeutischen und psychiatrischen Credo, wonach auch im kaputtesten menschlichen Wrack noch eine heile geistige Person wohnt, die die Würde dieses Menschen und die Sinnhaftigkeit aller – auch aller gescheiterten – Bemühungen um ihn ausmacht."[91]

> www.wertecoaching.biz
> Login mit:
> werte
> sinn

Im Folgenden wird eine Reihe logotherapeutischer Methoden vorgestellt, von denen einige in adaptierter Form auch in den Praxisbeiträgen der Wertecoachs wiederentdeckt werden können. Zudem werden die Autoren auf der Website zu diesem Buch www.wertecoaching.biz sukzessive aus weiteren Praxisfällen Ausschnitte vorstellen, um dem Leser die Möglichkeiten zu geben, die positive Wirkung des für Wertecoaching entlehnten, logotherapeutischen Methodenrepertoires immer weiter zu erspüren.

Methode: **Paradoxe Intention mittels Humor**

Eine zentrale logotherapeutische Methode ist die Paradoxe Intention. Im Unterschied zur paradoxen Intervention oder zur Symptomverschreibung wird hier das Symptom nicht verstärkt, sondern auf seinen Grund zurückgeführt und von dort aus kognitiv und emotional bearbeitet. Leidet eine Person zum Beispiel unter einem Waschzwang, so sähe eine Symptomverschreibung vor, dass die Person noch öfter als ohnehin ihre Hände waschen soll. Erwartet wird mit dieser Intervention, dass eine Übersättigung eintritt, die letztlich das Verhalten stoppt. Bei der paradoxen Intention würde man hingegen zusammen mit dem Patienten nach den Gründen forschen, die ihn dazu bewegen, seine Hände so häufig zu waschen. Angenommen, die Wurzel des Verhaltens liegt in einer Angst vor Unreinheit und Bakterien, so würde intendiert, dass sich der Patient Krankheitserreger und Unreinlichkeiten auf seinen Händen ‚herbeiwünscht' und er dazu ermuntert wird, beispielsweise mit besonders schmutzigen Lumpen oder Abfällen zu hantieren. Der Patient wird angeleitet, „im humorvollen Gedankenspiel ‚alle Bakterien seiner Umgebung höflichst einzuladen, auf seinen Händen Platz zu nehmen und sich dort häuslich einzurichten'".[92] Die Paradoxe Intention zielt also auf den Wunsch, das Gefürchtete möge eintreten. „Der Patient wird angewiesen, genau das, wovor er sich immer so sehr gefürchtet hatte, nunmehr sich zu wünschen (Angstneurose) beziehungsweise sich vorzunehmen (Zwangsneurose)."[93] Damit das Gefürchtete jedoch nicht tatsächlich Wirklichkeit wird oder das Phänomen der selbsterfüllenden Prophezeiung greift, ist therapeutische Expertise gefragt. Die Ängste des Patienten müssen klar identifiziert werden und eindeutig irrational sein. Nur so wird der Wunsch nach dem Abnormen zum ‚Strich durch die Rechnung'[94].

Zum Einsatz kommt die Paradoxe Intention insbesondere dann, wenn ängstliche Erwartungen korrigiert werden sollen, also bei den psychogenen Neurosen der Angst und des Zwangs. Beiden gemein ist eine negative Erwartungshaltung gegenüber dem Leben, eine irrationale Angst, wobei sich der Angstneurotiker um sich selbst und der Zwangsneurotiker vor sich selbst ängstigt, und eine Tendenz des sich Hineinsteigerns bei Geringfügigkeiten hat.[95] Der neurotische Teufelskreis entsteht durch „Flucht vor dem Erlebnis des Negativen, welche jedoch eine Steigerung der Negativität provoziert."[96]

Das therapeutische Mittel schlechthin bei der paradoxen Intention ist der Humor. „Der Patient soll lernen, der Angst ins Gesicht zu sehen, ja, ihr ins Gesicht zu lachen."[97] Der Humor ermöglicht es dem Patienten, sich von seiner Angst zu distanzieren. Existenzanalytisch ausgedrückt, handelt es sich hierbei um die Fähigkeit zur Selbstdistanzierung. „Und nichts vermöchte einen Menschen in solchem Maße instand zu setzen, Distanz zu schaffen zwischen irgend etwas und sich selbst, als eben der Humor. [...] Der Humor würde verdienen, ein Existential genannt zu werden."[98] Der Humor durchbricht den Teufelskreis, und die dadurch geschaffene Distanz stoppt das Leiden. Die psychische Schwäche, Angst oder Zwang, wird „auf geistigen Flügeln ‚überflogen'".[99] Die buchstäblich ‚Not wendende' Frage lautet: Habe ich das Leiden oder hat es mich? Nur diese eine Frage, die die noetische Dimension impliziert, führt weiter. Gefragt wird, ob der Mensch über seinem Leiden steht oder ob das Leid über ihm steht und ihn erdrückt oder beherrscht. In der Therapie wird hier an die Trotzmacht des Geistes und an die Kraft des Humors appelliert.

„Der therapeutische Effekt der paradoxen Intention steht und fällt damit, daß der Arzt auch den Mut hat, dem Patienten ihre Handhabung vorzuspielen. Zunächst wird der Patient lächeln; dann wird er es aber auch tun müssen, sobald er die paradoxe Intention in der konkreten Situation eines Angstanfalls anwendet [...]"[100]

Damit überhaupt eine Situationskomik entstehen kann, ist die ironische Formulierung der gefürchteten Intention erforderlich. Der Satz oder die Sätze, die sich der Patient sagen soll, müssen übertrieben genug und situationsadäquat sein. Ein Patient, der unter einer Phobie vor Übelkeit in der U-Bahn leidet, erhält die Instruktion noch vor Fahrtantritt und evtl. unter anfänglicher therapeutischer Präsenz in der U-Bahn, sich Folgendes zu wünschen:

„‚Eine nette, kleine Übelkeit im Waggon wäre wirklich praktisch! Am günstigsten wäre es, ich fiele dabei gleich in Ohnmacht, dann ist mir ein Sitzplatz sicher, und – hurra! – ich kann auch noch den versäumten Morgenschlaf nachholen; ich bin sowieso viel zu früh aufgestanden. Also hoffentlich spüre ich schon bald etwas ... '"[101]

Die Übertreibung spielt also eine zentrale Rolle. Der Patient wünscht sich nicht nur eine Übelkeit herbei, sondern sogar eine Ohnmacht. Anschließend spinnt er diesen Gedanken allein weiter und stellt sich die daraus resultierenden positiven Folgen vor – immer gekoppelt mit einer humorvollen und ironischen Betrachtungsweise.

Die Paradoxe Intention ist die Methode, welche sich die Fähigkeit des Menschen zur Selbstdistanzierung zunutze macht, diese verstärkt und behilflich ist, von psychogenen Auslösern innerlich Abstand zu nehmen.

Methode: **Aufmerksamkeitsregulation durch Dereflexion**

Eine weitere logotherapeutische Methode ist die Dereflexion. Diese setzt bei der Aufmerksamkeit und deren Lenkung an, und sie stärkt die Fähigkeit zur Selbstdistanzierung. Zugleich reduziert sie Egozentrierung und die Neigung zur Hyperreflexion und deren Auswirkungen. „Während die paradoxe Intention den Patienten instand setzt, die Neurose zu ironisieren, ist er mit Hilfe der Dereflexion imstande, die Symptome zu ignorieren."[102]

Liegt eine krankhafte Selbstbeobachtung oder allgemeiner ein Beobachtungszwang vor, so spricht man von Hyperreflexion. „Die Problematik solcher von Hyperreflexionen durchtönten egozentrierten Lebensgrundhaltungen besteht nun in ihrer psychosomatischen Relevanz. Sie produzieren eine Dauerspannung, die schlummernde Krankheiten weckt."[103] Ein Beispiel hierfür sind Schlafstörungen. Wartet man darauf, endlich einzuschlafen und malt sich in Gedanken die negativen Folgen aus, am nächsten Morgen unausgeschlafen in die Arbeit gehen zu müssen, so liegt eine Hyperreflexion vor, die zu Schlafstörungen führen kann. Meist kommt noch eine Hyperintention hinzu, nämlich nun baldmöglichst schlafen zu wollen. Während die Hyperintention mit der paradoxen Intention therapiert werden kann (eine denkbare Formulierung: ‚Ich will versuchen, die ganze Nacht über meine Augen offen zu halten'), wird mittels der Dereflexion die Aufmerksamkeit reguliert. Die Erwartungsangst kann dem Patienten genommen werden, indem ihn der Therapeut überzeugt, dass sich sein Organismus die Schlafmenge, die er benötigt, selbst holen wird. Dadurch soll der Patient das Vertrauen an das Unbewusste zurückgewinnen und loslassen können.

Bei der Dereflexion spielen sowohl die Abwendung von sich selbst als auch die Zuwendung zu jemandem oder zu etwas eine sehr große Rolle. Sich von sich selbst abzuwenden heißt konkret, die Aufmerksamkeit von sich wegzulenken, sich selbst zu vergessen, nicht mehr an sich zu denken und sogar ein Stück weit über sich [über sein Ego] hinaus zu sein. Dadurch wird die Ausbildung von Symptomen vermieden bzw. werden diese nicht verstärkt.
„Die Dereflexion ist ein Ignorieren, aber ein Ignorieren von etwas Ignorierbarem, das durch ein Reflektieren nicht besser, sondern schlechter würde. Zugleich ist sie mehr als ein Ignorieren und um etliches mehr als ein ‚Ablenkungsmanöver'."[104] Sie ist weniger ein ‚sich von sich Abwenden', sondern vielmehr ein sich auf etwas oder jemanden ‚Zuwenden'. Der hyperreflektierende Mensch soll sich seinem Lebenssinn, also einer Aufgabe oder einer Person, zuwenden. Weder der Blick nach innen noch das Beobachten der eigenen Person soll vorherrschen, sondern der Mensch soll nach außen blicken und sich jemandem oder etwas hingeben. Es handelt sich hierbei um die Fähigkeit zur *Selbsttranszendenz*. „Der Mensch ist nicht da, um sich selbst zu beobachten und sich selbst zu bespiegeln; sondern er ist da, um sich auszuliefern, sich preiszugeben, erkennend und liebend sich hinzugeben."[105] Prophylaktisch betrachtet, verhindert Selbsttranszendenz eine krankheitsfördernde Hyperreflexion.

„Wie die auf das Ich fixierte hyperreflektäre Dauerspannung jeder Krankheit Tür und Tor öffnet, so schützt eine geistige Zentrierung auf positive und lebensbereichernde Elemente der Außenwelt die körperlich-seelische Gesundheit – das ist das Geheimnis der Dereflexion!"[106]

Beide Elemente zusammen genommen, das Ignorieren und das Zuwenden, sorgen für die nötige Aufmerksamkeitskorrektur, die bei einer krankmachenden Selbstbeobachtung notwendig ist.

Methode: Einstellungsmodulation als Therapieziel und als Interventionsform

Mit dem Begriff der Einstellungsmodulation versteht man in der logotherapeutischen Arbeit sowohl ein zentrales Therapieziel als auch im Sinne einer therapeutischen Strategie einen Blumenstrauß verschiedener Interventionsmöglichkeiten, wie zum Beispiel den ‚Sokratischen Dialog', die ‚Methode des gemeinsamen Nenners', ‚Sinnfindungsgespräche', den ‚Fantastischen Dialog', ‚Biografiearbeit' und andere.

Im Kern der Einstellungsmodulation stehen der Wandel und die Änderung von Einstellungen, wobei diese dank der geistigen Dimension immer frei sind: „Anlage und Lage zusammen machen die Stellung eines Menschen aus. Ihr gegenüber hat der Mensch eine Einstellung. Diese Einstellung ist – im Gegensatz zur wesentlich schicksalhaften ‚Stellung' – eine freie."[107] Frankl unterscheidet zwischen dem Schicksalhaften, das mit Unabänderlichem gleichzusetzen ist, und dem Bereich der Freiheit. Die Einstellungsmodulation zielt nun darauf ab, sich zum Unabänderlichen ein Stück weit positiver einzustellen bzw. negative Einstellungen zu korrigieren.[108] „Jede Einstellungsmodulation hat eine gesündere, bessere, ethisch wertvollere, hoffnungsvollere [...] Einstellung zum Ziel."[109] Ermöglicht wird diese Änderung durch die Trotzmacht des Geistes, denn: „Die geistige Person ist dasjenige im Menschen, was allemal und jederzeit opponieren kann!"[110]

Betont wird für die therapeutische Praxis, dass als erster Schritt, also noch bevor die Arbeit mit den Einstellungen beginnt, geklärt werden soll, „ob nicht eine ‚tatsächliche' Veränderung auf der Problemebene möglich ist".[111] Nur für den Fall des Unabänderlichen setzt die Phase des Akzeptierens und des Wandelns der Einstellung ein.

Die Einstellungsmodulation kann und soll nicht nur die innere Haltung zu Negativem verbessern, sondern sie beachtet auch die innere Haltung zu Positivem. Zugrunde liegt hierbei das Wissen, dass auch Menschen, die über äußerst günstige Bedingungen zum Beispiel finanzielle Mittel oder Talente verfügen, „ein freudloses Dasein ohne Schwung und Elan"[112] führen können. Obwohl ihnen zahlreiche Ressourcen zur Verfügung stehen, fehlt ihnen dennoch die positive Einstellung zu den glücklichen Gegebenheiten und zu sich selbst. Die Einstellungsmodulation setzt dabei beim Willen zum Sinn an, d.h., der Patient soll aus seiner noogenen Depression oder Neurose befreit werden und den Sinn sowie die Werthaftigkeit seines Lebens neu erspüren und entdecken lernen.

Intervention zur Einstellungsmodulation:
Das Sinnwahrnehmungstraining

Das Sinnwahrnehmungstraining wurde von Lukas entwickelt und besteht aus einem fünfstufigen Vorgehen, mit dem der Patient befähigt wird, aus den sich anbietenden Optionen die sinnvollste zu ergreifen. Den Kern der Methode bilden die fünf Fragen:

- ▶ **Was ist mein Problem?** Hier soll das Problem seine genaue Kontur erhalten, eben auch, damit der Befragte erkennen kann, worin der problemfreie Raum besteht.
- ▶ **Wo ist mein Freiraum?** Oftmals vermuten Menschen ein Schicksal hinter ihrem Problem und sehen nicht mehr die Möglichkeiten, die ihnen der problemfreie Raum zugesteht.
- ▶ **Welche Wahlmöglichkeiten habe ich?** Bestätigt der Befragte seine Freiräume, dann werden in diesem Schritt alle Optionen ohne (Ab-)Wertung zusammengestellt.
- ▶ **Welche Möglichkeit ist die sinnvollste?** In dieser Phase tritt das Sinnorgan, das individuelle Gewissen, in Aktion. Der Befragte spürt nach, welche der Optionen in der aktuellen Situation voller Sinn ist. Dabei gilt die These, dass eine der Optionen immer sinnvoller gegenüber allen anderen ist. Der Therapeut achtet darauf, dass sich diese Betrachtung nicht in Richtung ‚Was bereitet die meiste Lust?' o.Ä. ändert.
- ▶ **Welche will ich verwirklichen?** Nicht trivial ist die Frage danach, ob der Befragte die sinnvollste Option auch verwirklichen

will. Sind die vorigen Schritte vom Therapeuten auch methodisch unterstützt worden, so ist diese letzte Frage ohne jegliche Hilfestellung vom Befragten zu beantworten. Er verantwortet seinen Sinn.

Intervention zur Einstellungsmodulation:
Der Fantastische Dialog

Als Gesprächstechnik wurde der Fantastische Dialog von Fabry eingeführt, insbesondere mit dem Ziel, Versöhnungs- und Vergebungsprozesse einleiten zu können, wenn diese in der Realität nicht oder nicht mehr möglich sind. In ihrem Mittelpunkt steht das Gespräch in der Fantasie des Patienten, in dem er mit der Person, die ihn seelisch stark belastet(e), in den Dialog eintritt. Dabei geschieht in der Regel etwas ganz Erstaunliches: In der direkten (wenngleich ‚fantastischen') dialogischen Konfrontation mit dem angstbesetzten Gegenüber stößt der Betroffene im Verlauf auf ganz andere als die bekannten bösartigen Motivationen. Diese dialogisch verarbeiteten inneren Erlebnisse sind dazu geeignet, einerseits den belasteten und zutiefst erschütterten Selbstwert wiederherzustellen und andererseits mit diesem erstarkten Selbstwert die Einstellung zu der Person, die die Belastung einst auslöste, neu zu justieren.[113]

Intervention zur Einstellungsmodulation:
Die Werteimagination

Die Werteimagination von Böschemeyer dient dazu, „Menschen mit ihren tiefsten Sinngefühlen in Kontakt zu bringen. Im Reichtum ihrer inneren Bilder finden Menschen ganz konkrete Hilfestellung, zur Bewältigung von intensiven Lebenskrisen, für persönliches Wachstum, bei der Sinnsuche im Alltag, bei psychosomatischen Störungen, bei Beziehungsproblemen, bei irreversiblem Schicksal."[114]

In dieser Intervention wird nicht mit „eingebildeten" Bildern gearbeitet, so wie sie in Fantasien, Visionen, Visualisierungen oder Szenarien genutzt werden. Böschemeyer geht vielmehr davon aus, dass im Menschen ein unbewusstes geistig-spirituelles Vermögen und ein verantwortliches Bestreben nach sinnvollem Handeln innewohnt. Dies äußert sich mit den vom unbewussten Geist gebildeten Bildern und Symbolen, so wie sie auch in der Arbeit mit Träumen, Märchen oder Mythen entstehen.

Als Ziel werteorientierter Imagination steht die Freisetzung innerer bejahender Kräfte und das Wieder-Erspüren tiefer, bestehender Wertgefühle. Oft kann im Prozess der Imagination das den Menschen belastende Thema integriert werden, um in dessen Betrachtung bislang ungenutzte hilfreiche Ressourcen zu identifizieren.

Intervention zur Einstellungsmodulation:
Die Biografiearbeit

Zwischen dem was ‚war', ‚ist' und ‚sein wird', kann der Patient in der logotherapeutisch geprägten Biografiearbeit seine bisherigen Werteverwirklichungen reflektieren, den aktuellen Beitrag zum Leben erkunden und sich so oder so zu dem stellen, was vor ihm liegt. In einer strukturierten Begleitung werden verschiedene Lebensphasen beleuchtet, und der Patient erhält Gelegenheit, zu formulieren, wie er heute dazu steht, was er über sein Leben berichtet. In diesem Sinne ist Biografiearbeit nicht nur historischer Rückblick und szenarische Vorausschau. Sie ist vielmehr ein Weg, Muster zu erkennen, Werte-Entwicklungsprozesse nachzuzeichnen und den aktuellen Sinn im Leben zu fassen. Die Arbeit an der persönlichen Lebensbiografie stellt somit eine Intervention zur Selbst- und Sinnerfahrung dar. Das Gespräch über Facetten einer biografischen Phase ermöglicht die Weiterarbeit in Form einer Gewissensklärung, der Beziehungsverbesserung, der Versöhnung, der Freude an je bereits sinnvoll vollzogenen Handlungen und Entscheidungen oder zur Ermutigung zu Änderungen in der Lebenspraxis.

Intervention zur Einstellungsmodulation:
Der gemeinsame Nenner

Kann sich ein Patient aufgrund sich widerstrebender Werte nicht entscheiden, wird die Methode des gemeinsamen Nenners eingesetzt. „Dieses Sehenlassen eines gemeinsamen Nenners spielt auch dort eine Rolle, wo es nicht um das Vorziehen von Werten geht, sondern um das Vergleichen von ‚Gütern'."[115] Die Methode wird daher in Dilemmata eingesetzt, um über die Nutzung einer Gemeinsamkeit eine konkrete Sinnmöglichkeit herauszuarbeiten. Folgendes Fallbeispiel, von dem Frankl berichtet, veranschaulicht die Methode.

Eine Medizinstudentin war sich unschlüssig, ob sie einen begonnenen Roman weiterschreiben und deshalb ihr Studium unterbrechen oder ob sie lieber fertig studieren solle. Der gemeinsame Nenner in dieser konkreten Beschreibung eines Dilemmas besteht in der Gefahr, eine Alternative unumkehrbar preiszugeben. Die damit verbundene Frage lautete daher: „Was wird eher gefährdet, wenn es unterbrochen wird?"[116] Die Studentin beschloss daraufhin bewusst und begründet, ihr Studium zu unterbrechen, um den Roman fertig schreiben zu können, da sie bei aller Abwägung der sie umgebenden Bedingungen spürte, ihren Roman wohl nicht mehr zu beenden, würde sie ihr Studium fortsetzen und abschließen.

Grundsätzlich ist bei allen Formen der Einstellungsmodulation wesentlich, dass der Patient, der unter seiner ‚Werteblindheit' oder einem Werteverlust leidet, seinen Sinn neu entdeckt und seine innere Haltung ändert. Die Vielfalt des methodischen Arbeitens legt nahe anzunehmen, dass sich die Logotherapie – wie keine andere psychotherapeutische Disziplin – auf die Einzigartigkeit des Menschen, die einzigartige Form seiner Belastung oder Erkrankung und die einzig für ihn stimmige Art und Weise der Sinnfindung und Werteentwicklung eingestellt hat.

1.7 Forschung am Sinn

„Ich habe den Sinn meines Lebens darin gesehen, anderen zu helfen, in ihrem Leben einen Sinn zu sehen."

Viktor E. Frankl

Zum 100. Geburtstag von Frankl erschien eine kommentierte Bibliografie über die empirischen Forschungen an der sinnzentrierten Psychotherapie. Dr. Alexander Batthyany, Dozent für Wissenschaftstheorie und Philosophie der Psychologie an der Universität Wien und Prof. Dr. Giselher Guttmann, langjähriger Ordinarius für Psychologie an der Universität Wien, sammelten mehr als 600 wissenschaftliche Studien zur Logotherapie und Existenzanalyse.

Validität der Logotherapie

Die Untersuchungen lassen sich in folgende Bereiche unterteilen:

- die Validierung des Frankl'schen Theoriekonzepts – „[...] and later saw, that the basic concepts of logotherapy would stand the empirical test"[117],
- die Zusammenhänge von Sinn und mentaler Gesundheit (Mitarbeiter Frankls konnten beispielsweise statistisch belegen, dass Aggressivität, Kriminalität, Drogenabhängigkeit und Selbstmord auf das Sinnlosigkeitsgefühl zurückzuführen sind[118]),
- die logotherapeutischen Techniken und Methoden sowie das logotherapeutische Testinventar.

Frankl lag bereits zu Lebzeiten sehr viel daran, seinen ihm folgenden Generationen nahezulegen, die Wirkungen der Logotherapie empirisch zu stützen. Dies ist in umfassender Weise erfolgt und wird auch derzeit in zahlreichen Folgestudien untermauert – umso unverständlicher ist es, dass der Logotherapie in Deutschland bislang die Anerkennung durch den Wissenschaftlichen Beirat Psychotherapie verwehrt wird, während sie in Österreich und in den

Vereinigten Staaten anerkannt ist, wo sie als wissenschaftlich fundierte Psychotherapie von der American Psychological Association, der American Psychiatric Association und der American Medical Association bestätigt wurde und Lehrfach an Universitäten ist.

Ist der Wille frei? Eine sehr aktuell, unter anderem in der Neurowissenschaft diskutierte Frage zielt auf den von Frankl postulierten freien Willen des Menschen. Ist der menschliche Wille wirklich frei oder ist er aufgrund zum Beispiel der Sozialisation und der Erziehung derart geprägt, dass von Freiheit nur begrenzt die Rede sein kann? ‚Wovon' muss der Wille frei sein, damit man ihn als frei bezeichnen kann?

Der Mensch ist in seiner noetischen Dimension frei, so lautet die existenzanalytische und logotherapeutische Betrachtungsweise. Kulturen und Erbanlagen prägen zwar den Menschen, bestimmen ihn aber nicht. „Die Handlungen vieler Einzelindividuen werden zum ‚Zeitgeist', und der ‚Zeitgeist' beeinflusst wiederum die Handlungen vieler Einzelindividuen. [...] Der ‚Zeitgeist' ist die gemeinsame Haltung vieler."[119] „Wir sind nicht verantwortlich für die Zeit, in der wir leben, aber dafür, wie sehr wir ihrem Geiste folgen, und in welcher Weise wir ihn mitprägen."[120]

Mit der Haltung, dass letztlich das Individuum über das ‚so oder so' entscheidet, wendet sich Frankl entschieden gegen die These, der Mensch sei von Trieben, Umständen, sozialen Faktoren restlos determiniert. Er betont, das innere Erleben von uns Menschen ist, dass wir einerseits gebunden, also nicht frei ‚von' vielen Faktoren sind, zugleich aber das Vermögen besitzen, ‚zu' den Faktoren auf eine weitgehend freie Art und Weise Stellung zu beziehen. In den Praxisbeiträgen zum Wertecoaching wird sich zeigen, inwieweit sich die Klienten aus ihren brisanten Situationen lösen, indem sie neue Stellungen, Einstellungen zu den sie belastenden Themen einnehmen.

Ist das Gewissen ein Kompass? Aus der Freiheit des Willens ergibt sich ein weiterer Gesichtspunkt: der ‚Maßstab für Entscheidungen'. In der Logotherapie und Existenzanalyse ist das Gewissen das Sinn-Organ, das dem Menschen die Richtung und den Maßstab seiner Entscheidungen und Handlungen vorgibt. Wenn das Gewissen wie ein Kompass funktioniert, dann ist noch offen, woher es um die Himmelsrichtungen weiß und woher es das Wissen um den richtigen Weg nimmt.

Frankl hierzu: „Der Existenzanalyse zufolge gibt es [...] auch unbewußte Geistigkeit."[121] Dabei ist das moralische Gewissen als „ethisch Unbewußtes"[122] und als etwas Emotionales und zutiefst Intuitives zu verstehen. Dieses unbewusste Geistige gibt dem in jeder Situation möglichen Ruf des Gewissens seine Richtung. Das Bewusstmachen dieses unbewussten Geistigen ist mithin die Plattform für die Fundierung eines individuellen und im weiteren eines für allgemeingültig empfundenen Wertemaßstabs. Ein Gewissensentscheid nimmt damit die Form weniger eines rational-analytischen als vielmehr die eines geistig-emotionalen Prozesses ein – der Mensch nutzt sein vor-moralisches Verständnis von dem was er ‚tun sollte'.

Was aber, wenn sich ein Mensch das ihm unbewusste Geistige nicht erschließen kann?

Kann die Idee des Sinn-Konstruktivismus dafür genutzt werden, wenn es dem Menschen nicht gelingt, den Sinn in seinem Leben zu finden und zu formulieren? In der Frankl'schen Sinntheorie ist ein fundamentaler Grundsatz, dass Sinn in allen Situationen gegeben ist und dass Sinn dem Wollen vorausgeht. Diesen Sinn braucht der Mensch nicht zu machen – seine Aufgabe ist es, ihn zu entdecken. Ein Logotherapeut oder ein Wertecoach können dabei eine Unterstützung sein.

Ist auch konstruierter Sinn ‚Sinn' – ist Zweckdienliches auch Sinnvolles?

Zu diskutieren ist an dieser Stelle, ob der Sinn tatsächlich etwas Gegebenes oder etwas vom Menschen Konstruiertes ist. Die Blickwinkel sind verschieden: Es mag als unmöglich gelten, in jeder Situation einen Sinn zu finden – dennoch gilt es, ‚lebensfähig' zu bleiben. Es mag sein, dass Sinnvolles zum Beispiel über die Nutzung von Visionen, Zielen oder einst positiven Erfahrungen konstruiert wird – dennoch gilt es, Konstruiertes eben als Konstruiertes anzusehen und sich damit die Option zu erhalten, offen zu bleiben für einen höheren Sinn.

In diesem Zusammenhang sei auf eine oft anzutreffende sprachliche Ungenauigkeit hingewiesen, wenn Menschen die Begriffe Sinn und Zweck inhaltlich gleichsetzen. Aber: Der Zweck bezeichnet eine Sache, eine Handlung oder eine Aufgabe – der Sinn beschreibt ihre Bedeutung.[123] Zweck lässt sich der psychophysischen Dimension zuordnen, während Sinn ein Aspekt der noetischen Dimension ist – so wird zum Beispiel als Zweck der Arbeit das Geldverdienen angegeben, doch der Sinn der Arbeit gibt Antwort auf das ‚wozu ist es gut', also auf die Wertverwirklichung (Fürsorge für die Familie) oder die Selbstformung (sich bilden zu können), die Weltgestaltung (anderen Menschen helfen zu können) oder die Selbstvollendung.

Vergleicht man nun mangelnde Zweckhaftigkeit mit Sinnlosigkeit, so kann Erstere durch Sinn aufgewogen werden („die auftretenden Doppelarbeiten in unserem Unternehmensbereich erfüllen meines Erachtens zwar keinen Zweck, das trotz dieser Zeitvergeudung mir jedoch bezahlte Geld ermöglicht es mir, meine Familie zu versorgen"), wohingegen Sinnlosigkeit durch nichts – auch nicht durch einsehbare Zweckmäßigkeit – ersetzt werden kann („Ich fühle, meine Arbeit hat in diesem Unternehmensbereich keinerlei Bedeutung, das Unternehmen jedoch ist ein Global Player mit großem Ansehen bei unseren Kunden").

Denk- und damit einhergehend meist auch Sprachungenauigkeiten aufzuspüren, ist eines der Anliegen derer, die mit der Gesprächsform des Sokratischen Dialogs arbeiten. Über den Unterschied von Sinn und Zweck, Grund und Ursache, Folge und Wirkung u.a. Klarheit zu erzeugen, ist eine anspruchsvolle Übung im Kontext insbesondere des Wertecoachings. Im Folgenden werden die Grundlagen des Sokratischen Dialogs entfaltet – dies im Bewusstsein, dass im Rahmen der später dargestellten Praxisbeiträge allein schon aus Platzgründen nicht die Möglichkeit besteht, vollständige Dialoge vorzustellen. Dort, wo die Praxiscoachs dialogische Sequenzen wörtlich wiedergeben, kann der Leser aber kleine Spitzen dieser Prozessarbeit aufleuchten sehen.

Es sei an dieser Stelle darauf hingewiesen, dass das Netzwerk der beteiligten Wertecoachs bestrebt ist, in der nahen Zukunft einige Forschungsarbeiten anzustoßen, die die Kraft des Sokratischen Dialogs im Coaching anhand von detailliert vorgestellten Prozessen zum Thema haben werden. Die Leser dieses Buchs werden hierzu auf der Website *www.wertecoaching.biz* auf dem Laufenden gehalten.

Fußnoten:

1) Frankl 2002, S. 64
2) Lukas 2002, S. 20
3) ebd., S. 20
4) Frankl 2002, S. 63
5) Frankl 2005a, S. 17 f.
6) vgl. Lukas 2002, S. 21
7) ebd., S. 28
8) Frankl 2005b, S. 142
9) Frankl 1995a, S. 157
10) Frankl 1992, S. 71
11) ebd., S. 71
12) Riedel et al. 2002, S. 87
13) Frankl 1995a, S. 64
14) Frankl 2005b, S. 16
15) Frankl 2005a, S. 107
16) Frankl 1995a, S. 226
17) Lukas 2002, S. 61
18) vgl. ebd., S. 43
19) Frankl 1995a, S. 52
20) Frankl 2005a, S. 213 f.
21) vgl. Frankl 1995a, S. 80
22) ebd., S. 225
23) vgl. Frankl 2005b, S. 52
24) Lukas 2002, S. 184
25) vgl. ebd., S. 39
26) ebd., S. 61
27) Frankl 2005b, S. 199
28) vgl. ebd., S. 158
29) vgl. Riedel et al. 2002, S. 102
30) vgl. Lukas 2002, S. 40
31) Frankl 1995a, S. 184
32) Riedel et al. 2002, S. 35
33) ebd., S. 85
34) vgl. Lukas 2002, S. 17
35) vgl. ebd., S. 62
36) Frankl 2005a, S. 90
37) Biller 1995, S. 123
38) vgl. Biller 1995, S. 117
39) vgl. Frankl 1992, S. 72
40) vgl. ebd. S. 72 f.
41) vgl. Frankl 1992, S. 73
42) Frankl 2005a, S. 91
43) vgl. Frankl 2005b, S. 58
44) vgl. ebd., S. 203
45) Lukas 2002, S. 172 f.
46) vgl. Frankl 1995a, S. 48
47) Frankl 2005b, S. 203
48) vgl. Lukas 2002, S. 35 f.
49) vgl. Frankl 2005b, S. 202 ff.
50) vgl. Lukas 2002, S. 172
51) Frankl 2002, S. 137
52) Hawking 1993, S. 33 ff.
53) vgl. Frankl 2005b, S. 59 f.
54) Frankl 1999, S. 130
55) vgl. Frankl 1995a, S. 99
56) Frankl 2005a, S. 93
57) Lukas 2002, S. 17
58) vgl. Frankl 2005b, S. 199
59) vgl. Frankl 1995a, S. 32
60) ebd., S. 32
61) ebd., S. 118
62) Riedel et al. 2002, S. 157
63) vgl. Schlieper-Damrich et al. 2006, S. 31
64) Riedel et al. 2002, S. 71
65) Frankl 1999, S. 142
66) Frankl 1995a, S. 237
67) Lukas 2002, S. 189
68) ebd., S. 67
69) Frankl 1999, S. 141
70) Lukas 2002, S. 67
71) ebd., S. 31
72) Graf 2007, S. 25
73) Frankl 2005b, S. 152 f.
74) Frankl 1951, S. 53
75) vgl. ebd., S. 62
76) Becker 2000, S. 10 f.
77) vgl. Frankl 1999, S. 101
78) vgl. Lukas 1995, S. 211
79) Frankl 1999, S. 146 f.
80) Lukas 2002, S. 179
81) Frankl 2005b, S. 11
82) Frankl 2005a, S. 37
83) vgl. Lukas 2002, S. 179
84) Lukas 1995, S. 216
85) Lukas 2002, S. 182
86) vgl. Lukas 1995, S. 216
87) Lukas 2002, S. 196
88) ebd., S. 101
89) ebd., S. 101
90) ebd., S. 101
91) Lukas 1988, S. 129
92) Lukas 2002, S. 127
93) Frankl 1999, S. 22
94) vgl. ebd., S. 155 f.
95) vgl. Lukas 2002, S. 121
96) Kurz 1995, S. 66
97) Frankl 2002, S. 164
98) ebd., S. 164
99) vgl. Lukas 2002, S. 111
100) Frankl 2005a, S. 245
101) Lukas 2002, S. 111 f.
102) Frankl 1999, S. 171
103) Lukas 2002, S. 194
104) ebd., S. 202
105) Frankl 1999, S. 171
106) Lukas 2002, S. 195
107) Frankl 2005a, S. 134

108) vgl. Lukas 2002, S. 196
109) Lukas 2002, S. 131
110) Frankl 2002, S. 94
111) Riedel et al. 2002, S. 174
112) Lukas 2002, S. 104
113) vgl. Riedel et al. 2002, S. 311
114) Böschemeyer, 2005, S. 179 ff.
115) Frankl 2005a, S. 305
116) Frankl 1995b, S. 47
117) Batthyany & Guttmann 2005, S. 335
118) vgl. Frankl 1995a, S. 16
119) Lukas 1989, S. 103
120) ebd., S. 115
121) Frankl 2002, S. 58
122) Kurz 1995, S. 63
123) vgl. Böckmann 1987, S. 85

Kapitel 2

Sokratischer Dialog

Petra Kipfelsberger

Kapitel 2

Schnellfinder

2.1	**Menschenbilder von Sokrates und Frankl**	67
2.1.1	Organe der Erkenntnis und des Sinns	72
2.1.2	Das Dialogische Prinzip	74
2.2	**Der Dialog im Sokratischen Dialog**	78
2.2.1	Ziele und Resultate eines Dialogs	79
2.2.2	Prinzip „Augenhöhe" im Dialog	80
2.3	**Sokratische Strategien**	82
2.3.1	Sokratische Ironie	85
2.3.2	Mäeutik	86
2.3.3	Sokratische Fragen	87

Sokratischer Dialog

2.1

Menschenbilder von Sokrates und Frankl

Immer wieder spricht Frankl in seinen Vorlesungen vom Sokratischen Dialog als Gesprächsmethode, die er in der Logotherapie anwendet.[1] Jedoch beschreibt er diese in keinem seiner Bücher und auch in der Literatur der nächsten Logotherapie-Generationen findet sich kein entsprechender Kontext. Da diese Dialogform jedoch eine der Interventionen ist, die sich auch im Wertecoaching anbieten kann, soll in diesem zweiten Kapitel diese Lücke geschlossen und der Sokratische Dialog als Methode mit dem Ziel der Einstellungsmodulation besonders hervorgehoben werden. An dieser Stelle sei noch einmal darauf hingewiesen, dass die übrigen Adaptionen logotherapeutischen Methodenrepertoires ins Coaching entweder in den Praxisbeiträgen im Kapitel 4 oder auf der Website zum Buch thematisiert werden.

In der Sammlung ‚Mensch Sein heißt Sinn finden. Hundert Worte von Viktor E. Frankl' heißt es: „Die Logotherapie hat das große geschichtliche ‚Modell' einer geistigen Auseinandersetzung, das klassische Gespräch von Mensch zu Mensch: den sokratischen Dialog zum Vorbild."[2] Wenn jedoch nun von Sokrates die Rede ist, handelt es sich um den ‚Platonischen Sokrates' und um abendländische Interpretationen der Neuzeit, die sich mit dem klassischen Sokrates auseinandersetzen. Es sei an dieser Stelle darauf hingewiesen, dass der Neo-Sokratismus nicht Gegenstand unserer Betrachtungen ist. Ausschlaggebend für diesen Fokus ist es, dass die neo-sokratische Methode von einem anderen Setting ausgeht und andere Ziele als die klassische Methode verfolgt. Meist wird das neo-sokratische Gespräch als Unterrichtsform mit mehreren Teilnehmern dargestellt. Der klassische Sokrates unterredet sich stets jedoch nur mit einer Person, und er nimmt eine Rolle ein, die vom vorgeschlagenen Verhalten des Lehrers beim Neo-Sokratismus abweicht.

Im Folgenden werden nun die beiden Menschenbilder, das sokratische und das logotherapeutisch-existenzanalytische, vergleichend gegenübergestellt.

Als erster Vergleichspunkt dient die Disziplin. Sokrates wirkt als Philosoph, Pädagoge und im weiter gefassten Sinn als Psychotherapeut, als Geburtshelfer der geistigen Persönlichkeit. „Seine philosophische Aufgabe ließe sich benennen als Prüfung und Korrektur einer Behauptung."[3] Er vertrat die Auffassung, dass es keine ‚Wahrheiten' gibt wie es Dinge und Gegenstände gibt, sondern nur genuin *philosophische Wahrheiten*. Eine philosophische Wahrheit ist für Sokrates nicht eine unpersönliche, auf einen objektiven Sachverhalt abzielende Aussage, sondern eine den ganzen Menschen betreffende Aussage – in der sich eine essenzielle Perspektive der Wirklichkeit zeigt –, durch die ein freier und seiner Verantwortung bewusster Mensch *eine* Wahrheit auf sich nimmt, in sich aufnimmt und sich zu *eigen* macht.

Sachlich untersucht er Behauptungen auf deren Gültigkeit und Schlüssigkeit. „Sein *pädagogisches* Wirken ließe sich benennen als Prüfung und Verbesserung des Menschen durch Prüfung und Verbesserung dessen Selbstverständnisses."[4] Es ist Sokrates' erzieherisches Anliegen, andere zur Selbsterkenntnis heranzuführen. Werden beispielsweise bei der Unterredung mit ihm Widersprüchlichkeiten aufgedeckt und somit das bis dahin als sicher geglaubte Wissen verworfen, so werden oft im Verborgenen liegende Unstimmigkeiten ausgeräumt. Dies betrachtet Sokrates als ersten notwendigen Schritt seiner Pädagogik und er versteht diesen als „‚Seelenpflege' oder ‚Psychotherapie' im Sinne einer ‚Reinigung der Seele', einer ‚Psychokatharsis'".[5] Folglich hält sich Sokrates für einen Pädagogen, der – basierend auf seiner Philosophie – agiert und von manchen Autoren als Urvater der Psychotherapie angesehen wird.[6]

Sokrates geht es prinzipiell um den Unterschied zwischen Schein und Sein. Er will das Wahre ins Bewusstsein heben, da Wahrheit nicht bloß eine intellektuelle Angelegenheit ist, sondern vielmehr in ethisch-praktischen *Handlungen* mündet. Den handelnden Menschen muss interessieren, „wie die Wahrheit der Dinge sich verhält", denn das Wahre ist ja nicht nur wahr, sondern es ist auch gut; Wahrheit ist etwas Erstrebenswertes; sie geht nicht nur den Verstand an, sondern auch den Willen."[7]

Das wahre Gute zu erkennen, ist für Sokrates ein moralisches *Tun*. Zu *Erkennen* ist *Tun*. Und zu *Tun* ist auch *Erkennen*. Mit Blick auf den Sinn für das Wahre formt der Leiter eines Sokratischen Dialogs das Gespräch in der Weise, dass sein Gesprächspartner selbst entdecken kann, dass das, was er für wahr hält, noch nicht das ‚eigentlich' Wahre ist. Der Sokratische Dialog wird so zu einer Übung, die zu einer inneren geistigen Erkenntnis einlädt, nämlich zur Gewissenserforschung und Wachsamkeit sich selbst gegenüber, oder kurz gesagt, zum berühmten ‚Erkenne dich selbst!'.

Der Sokratische Dialog ist praktizierte Philosophie.

In diesem Kontext darf der viel zitierte Satz: ‚Ich weiß, dass ich nichts weiß' nicht als falsche Bescheidenheit aufgefasst werden. Er heißt vielmehr: *Ich habe meinen Sinn für das Wahre so sehr geschärft, dass mein Anspruch für das Wahre sich mit den Schein-Wahrheiten, die ich zuweilen für echte Wahrheiten halte, nicht begnügt. Es ist der Anspruch an höhere Wahrheit als die Wahrheit, die ich zu besitzen wähne. Immer dann, wenn mein eigener Anspruch groß genug wird, erkenne ich, dass mein individuelles Wissen in großem Ausmaß ein Nicht-Wissen ist. Ich erkenne mich als ‚nicht weise' als nicht ‚sophos', sondern als ‚philo-sophos', als jemanden, der auf die Weisheit in Liebe und mit Liebe zustrebt.*

Der Sokratische Dialog greift diese Erkenntnis auf, indem er auf dem Vertrauen in die Kraft der (geistigen) Einsicht des einzelnen Menschen aufbaut. In seiner Wirkung stellt er eine Lebensprüfung dar – im Sinne einer Prüfung individueller Wertvorstellungen, hieraus abgeleiteter Einstellungen, Verhaltensmuster und Handlungsweisen.

Auch für Frankl bildet die Philosophie das Fundament seiner Logotherapie. Ist sie bei Sokrates auf die Erziehung und die Orientierung gerichtet, so nutzt Frankl sie heilend. In der Logotherapie ist der Mensch auf der Suche nach Sinn und nach ‚seine[r] Wahrheit'.[8] Kommt es zur Sinnerfüllung, erlebt der Mensch ein Glücksgefühl. Da Glück jedoch laut Frankl nicht erzielt werden kann, sondern immer nur ‚er-folgt', sofern der einzelne Mensch Werte und Sinn verwirklicht, strebt das Individuum nach einem sinnvollen, sinnerfüllten, glücklichen Leben. „Eine jede Seele strebt dem Guten nach und läßt um seinetwillen nichts ungetan."[9] Dieses Zitat, das Platons Politeia entnommen ist, belegt, dass auch der Mensch

Suche nach dem Guten – Suche nach dem Sinn

gemäß des platonisch-sokratischen Verständnisses ein nach etwas strebendes und suchendes Wesen ist. Das Ziel allen menschlichen Erkenntnisstrebens ist bei Sokrates die ‚Erkenntnis des Guten'.[10]

Für Sokrates war klar, dass Selbstverwirklichung mit dem Guten und dem Wahren aufs Engste zusammenhängt. Jeder hat den Sinn für das Wahre in sich selbst, man muss nur darauf vertrauen und ihn wecken können. Genau diese Vorgehensweise nannte er Mäeutik – die Kunst des Entbindens (des Geistes). Und eben dieses Entbinden bekommt seine Formgebung im Sokratischen Dialog.

Vom Ziel des Lebens lässt sich der Aufruf Sokrates' ableiten: ‚Erkenne dich selbst!'[11] und ‚Erkenne das Gute, Wahre und Schöne!'. Versucht man die Frankl'sche Lehre in Imperativen zu formulieren, so lauten diese: ‚Finde deinen Sinn! Höre deinen Sinnanruf!' ‚Gebe dich einer Sache oder Person hin!' und ‚Erkenne das für dich in diesem Moment Sinnvollere!' Auf der Oberfläche scheint hier Sokrates der Theorie Frankls voranzugehen, da dem Prozess der Sinnfindung der Prozess der Selbsterkenntnis vorgeschaltet ist. Die verbindende Brücke zwischen Sokrates und Frankl mag darin gesehen werden, dass beide dazu auffordern, nach erfolgreicher Selbsterkenntnis adäquat zu handeln.

Wille zum Guten – Wille zum Sinn

Der wesentliche Unterschied zwischen dem sokratischen und dem Frankl'schen Menschenbild liegt in der Differenz von ‚Gut' (Gutes, Wahres, Schönes) und ‚Sinn'. Ist es bei Frankl der Wille zum Sinn, so heißt es bei Sokrates: der Wille zum Guten. Laut sokratischem Verständnis ist es Eros, die erziehende Liebe, die den Menschen das Schöne begehren lässt.[12] Eros kann definiert werden als die Kraft, die im Menschen wirkt und ihn treibt; als Kraft, die ihn zur Selbsterkenntnis und Selbstverwirklichung anspornt. Gerade dadurch kann Eros Sinn und Daseinsbegründung verleihen.

Der Wille zur Erkenntnis, zum Guten, soll von der Liebe zur Wahrheit geprägt sein.[13] Während der Mensch bei Sokrates nach der ‚ganzen Wahrheit' und nach umfassender Erkenntnis strebt, will das Individuum in der Existenzanalyse vor allem das Wozu und Wohin kennen. Die Fragen nach Sinn und Bedeutung bewegen hier den Menschen.

Einer der wichtigsten Aspekte beim Vergleich zweier Menschenbilder ist die Gegenüberstellung des Verständnisses *vom* Menschen. Bei Sokrates wird der Mensch als rationales Wesen und „Erkenntnissubjekt"[14] beschrieben. Die Rationalität meint jedoch nicht den Ausschluss vom Sinnlichen, vom Wahrnehmbaren, sondern das Wahrnehmbare ist meist der Ausgangspunkt des Erkennens.[15] Zentral ist die prüfende Tätigkeit des Menschen, die Vernunfttätigkeit, um Annahmen und Ergebnisse des Verstandes zu untersuchen und dadurch zu Einsicht, Klarheit und letztlich Wahrheit zu gelangen.[16] „Die Vernunfttätigkeit führt nicht erst zur Erkenntnis des Guten, sie ist sie bereits."[17]

Rationales versus geistiges Wesen

In der Existenzanalyse ist die geistige Dimension die spezifisch humane, so dass vom ‚Homo noeticus' die Rede ist. Da ‚nous' neben ‚Geist' auch ‚Vernunft' bedeuten kann, wird eine differenzierte und differenzierende Darstellung zum sokratischen Bild vom Menschen heikel. Eine der in diesem Kontext bedeutsamsten Textstellen von Frankl ist die folgende:

„Daran [in der Anerkennung einer unbewussten Geistigkeit] läßt sich ermessen, wie wenig der Logos in unserem Sinne zu tun hat erstens mit der Ratio und zweitens mit dem Intellectus. Mit anderen Worten: wie wenig das Geistige in unserem Sinne identifiziert werden darf einerseits mit dem bloß Verstandesmäßigen und andererseits mit dem bloß Vernunftmäßigen."[18]

Diese Textstelle bringt zum Ausdruck, dass das Geistige bei Frankl Verstand und Vernunft umfasst und überwölbt. Hinzugenommen werden muss das (geistig!) Unbewusste, worin der Logos wurzelt. „Der Existenzanalyse zufolge gibt es nicht nur unbewußte Triebhaftigkeit, sondern auch unbewußte Geistigkeit"[19], worin eben die ursprüngliche Werte- und Sinnorientierung, das Gewissen sowie die eigentliche Liebesfähigkeit zu finden sind.

Wird bei Sokrates der Mensch als ein *prüfender* charakterisiert, so unterstreicht Frankl das sich *entscheidende* Wesen. Für Frankl ist Menschsein ‚entscheidendes Sein', ein Bestimmenkönnen, wer er im nächsten Augenblick sein wird. Chronologisch betrachtet, folgt der Prüfung die Entscheidung und der Entscheidung die Handlung. Diese Abfolge wird sowohl im sokratischen als auch im Frankl'schen Ansatz angenommen mit der Einschränkung, dass Sokrates nicht von Entscheidung sprechen und diese auch nicht meinen würde, sondern von Erkenntnis. Die im sokratischen Sinn gemeinte Erkenntnis ist freilich nicht nur Wahrnehmung, sondern im Wesentlichen auch ein moralisches Tun.

2.1.1 Organe der Erkenntnis und des Sinns

Als Maßstab zur Bewertung von Prüfungen und Handlungen postuliert die Existenzanalyse das Gewissen als Sinn-Organ, das dem Menschen die Richtung weist und vor dem der Mensch verantwortlich ist. Guttmann spricht in seinem Werk über die sokratische Pädagogik ebenfalls von einem Organ, dem ‚Erkenntnisorgan'. „Dieses Organ erfasst das Schöne und Gute nicht in einem verstandesmäßigen Theoretisieren, sondern im Vernunftgebrauch, im Bedenken des Denkens, in der dialogischen Lebenspraxis der Selbstreflexion."[20] Das Organ der Erkenntnis ermöglicht die Trennung von Gutem und Schlechtem. Analog hierzu hilft das Sinn-Organ, das Sinnvollere zu erkennen. Sokrates spricht in der Apologie von einer inneren Stimme (‚daimonion'), die dem Gewissen ähnlich ist.[21] Dies ist „die innere Stimme, die ihn warnt, etwas gegen das Gute zu tun".[22]

Die innere Stimme übernimmt die *geistige Leitung*, die nie in Form von Forderung und Befehl, sondern im Respekt vor der Freiheit des Menschen nur *in Form von Abraten* empfunden wird, nicht also als Zwang zu bestimmtem Tun, sondern als Abmahnung von Irrpfaden im Sinne eines ‚So nicht'.

Stufen zum Glück   Sokrates wie Frankl beschreiben den Weg zum glücklichen Leben als einen Prozess, der in Stufen zu vollziehen ist, wobei die einzelnen Schritte als nie abgeschlossen gekennzeichnet sind und teils auch parallel ablaufen können. Bei Sokrates ist die Rede von immer höheren Bewusstseinsstufen, die u.a. im Liniengleichnis[23] erläutert werden.

Abb. 4: Bewusstseinsstufen, in Anlehnung an Sokrates' Liniengleichnis

In der ersten Stufe handelt es sich um wahrscheinliche *Annahmen*, die mittels der Wahrnehmung entstehen. Während es hier noch Abbilder, Spiegelungen und Schatten sind, sieht der Mensch in der nächsten Stufe Dinge. Es findet die „Blickwendung vom wahrgenommenen Objekt zum wahrnehmenden Subjekt"[24] statt. Das Wahrgenommene steht somit in Relation zum Subjekt. Der Mensch bildet sich *Meinungen*. „Solange der Mensch seinen Empfindungen ungeprüft glaubt, wird er die zweite Bewusstseinsstufe nicht verlassen."[25]

Der Sprung zur dritten Stufe liegt im Denken. Der Mensch lernt hier zwischen der richtigen und falschen Meinung zu differenzieren und eignet sich hierfür einen Maßstab an. Gelingt daraufhin der Sprung vom unbegründeten zum begründeten Denken, folgt der Mensch dem Ziel dieser vierten Stufe, nicht mehr nur nach ‚*Verstandesgewissheit*' zu streben[26], sondern *Vernunfterkenntnis* zu erlangen. „Ihr Ziel ist es, das Seiende klar zu erkennen."[27] Entscheidend ist, das Gedachte begründen zu können und über das Verstandesdenken zu reflektieren.

Vermag der Mensch auch diese Stufe zu überwinden, so erreicht er als höchste ‚sokratische' Bewusstseinsqualität die Begründung der Erkenntnis – das Gute. „Auf dieser fünften Stufe verwirklicht sich der Mensch, indem er die Ursache seines Denkens und seines Seins erfährt, erkennt und bewusst gemäß dieser letzten Ursache handelt. Indem der Mensch sich selbst *dialogisch* verwirklicht, erkennt er sich selbst."[28]

Bei Sokrates führt folglich der Weg zum ‚Guten', zur Selbsterkenntnis und Selbstverwirklichung über die Reflexion und über die Dialogik.* Damit unterscheidet sich der sokratische Prozess des Erkennens vom existenzanalytischen Weg zum ‚Sinn', zur Selbsttranszendenz. Der genaue Vergleich wird zwar erschwert, da sowohl der Ausgangspunkt als auch der Endpunkt der beiden Menschenbilder voneinander abweichen. Gemein ist beiden Prozessen jedoch die Wirkung, nämlich die einer fundamental höheren Bewusstseinsstufe.

Logotherapeutisch gesprochen: Indem der Mensch sein Selbst transzendiert, erkennt er sich selbst. Methodisch-pragmatisch gesprochen: Indem der Mensch im Sokratischen Dialog sein Wissen diskutiert, ermöglicht er sich richtigeres Handeln.

Die Entwicklung hin zur Selbsttranszendenz und über sie zur Sinnerfüllung und zum Glück beginnt beim ‚Willen zum Sinn'. Da jedoch Glück nicht auf direktem Weg erzielt werden kann, ist zunächst ein gewisses Maß an Selbsterkenntnis erforderlich, der sich sodann eine Phase der Selbstdistanzierung anschließt. Diese wiederum ist nicht nur für Frankl von großer Bedeutung, sondern auch ein wichtiger Aspekt in der Sokratischen Dialogik: Die Begründungen der eigenen Meinung und der Verstandesleistungen sowie die Selbstreflexion erfordern nämlich auch, ein Stück weit aus sich herauszutreten und sich im Kontext der individuellen Meinungsbildung und Meinungsvertretung aus der Ferne zu betrachten.

2.1.2 Das Dialogische Prinzip

Die Dialogik wird als das zentrale Mittel auf der Suche nach dem Guten bezeichnet. Sie „ist die einzige Wissenschaft, die in der Selbstreflexion zur Letztbegründung des Denkens vordringen kann. Diese Letztbegründung liegt in der Erkenntnis des Guten im Selbst."[29]

---

* Die Dialogik umfasst nicht nur den Dialog, sondern auch das zugrunde liegende Menschenbild. Während der Dialog eher als Technik, Haltung oder Methode verstanden werden kann, ist die Dialogik die Wissenschaft, die das Gute mittels des Dialogs erkennen will.

Manche Autoren bezeichnen das Mittel zur Erkenntnis nicht als Dialogik, sondern als Dialektik. In Anlehnung an Gutmann wird hier die Dialektik als Eristik oder Streitkunst verstanden, „deren Ziel nicht eine Erkenntnis, sondern die Widerlegung und Irreführung des Dialogpartners war."[30] Für den Sokratischen Dialog gilt in diesem Zusammenhang, dass er „ein breites Spektrum unterschiedlicher philosophischer Denk- und Arbeitsweisen [umfasst] und sie in einen insgesamt dialogischen oder an Argumenten und Gegenargumenten orientierten Prozeß des Denkens [integriert]."[31]

Vorläufig soll die Definition der Dialogik als ‚Dialog mit dem Ziel der Erkenntnis' genügen. Ihre herausragende Stellung zeigt sich darin, dass sie nach den Prämissen und Ursachen von scheinbar Gegebenem fragt und nach Begründungen strebt. Sie setzt also an den Wurzeln alles Meinens, Glaubens und Wissens an.

Die prüfende, reflektierende Tätigkeit des Menschen, die ihm das Leben lebenswert macht, ist nur dialogisch möglich. Folgender Zusammenhang bei Sokrates von Lebensbegründung und Verantwortung verdient besondere Aufmerksamkeit: „Rein äußerlich zeigt sich der Dialogiker dadurch, dass er auf die Fragen, für die er verständig zu sein beansprucht, eine *begründete* Antwort zu geben vermag. Entscheidend hierbei ist die *Begründung* der Antwort, denn eine richtige Antwort ohne Begründung ließe sich auch aufgrund einer selbst noch nicht durchdachten, aber zufällig richtigen Meinung geben. Der Dialogiker aber kann *begründete* Rechenschaft ablegen. Er kann sich *ver-antworten*. Er kann auch Verantwortung tragen."[32]

Auch Frankl unterstreicht, dass der Mensch seine Antworten in Form von Tat oder Nicht-Tat auf Sinnanrufe und Situationen – aufgrund eines jedem Menschen gegebenen Sinn-Organs – verantworten kann und zu verantworten hat. Die Logotherapie unterstützt den Menschen dann, ethisch oder psychohygienisch Fragwürdiges, Störungerzeugendes oder -erhaltendes vor sein Gewissen zu bringen.[33] Das dialogische Prinzip wird dabei angewandt, um Aussagen des Patienten zu prüfen und gegebenenfalls zu widerlegen. Der Therapeut übt im Frankl'schen Verständnis eine ‚Katalysatorfunktion' aus[34], d.h., er beschleunigt den Sinnfindungsprozess des Patienten.

So wie Frankl betont, dass Sinn nicht gegeben werden kann, so hebt Sokrates hervor, dass Wissen ebenfalls nicht gegeben werden kann. Sinn ist vom Einzelnen zu finden und das Wissen ist auch selbst zu verstehen, zu erschließen und zu erkennen. „Erkenntnis findet nicht in der Welt, sondern im Menschen statt. […] Durch sein Erkennen (Wissen) zeichnet sich der Mensch aus, sein Erkennen (Wissen) ist Ausdruck seines Selbst."[35]

In direktem Zusammenhang hierzu steht die Mäeutik, die Hebammenkunst bei Sokrates. Darunter versteht man das Hervorrufen der im Menschen liegenden richtigen Erkenntnis* durch geschicktes Fragen und Antworten.[36] Einerseits weisen Sokrates und Frankl ausdrücklich daraufhin, dass Erkenntnis und Sinn nur durch die Leistung des einzelnen Subjekts erreicht werden kann, und andererseits stellen beide die Bedeutung eines ‚Du' heraus. In der sokratischen Pädagogik heißt es: „Das wirklich Liebenswerte wird nicht von allein erkannt."[37] Das Dialogische – und somit ein Gesprächspartner – werden benötigt, um zur Erkenntnis zu gelangen. Eine geistige Befruchtung durch ein Du gehört dazu, damit das Ich in sich zur Erkenntnis kommen kann.

Die beiden Menschenbilder werden in der Abbildung auf der rechten Seite abschließend vergleichend gegenübergestellt.

---

* Anm.: Die Mäeutik geht davon aus, dass alles Wissen und alle Ideen im Menschen schon vorhanden sind. Durch einen tiefen Dialog werden diese dem Menschen ‚nur' noch bewusst gemacht. Das ist der eigentliche Zweck der anamnesis, des Sich-Erinnerns. Die zugrunde liegende Annahme ist hier Platons Ideenlehre.

	Sokratisches Menschenbild	**Frankl'sches Menschenbild**
Disziplin	Pädagogik auf philosophischem Fundament mit psychotherapeutischem Wert.	Psychotherapie auf philosophischem Fundament.
Ziel des Lebens	Der Mensch auf der Suche nach dem Guten, letztlich nach glücklichem Leben.	Der Mensch auf der Suche nach Sinn, letztlich nach glücklichem Leben.
Aufforderung an den Menschen	Erkenne das Gute/Wahre! Erkenne dich selbst!	Finde deinen Sinn! Höre deinen Sinnanruf! Erkenne das für dich in diesem Moment Sinnvollere!
Antrieb/ Motivation	Wille zum Guten/zur Erkenntnis; Eros: erziehende Liebe, geprägt von Liebe zur Wahrheit.	Wille zum Sinn; das Wozu und Wohin kennen.
Mensch als …	Rationales Wesen, ‚Erkenntnissubjekt', prüfende Tätigkeit, Vernunfttätigkeit.	Geistiges Wesen, sich entscheidendes Wesen, verantwortendes Wesen.
Prüfende und lenkende Instanz	‚Erkenntnisorgan' = Organ des Denkens, der Vernunft; ‚daimonion' = innere Stimme.	Sinn-Organ = Gewissen.
Verlauf/ Entwicklung	Vom Sichtbaren zum Erkennbaren: 1. Wahrgenommenes 2. Wahrnehmung 3. Gedachtes 4. Begründung des Gedachten 5. Erkenntnis des Guten.	Vom Willen zum Sinn: 1. Selbsterkenntnis 2. Selbstdistanzierung 3. Selbsttranszendenz 4. Konkrete Hingabe an eine Sache / Person 5. Sinnerfüllung, Glück, Selbstverwirklichung.
Dialogik als Mittel zum Ziel und zur Verantwortung	Dialogik als Mittel zur Erkenntnis, Lebensbegründung und Verantwortung durch begründete Antworten.	Dialogik als Mittel zur Sinnfindung, Katalysatorfunktion des Therapeuten, Antwort auf Situationen mit Verantwortung.
Ambivalenz zwischen Eigenleistung und Unterstützung durch ein ‚Du'	Wissen kann nicht gegeben werden; es muss selbst erkannt werden. Mäeutik: Ein ‚Du' als ‚Gesprächs-Hebamme'.	Sinn kann nicht gegeben werden; er muss vom Einzelnen gefunden werden. Therapeut als Katalysator im Sinnfindungsprozess des Patienten.

Tab. 1: Vergleich des sokratischen mit dem Frankl'schen Menschenbild

2.2 Der Dialog im Sokratischen Dialog

> „Reden ist Silber. Sprechen ist Gold."
> Ralph Schlieper-Damrich

Das Wort ‚Dialog' stammt aus dem Griechischen und lässt sich auf das altgriechische Verb ‚dialégomai': ‚sich unterreden', zurückführen.[38]

Für einen Dialog sind folgende Kriterien charakteristisch: mindestens zwei Gesprächspartner, Sprecherwechsel, mündliche Realisierung und Ausrichtung auf ein bestimmtes Thema.[39] Differenzierungsmerkmale zwischen einem Dialog und einem Gespräch liegen in der Ernsthaftigkeit der Unterredung und der Bedeutungsrelevanz des Themas.

„,Dialog' meint vor allem das ernsthafte Gespräch über ein bedeutungsvolles Thema."[40] Zudem ist wichtig: „Es gehört *nicht* zum Wesen des Dialogs, daß er – wie die systematische Darlegung einer These – mit einer Conclusio endet."[41]

In der Logotherapie – und damit analog zum sokratischen Verständnis – bedeutet Dialog einen „Gedankenaustausch, der sich um das vom Patienten Gesagte rankt im beidseitigen Bemühen, ein Stück Wahrheit konsensuell zu verstehen."[42]

Eine wesentliche Voraussetzung im Dialog ist die alltägliche Sprache.

Die Mündlichkeit bringt das Lebendige mit sich. Entscheidend ist bei Sokrates, dass das Gesprochene verstanden werden kann. Voraussetzung für das Verstehen ist das Kennen der Sprache und das Wissen um die Sprache. Für den Sokratischen Dialog ist daher die Alltagssprache typisch.

Das ‚gesprochene Wort' meint eine Rede in der allgemeinen Menschensprache, in einer geschichtlichen, gewachsenen, im Volke wirklich gesprochenen Sprache im Gegensatz zu einer Terminologie, die eine auf Konvention beruhende, künstliche, ‚gemachte' Sprache ist. Während die Terminologie klar, distinkt, präzis und isoliert ist, spielen in Wirklichkeit der Kontext und das Ganze die bedeutendere Rolle. Es schwingen im Alltag Assoziationen und Konnotationen mit.[43]

Aber nicht nur eine gebräuchliche Sprache ist für die Verständigung bedeutsam, sondern auch die innere Einstellung. Gemeint sind hiermit das Verstehen-Wollen und das Sich-mitteilen-Wollen wie Krohn und Neißer ausführen: „Die Grundhaltung eines Dialogpartners ist [.] *untersuchend*: Wir stehen dann miteinander im *Dialog*, wenn wir im Gespräch davon ausgehen, dass wir *einander* etwas zu sagen haben." Erwartet wird gegenseitige Wertschätzung und eine „verständigungsorientierte, hinhörende Haltung voneinander."[44] Dem Verstehen dienlich sind das Zusammenfassen, Paraphrasieren und Fragen. Hinzu kommt, dass die Dialogpartner einander Raum lassen, sich zu äußern und stets versuchen, das Gemeinte präzise zu verbalisieren. Ferner ist grundlegend, dass eine gemeinsame Vorstellung vom Gesprächsthema gegeben ist oder erarbeitet wird, die eigenen Standpunkte klar gemacht und Auffassungen auf Unterschiede hin untersucht werden."[45]

2.2.1 Ziele und Resultate eines Dialogs

Das Streben nach Konsens und sei es unter Umständen auch das Streben nach (zunächst nur) der Übereinstimmung in dem zu untersuchenden Gegenstand oder der Fragestellung ist für einen Dialog typisch.[46] Jedoch ist das Resultat nicht zwangsläufig eine Einigung.

Das Verstehen des anderen und das Artikulieren der eigenen Überzeugung können zu Erkenntnis führen, im Speziellen zu Selbsterkenntnis. „Das umfasst sowohl meine Einsicht in die Ideen und Überzeugungen des *anderen*, wie auch in das, was ich *selbst* zu sagen habe, in meine eigenen Standpunkte, Überzeugungen und Beweggründe. […] Offenbar kann ich in einem Dialog herausfinden, was ich sagen will; in einem Dialog komme ich zu Selbsterkenntnis."[47]

„Ein Dialog kann resultieren in:

- dem Bewusstsein, ein vollwertiger Gesprächspartner zu sein,
- der Artikulation grundlegender Überzeugungen,
- der Legitimation grundlegender Überzeugungen,
- der Demaskierung von Scheinwissen,
- der Transformation alter Denkgewohnheiten,
- der Einsicht in Ideen und Standpunkte anderer,
- dem Verständnis für die jeweiligen Standpunkte,
- einer gemeinsamen Vision,
- einer wirklichen Erkenntnis."[48]

2.2.2 Das Prinzip ‚Augenhöhe' im Dialog

Dialog ist eine Unterredung zwischen zwei Menschen auf der Suche nach lebenspraktischer Wahrheit mit einer untersuchenden und verständigungsorientierten Grundhaltung. Um sich gemeinsam einer Sache zuzuwenden, sind eine Gleichberechtigung der Partner sowie eine Atmosphäre des Vertrauens notwendig.

Die Vollwertigkeit des Gesprächspartners ist ein elementarer Bestandteil des Dialogs, sie zeigt sich im Gespräch durch eine ‚gleiche Augenhöhe'. Das Miteinander wird beim Prüfen fokussiert, während das Gegeneinander abzulehnen ist. „Die prinzipielle Gleichberechtigung der Partner des sokratischen Gespräches zeichnet sich auch darin ab, daß Sokrates immer wieder betont, daß er die in Frage stehende Sache gemeinsam [...] mit dem Partner untersuchen wolle."[49] Ein Beispiel aus dem Dialog ‚Kratylos' soll diese Aussage von Sokrates belegen:

Sokrates zu Hermoneges: „[...] Allein, wie ich eben sagte, es ist schwer dergleichen zu wissen, gemeinschaftlich aber müssen wir es vornehmen und zusehen, ob es sich so wie du meinst verhält, oder wie Kratylos."[50]

Einen weiteren Hinweis auf die postulierte Gleichberechtigung liefert die Möglichkeit des Rollentausches bezüglich des Fragens bzw. des Antwortens. „Sokrates, der für gewöhnlich der Fragende ist, kann Antwort stehen, und sein Gegenüber kann die Fragen stellen."[51] Der Grund für den seltenen Wechsel der Rollen liegt in der Kunst, das Richtige fragen und erfragen zu können. *„Sie [Gesprächspartner von Sokrates] fragen nicht, weil sie nicht fragen können*, denn sie wissen nicht, wonach sie fragen sollten."[52] Woraus folgt: Die richtige Fragestellung impliziert schon so etwas wie ein ‚Vorwissen' über den zu untersuchenden Gegenstand, womit freilich nicht gesagt ist, dass dieses Vorwissen in jedem einzelnen Fall und bei jedem einzelnen Menschen in restloser Klarheit für das eigene

Bewusstsein zugänglich und greifbar ist. Der Sokratische Dialog aber kann sehr wohl dazu führen, dass dieses ‚Vorwissen' in einer Reflexion zur wahren Erkenntnis wird.

Sokrates' Erkenntnisstreben zielt auf ein gutes Leben ab. Seine Dialoge handeln von „praktischer Lebenskunst"[53]. „Es geht im sokratischen Diskurs nicht nur um eine rein theoretische Diskussion eines Wahrheitsanspruches, der auf seine Allgemeingültigkeit befragt wird, und der zu den Personen des Dialoges in keinerlei verbindlicher Beziehung mehr steht, sondern mit der Wahrheit der vorgeschlagenen Begriffsdefinition steht stets zugleich auch die Wahrheit jener Meinungen und Überzeugungen auf dem Spiel, die vorreflexiv die Lebens- und Handlungsorientierungen der Gesprächspartner bilden."[54]

Menschliche und lebensnahe Themen stehen im Zentrum des Dialogs.

Sokrates will sich nicht mit logischen Definitionen ‚verkünsteln', sondern er will praxisnahes Wissen erarbeiten, das der Einzelne und auch er selbst anschließend bzw. schon im Gespräch auf die eigene Person und Situation transferieren kann. Der Begriff ‚vor-reflexiv' aus obigem Zitat bringt zum Ausdruck, dass jeder Handlung und Orientierung Annahmen oder Werte zugrunde liegen, die oftmals noch vor einer bewussten Reflexion und Auseinandersetzung zu praktischen Konsequenzen führen. „Jeder beantwortet die Frage, wie man leben, sein Leben führen soll, immer schon durch das Faktum seines Lebens und Verhaltens, d.h., durch die Art, wie er sein Leben führt, wenngleich er sie auch nicht notwendigerweise verbal beantworten kann."[55]

Die Sokratische Dialogik macht eben diese vorreflexiven, unbewussten Annahmen, Glaubenssätze und Werthaltungen bewusst und ermutigt zur Verbalisierung.

2.3

Sokratische Strategien

In der Sokratischen Dialogik werden unterschiedliche Strategien angewandt. Im Rahmen eines idealtypischen Gesprächsverlaufs verdienen dabei die ‚sokratische Ironie' und die schon genannte Mäeutik besondere Aufmerksamkeit. Die Abbildung 5 deutet den Verlauf eines Sokratischen Dialogs an, der im Anschluss Schritt für Schritt erklärt wird.

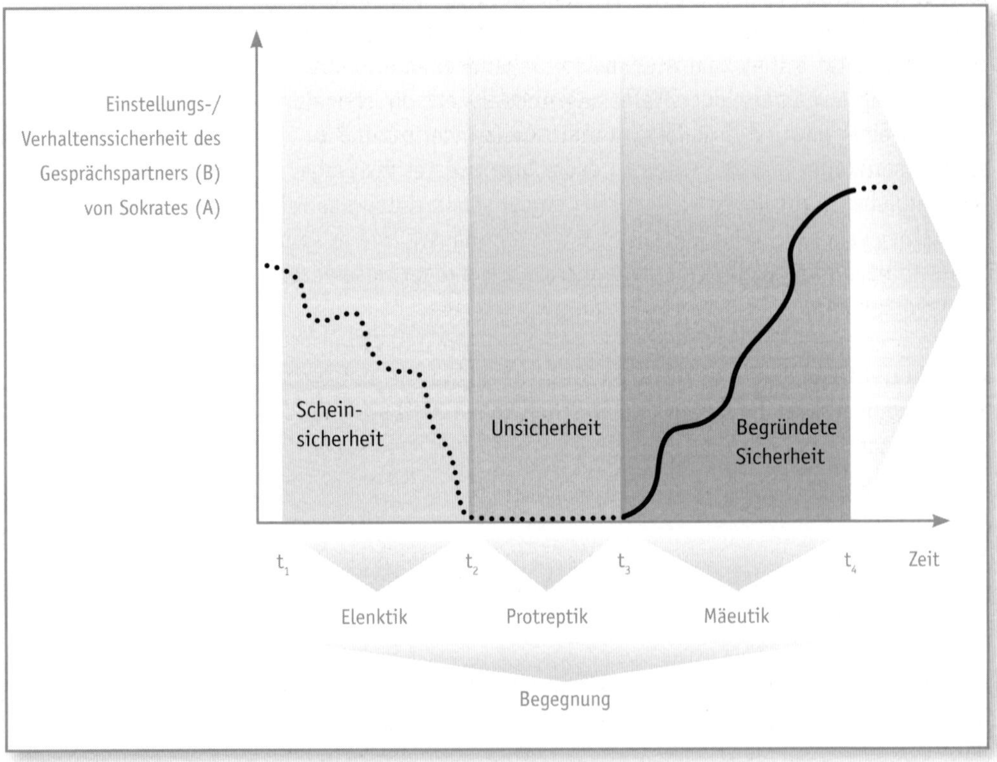

Abb. 5: Verlauf des Erkenntnisprozesses in einem Sokratischen Dialog, in Anlehnung an Hellinge et al.[56]

An der x-Achse dieser Grafik ist die Zeit abgetragen, während an der y-Achse der Grad der Einstellungs- und Verhaltenssicherheit beschrieben wird, den der Gesprächspartner von Sokrates (Sokrates = A, Gesprächspartner von Sokrates = B) empfindet. Je weiter der Wert der Sicherheit vom Nullpunkt entfernt ist, desto sicherer fühlt und verhält sich B. Einheiten werden für beide Achsen nicht definiert. Vom Zeitpunkt t_1 bis zum Zeitpunkt t_4 findet die Begegnung und somit der Dialog zwischen A und B statt.

Vor der Unterredung hat B ein bestimmtes Intervall, in dem sich seine Sicherheit bewegt. Bei t_1 nun trifft Sokrates auf diese Person und ein (in der Grafik idealtypisch skizziertes) Gespräch beginnt, das sich früher oder später für B merkbar um die Grundsätze der Lebensführung von B dreht. Auch wenn Sokrates dieses Thema von Anfang an intendiert, so heißt dies nicht, dass er damit in den Dialog startet.[57] In der Zeitspanne zwischen t_1 und t_2 findet die Prüfung von Grundsätzen, von Werthaltungen und Annahmen des B statt. Dieses Prüfen bedeutet, dass Sokrates B zu einer gewissen lebenspraktischen Fragestellung hinführt und gleichzeitig Widersprüchlichkeiten aufdeckt und somit das Scheinwissen entlarvt. Die gepunktete Linie beim schematischen Ablauf symbolisiert das scheinbare Wissen und die unbegründete Sicherheit von B. Die Kenntnisse von B sind vorreflexiv. Das Prüfen, Widerlegen und Überführen wird als Elenktik bezeichnet.

Die Beschreibung der Prüfung als kritisch-dialektisch wird hier interpretiert als eine bewusste Reflexion des bis dahin scheinbaren Wissens im Dialog. Das gemeinsame Prüfen, Hinterfragen und Verstehen soll die ‚Entlarvung' abmildern und vielmehr das Aufklären und Aufdecken zum Ziel haben. Werden im Dialog Widersprüchlichkeiten in der Lebensführung entdeckt und realisiert B, dass er seine Lebensführung zwecks mangelnder Reflexion bisher nicht genügend begründen kann, so sinkt seine Einstellungs- und Verhaltenssicherheit. Bei t_2 wird der Punkt erreicht, an dem sich B unsicher, zum Beispiel über seine Werte, ist. Der Gesprächspartner ist nun ratlos.[58]

Im Intervall zwischen t_2 und t_3 spürt und erfährt B, dass er nichts weiß. Dieses Nichtwissen bezieht sich hierbei auf die Fragestellung oder das Thema des Dialogs. In ihm (B) herrscht ein Zustand der Verwirrung, da das bisher für wahr und richtig Gehaltene und Gelebte, jedoch Unreflektierte und Unbegründete, manchmal sogar radikal verworfen werden muss. „Wenn sich eine Verwirrung zeigt, so ist sie nicht durch die Sokratik hervorgerufen, sondern nur durch die Sokratik offenbart, zuvor aber schon vorhanden. Sokrates macht ‚sichtbar', was bereits existiert."[59]

Deutlich wird, dass Sokrates nicht darauf abzielt, irgendeine beliebige Verwirrung bei seinem Gesprächspartner zu erzeugen, sondern dass durch den prüfenden Dialog dasjenige ans Licht kommt, welches B auch zuvor nicht ausreichend begründen konnte und nicht bewusst internalisierte. „Von dieser Akzeptanz eines eigenen Nichtwissens oder Noch-Nicht-Wissens muss ausgegangen werden, um zu suchen, um überhaupt suchen zu können; – um nicht nur scheinbar zu finden, was man ohnehin schon, weise zu sein glaubend ohne weise zu sein, selbst unterstellt. Die Einsicht in das eigene Nichtwissen ist daher auch immer der notwendige erste Schritt sokratischen Lernens, die Einsicht in das Nichtwissen zu bewirken, der erste Schritt sokratischer Pädagogik."[60]

Hat B sein Nichtwissen erkannt und akzeptiert, setzt die Protreptik ein: „In die Phase der Erfahrung eigener Ratlosigkeit trifft die Ermahnung (protreptik) in Gestalt eines erweckenden Anspruchs an die Innerlichkeit, ein Appell zur bewußten Ergreifung seiner selbst."[61] Konkret heißt dies, dass Sokrates seinen Gesprächspartner zum Suchen nach wahrer Erkenntnis und nach begründbaren Überzeugungen motiviert.

Beim Zeitpunkt t_3 ist die Basis für die Mäeutik geschaffen. In dieser Phase des Aufbaus begründeten Wissens geht der „Mäeutiker" davon aus, dass es gelingt, durch einen tiefen Dialog dem Gesprächspartner zu ermöglichen, bislang undeutliche, verborgene oder verzerrte Einsichten in das Gute in ein klares Licht zu rücken.

Beim Blick auf den schematischen Verlauf des Sokratischen Dialogs ist nun in der Phase zwischen t_3 und t_4 eine mehr oder weniger rasch aufsteigende, durchgehende Linie zu sehen. Diese symbolisiert, dass das Wissen und die Erkenntnis nun begründet sind. Somit kann es zu einer wahren Sicherheit in den Einstellungen und im Verhalten von B kommen. Nach t_4, dem Ende des Dialogs, gewinnt B durch den Impuls aus dem Dialog immer mehr Sicherheit und befindet sich auf dem Weg zu wahrer Erkenntnis sowie zur richtigen und reflektierten Lebensführung.

2.3.1 Sokratische Ironie

Der aus dem Griechischen stammende Begriff ‚Ironie' heißt übersetzt unter anderem auch ‚Verstellung'. „Ironie soll also auf die Dissoziation zwischen Gesagtem und Gemeintem verweisen. [...] Hinter dem Gesagten soll das mit dem Gesagten Gemeinte sichtbar [...] werden." Eine ironische Aussage demonstriert, „dass der Adressat noch eine Differenzierung vorzunehmen hat, um die Komplexität des Gehörten erfassen zu können."[62] Dass die Ironie des Sokrates stets eine Fülle von indirekten Mitteilungen impliziert, ist in diesem Zusammenhang wichtig. Die Ironie als solche zu erkennen, ist die Aufgabe des sokratischen Gesprächspartners.

Um die sokratische Ironie in ihrer Tiefe zu verstehen, ist der (Um-)Weg über die Begriffe ‚Wissen' und ‚Weisheit' erforderlich. „Weisheit im sokratischen Sinn besteht nicht in der Menge eines Wissens, sondern im Grad der Selbsterkenntnis, ob das vermeintliche Wissen auch wirkliches Wissen, oder nur Glauben oder Scheinwissen und Irrtum ist. In diesem Verständnis von Weisheit, dass weise der ist, der nicht zu wissen glaubt, was er nicht weiß, löst sich der vermeintliche Widerspruch zwischen der ‚Weisheit' und dem ‚Nichtwissen' des Sokrates auf."[63]

Weisheit kann somit umschrieben werden als Grad der Sicherheit oder Gewissheit über das eigene Wissen. Sokrates ist der weiseste seiner Zeitgenossen; gleichzeitig weiß er nichts, denn der Kern sokratischen Wissens ist nicht verbalisierbar.[64]

„Das Bild von der Hebamme deutet darauf, daß Sokrates' Wissen auf der Ebene nichtverbalisierbaren Wissens liegt, nämlich auf der Ebene des qualifizierten Problembewußtseins und der praktischen Kompetenz, über die er im Hinblick auf die Problematik, die er mit seinen Partnern im Dialog verhandelt, verfügt, und, damit zusammenhängend, seiner gesprächsstrategischen und gesprächstechnischen Fähigkeiten und Fertigkeiten."[65]

Folgende drei Punkte fokussieren das sokratische Verständnis von Wissen und Nichtwissen:

1. „Sokrates ist tatsächlich wissend. [...]
2. Sokrates ist tatsächlich nichtwissend. [...]
3. Sokrates lebt jenseits der Alternative Wissen-Nichtwissen. Sein Nichtwissen ist nicht Mangel an Wissen, dem abgeholfen werden soll oder auch nur abgeholfen werden könnte, sondern Ausdruck für die generelle Unmöglichkeit eines Wissens. Ironie ist Kennzeichen menschlicher Existenz überhaupt."[66]

Hiermit ist die Paradoxie des Wissens und Nichtwissens gelöst, da das sokratische Nichtwissen nicht mit dem Nichtwissen seiner Gesprächspartner gleichzusetzen ist. Erstens ist sich Sokrates seines Nichtwissens bewusst („Ich weiß, dass ich nichts weiß') und zweitens verfügt er über nicht verbalisierbares Wissen, während er auf der Ebene des verbalisierbaren Wissens wirklich nichts weiß.[67]

2.3.2 Mäeutik

Die Metaphorik des ‚Hebammen-Vergleichs' bringt zum Ausdruck, dass Sokrates seinen Gesprächspartner anleitet, führt und ihm hilft, ein Stück Wahrheit zu finden. Dabei stellt Sokrates seine eigenen Thesen und Gegenthesen zurück; vielmehr prüft er die Überlegungen und Überzeugungen seines Gegenübers auf deren Richtigkeit. „Das Wichtigste an meiner [Sokrates'] Kunst ist jedoch die Fähigkeit, [..] mit allen Mitteln zu prüfen, ob die Überlegung des jungen Mannes ein bloßes Trugbild und etwas Falsches herausgebracht hat oder etwas Lebenskräftiges und Wahres. Denn auch hierin trifft auf mich dasselbe wie auf die Hebammen zu: ich bringe keine klugen Gedanken hervor."[68]

Die Grundhaltung ist dabei sowohl, dass jeder selbst suchen, denken und sich Wissen erarbeiten soll, als auch, dass die Wahrheit, die am besten im Dialog zu entdecken ist, die Menschen untereinander verbindet: „[...] die Schwierigkeiten im scheinbar Selbstverständlichen entdecken, in Verwirrung bringen, zum Denken zwingen, das Suchen lehren, immer wieder fragen und der Antwort nicht ausweichen, getragen von dem Grundwissen, daß Wahrheit das ist, was Menschen verbindet."[69]

Einen großen Vorteil des Dialogs sieht Sokrates darin, dass er es zulässt, sofort und im Wechsel zu reagieren. Richtiges kann unmittelbar bestätigt und Falsches identifiziert werden. Aus diesem

Grund lehnt er Monologe ab. „Sokrates geht oft in kleinen Schritten vor, stellt nur Ein-Satz-Fragen, die unmittelbar verständlich sind. Aus den Antworten seiner Partner kann er entnehmen, daß sie verstanden haben."[70] Von seinem Dialogpartner erwartet Sokrates sorgfältige Antworten. „Und versuche, meine Fragen, so gut es geht, zu beantworten."[71]

Festzuhalten ist, dass bei den sokratischen Dialogpartnern ein gewisses Vorverständnis über das Thema gegeben ist. Sokrates stellt sich strikt auf den Verständnishorizont und den Bewusstseinsstand seines Gegenübers ein.[72] Diese sokratische Haltung, die als empathisch bezeichnet werden kann, und die vorreflexiven Kenntnisse des Dialogpartners über das Thema sind gute Ausgangsbedingungen für eine mäeutische Vorgehensweise.

2.3.3 Sokratische Fragen

Wesentlich für das mäeutische Prinzip sind Fragen, die die Reflexion stimulieren und zur Klärung des zu untersuchenden Anliegens beitragen. „Die Fragen, die Sokrates im Dialog stellt, sind Fragen, die mit dem Gefragten, seinem Leben und seinem Handeln in Beziehung stehen. Diese Beziehung ist dem Gegenüber des Sokrates zu Beginn des Dialogs oft nicht bewußt."[73] Die sokratischen Gesprächspartner erkennen oftmals im Dialog den Bezug zu sich selbst und zu ihrem Leben nicht, da hinter Sokrates' Fragen, die bewusst, einfach und trivial scheinen, mehr steht als auf den ersten Augenblick ersichtlich, denn „die sokratische Gesprächsstrategie wird umso besser zum Ziel führen, je weniger sein Gesprächspartner diese Strategie durchschaut, und je besser es Sokrates gelingt, ihm diese zu verbergen."[74] Sokrates beabsichtigt, das Anliegen des Gesprächspartners mit Hilfe scheinbar schlichter Fragen zu beleuchten, wobei für diese Gesprächsstrategie die Fähigkeit notwendig ist, das Fragengefüge im Ganzen zu überblicken, um die richtigen ‚schlichten' Fragen stellen zu können. „Denn wer die Zusammenhänge überblicken kann, ist zur Dialektik fähig, ein anderer nicht."[75]

Ein Freund kam aufgeregt zu Sokrates und sagte: *„Sokrates, hast du schon gehört? Ich muss dir dringend erzählen von …!"*
„Halt, mein Freund", sagte Sokrates beruhigend.
„Hast du dir schon die drei Fragen vorgelegt, bevor du sprichst?"
Freund: *„Welche drei Fragen, Sokrates?"*
Sokrates: *„Die erste Frage: Ist es wahr, was du mir berichten willst?"*
Freund: *„Nun, ich habe es zwar nicht selbst gesehen. Aber die Leute erzählen es sich!"*
Sokrates: *„Die zweite Frage: Ist es etwas Gutes?"*
Freund: *„Nein, das nicht. Im Gegenteil, aber das ist´s gerade …!"*
Sokrates: *„Also die dritte Frage: Ist es notwendig, mein Freund, dass du es mir berichtest?"*
Freund: *„Notwendig wohl nicht, Sokrates, aber es dürfte doch so unterhaltsam zu hören sein."*
Sokrates: *„Dann, mein Freund, lass uns schnell den Göttern Dank sagen, dass wir der Gefahr entronnen sind, unbekannte Fehler eines Nächsten ohne Not zu offenbaren oder zu vergrößern, meinst du nicht auch?"*

Die Art und Weise, wie Sokrates über Alltägliches oder scheinbar Triviales spricht – aus der Perspektive des Gesamtkontextes verstanden – ist alles andere als trivial.[76] Spätestens an der Stelle, bei der der Gesprächspartner mit sich selbst konfrontiert wird und einsehen muss, dass er noch nicht einmal über Alltägliches Rechenschaft abgeben kann, wird aus der Trivialität und Leichtigkeit Ernst. Dies kann darin münden, dass der Dialogpartner erspürt, dass er sein Leben nicht mehr so wie bisher weiterführen kann und substanzielle Veränderungen erforderlich sind.

Fußnoten:

1) vgl. Frankl 2005a, S. 307, Frankl 1995b, S. 12
2) Frankl in Lukas 2005, S. 69
3) Gutmann 2003, S. 223
4) Gutmann 2003, S. 223
5) Gutmann 2003, S. 224
6) vgl. Stavemann 2002, z. B. Chessick
7) Pieper 2002, S. 195 f.
8) Frankl 2005b, S. 168
9) Platon zit. nach Apelt 1989, S. 258; 505d
10) vgl. Gutmann 2003, S. 12
11) vgl. Gutmann 2003, S. 234
12) vgl. Gutmann 2003, S. 174
13) vgl. Pieper 2002, S. 377
14) Pieper 2002, S. 377
15) vgl. Gutmann 2003, S. 276
16) vgl. Gutmann 2003, S. 107
17) Schrastetter 1989, S. 247 in Gutmann 2003, S. 328
18) Frankl 2002, S. 58
19) Frankl 2002, S. 58
20) Gutmann 2003, S. 195
21) Heitsch 2002, S. 24; 31d, S. 34; 41d, S. 129
22) Hellinge et al. 1984, S. 126
23) vgl. Platon zit. nach Rufener 1998, S. 295-298; 509d-511e
24) Gutmann 2003, S. 322
25) Gutmann 2003, S. 324
26) Gutmann 2003, S. 116
27) Gutmann 2003, S. 326
28) Gutmann 2003, S. 328
29) Gutmann 2003, S. 161
30) Gutmann 2003, S. 152
31) Martens 2004, S. 162
32) Gutmann 2003, S. 151
33) vgl. Lukas 2002, S. 67
34) Lukas 2002, S. 66
35) Gutmann 2003, S. 221
36) vgl. Hellinge et al. 1984, S. 133
37) Gutmann 2003, S. 66
38) vgl. griech. Wörterbuch, S. 115
39) vgl. Brinker & Sager 2006, S. 9
40) Brinker & Sager 2006, S. 9
41) Pieper 2002, S. 224
42) Lukas 2002, S. 66
43) vgl. Pieper 2002, S. 227 f.
44) Krohn & Neißer 2004, S. 135 f.
45) vgl. Krohn & Neißer 2004, S. 135 f.
46) vgl. Krohn & Neißer 2004, S. 136
47) Krohn & Neißer 2004, S. 137
48) Krohn & Neißer 2004, S. 137
49) Mugerauer 1992, S. 241
50) Platon zit. nach Schleiermacher 1986, S. 18; 384
51) Mugerauer 1992, S. 240
52) Gutmann 2003, S. 223
53) Martens 2004, S. 160
54) Mugerauer 1992, S. 198
55) Mugerauer 1992, S. 201
56) vgl. Hellinge et al. 1984, S. 57
57) vgl. Mugerauer 1992, S. 206
58) vgl. Hellinge et al. 1984, S. 55
59) Gutmann 2003, S. 244
60) Gutmann 2003, S. 130 f.
61) Hellinge et al. 1984, S. 55
62) vgl. Mugerauer 1992, S. 40 f.
63) Gutmann 2003, S. 25
64) vgl. Mugerauer 1992, S. 45
65) Mugerauer 1992, S. 48
66) Boder 1973, S. 20 in Mugerauer 1992, S. 55
67) vgl. Mugerauer 1992, S. 45
68) Platon 2002, S. 18
69) Jaspers 1981, S. 107
70) Loska 1995, S. 164
71) Platon 2002, S.19
72) vgl. Mugerauer 1992, S. 264
73) Mugerauer 1992, S. 188
74) Mugerauer 1992, S. 287
75) Platon zit. nach Rufener 1998, S. 335; 537c
76) vgl. Mugerauer 1992, S. 288

Kapitel 3

Wertecoaching

Petra Kipfelsberger
Ralph Schlieper-Damrich

Schnellfinder

- 3.1 **Coaching – Vom Allgemeinen zum Speziellen**................93
- 3.2 **Coaching zwischen Führungsarbeit und Psychotherapie**...96
- 3.3 **Unterscheidungsmerkmale zwischen Logotherapie und Coaching**..98
- 3.4 **Übergänge zwischen Logotherapie und Wertecoaching**... 102
- 3.5 **Thesen zum Transfer logotherapeutischen Gedankenguts ins Wertecoaching** 105
  - These 1: ‚Ver-Antwortung'.. 106
  - These 2: ‚Anspruchsdenken'.. 107
  - These 3: ‚Werte-Ordnung'... 109
  - These 4: ‚Trotzmacht des Geistes'................................ 111
  - These 5: ‚Unvergänglichkeit des Vergangenseins'.......... 113
  - These 6: ‚Tod als Ansporn zum verantworteten Tun' 114
  - These 7: ‚Tragischer Optimismus'................................ 116
  - These 8: ‚Perspektivenwechsel'.................................... 118
  - These 9: ‚Vom Sinn zum Gewinn'................................. 119
  - These 10: ‚Verlierbarer Nutzen – unverlierbarer Wert'... 121
- 3.6 **Sinnvolles Arbeiten eines Wertecoachs** 122
- 3.7 **Methoden des Wertecoachings – Wertecoaching als Methode** 123
  - 3.7.1 Sokratische Dialogik im Coaching 124
  - 3.7.2 Der ‚sokratische Coach'... 125
  - 3.7.3 Wertecoaching als Methode 128

Coaching – Vom Allgemeinen zum Speziellen

Im dritten Kapitel werden nun die Verbindungen zwischen dem logotherapeutischen Gedankengut und der Praxis des Business-Coachings hergestellt. Bei diesem Brückenschlag ins ‚Wertecoaching' gilt unvermindert, dass Coachs nicht therapieren und Therapeuten nicht coachen. Es geht mithin nicht um eine Verwässerung der Rollen, sondern darum, dass Business-Coachs in Respekt vor der besonderen Dichte und erforderlichen Substanz in ihrer Arbeit mit Wertesystemen und Sinnfragen ihrer Klienten einer exzellenten Qualifizierung und eines klaren Selbstverständnisses bedürfen.

Warum dieses Buch weitgehend das Werk Viktor E. Frankls aufgegriffen hat, wurde in der Einleitung bereits dargelegt. So wenig die Logotherapie in Konkurrenz mit anderen Behandlungsverfahren tritt – seien es tiefenpsychologisch, analytisch, verhaltenstherapeutisch oder andere existenzialistisch-humanistisch orientierte –, die sie wert- und ‚sinn'-voll ergänzt, so wenig zweckdienlich wäre es, das Wertecoaching von anderen Formen des Coachings abgrenzen zu wollen. Vielmehr gilt es, Auftraggeber und Klienten dafür zu sensibilisieren, einen Coachingprozess, in dem ein persönliches Anliegen eine anfangs unvermutete Wendung hin ins Existenzielle nimmt, in Bezug auf das gegebene Setting zu überdenken. Dazu kann es zum Beispiel hilfreich sein, die Qualifizierung des Coachs im Kontext der Arbeit an Werte- und Sinnfragen hin zu überprüfen oder ein Thema bewusst auszublenden, um es dann gesondert oder parallel zum Coaching zu bearbeiten.

Die Entwicklung des Coachings in den vergangenen Jahrzehnten hat zu einer Unschärfe der Begrifflichkeit geführt, deren Folgen insbesondere die Menschen bemerken, die erstmals mit dem Coachingmarkt in Berührung kommen, zum ersten Mal für sich einen Coach suchen, zum ersten Mal einen Coachpool in einem Unterneh-

men aufbauen. Es wurde dabei gerade seit der Jahrtausendwende viel Energie darauf verwendet, das Wesen des Coachings mit einer deutlichen Beschreibung von Rollen, Formen, Inhalten und Zielen zu organisieren. In diesem Prozess entstanden klärende Definitionen, von denen wir einige als Einstieg in dieses Kapitel voranstellen wollen.

Looss führt dazu aus: „Coaching ist die in Form einer Beratungsbeziehung realisierte individuelle Einzelberatung, Begleitung und Unterstützung von Personen mit Führungs- bzw. Managementfunktionen. Formales Ziel ist es, bei der Bewältigung der Aufgaben der beruflichen Rolle zu helfen. Die vielbeschworene Hilfe zur Selbsthilfe ist dabei das Mittel der Wahl, das durch Beratung auf der Prozessebene und der Schaffung von lernfördernden Bedingungen ermöglicht werden soll. Eine derartige Arbeitsbeziehung kann nicht ‚zwischen Tür und Angel' aufgebaut werden und unterscheidet sich in Vorgehen, Tiefe und Wirkung erheblich von anderen Beratungsformen."[1]

Der Deutsche Bundesverband Coaching e.V. (DBVC) sieht weitere wichtige Kennzeichen von Coaching und schreibt auf seiner Internetseite www.dbvc.de: „Inhaltlich ist Coaching eine Kombination aus individueller Unterstützung zur Bewältigung verschiedener Anliegen und persönlicher Beratung. In einer solchen Beratung wird der Klient angeregt, eigene Lösungen zu entwickeln. Der Coach ermöglicht das Erkennen von Problemursachen und dient daher zur Identifikation und Lösung der zum Problem führenden Prozesse. Der Klient lernt so im Idealfall, seine Probleme eigenständig zu lösen, sein Verhalten/seine Einstellungen weiterzuentwickeln und effektive Ergebnisse zu erreichen. Ein grundsätzliches Merkmal des professionellen Coachings ist die Förderung der Selbstreflexion und -wahrnehmung und die selbstgesteuerte Erweiterung bzw. Verbesserung der Möglichkeiten des Klienten bzgl. Wahrnehmung, Erleben und Verhalten."

Auf eine beratungs- und damit machtfreie Förderung der Selbstreflexion und -wahrnehmung setzt das auf den Prinzipien der Ermöglichungsdidaktik aufbauende Ermöglichungscoaching.[2] Die selbstgesteuerte Erweiterung und Verbesserung der Möglichkeiten des Klienten bezüglich seiner Wahrnehmung, seines Verhaltens und seiner Handlungen wird dabei methodisch zum Beispiel in der Form unterstützt, dass die vom Coach erarbeiteten Arbeitshypothesen dem Klienten gegenüber jederzeit transparent gemacht werden und dieser dann die Wahlfreiheit hat, eine dieser Hypothesen zum Beispiel an den Start des Coachingprozesses zu setzen oder einen neuen inhaltlichen Schwerpunkt in den Folgeprozess zu legen. Auch in der Umsetzung der geplanten Interventionen zeigt sich im Ermöglichungscoaching die Handschrift einer auf den individuellen Lerntypus, einer dem Klienten angemessenen Didaktik und Methodik und einer auf konkrete Handlungen ausgerichteten erwachsenenpädagogischen Arbeitsweise.

Die Prozessverantwortung bleibt in diesem Konzept, wie auch im weithin praktizierten beratungs- und erzeugungsorientiert gestalteten Coaching, unverändert beim Coach – die von ihm geforderte Flexibilität, sein methodisches Rüstzeug und letztlich seine Selbstbewusstheit werden jedoch in größerem Maße angestrengt als in einem Coaching mit einer eher auf unmittelbare Beratung abzielenden Formgebung. Anstelle eines Beratungs- und Vermittlungsauftrages findet im Ermöglichungscoaching also ein durchgängig interaktiver Begleitprozess des Klienten ohne einseitigen Methodenbesitz aufseiten des Coachs statt, in dessen Kern die Kompetenzentwicklung im Kontext zukünftiger Schlüsselqualifikationen des Klienten steht.

Über diese Definitionen hinaus gilt als weithin gemeinsame Basis für das Business-Coaching, dass

1. Coaching eine Begleitung und Unterstützung von Personen mit Führungs- oder Managementaufgaben ist;
2. Coaching in einem interaktiven und personenzentrierten Prozess verläuft;
3. Coaching auf einen Prozess des Lernens, Entwickelns und Veränderns seitens des Klienten abzielt;
4. Vertrauen zwischen Coach und Klient eine zentrale Bedeutung einnimmt;
5. Coaching zeitlich begrenzt und vertraglich geregelt ist.

> Im Kontext dieses Buches wird auf diesen zentralen Aspekten aufgebaut. **Wir definieren Wertecoaching als sensible, substanzielle und den personalen Kern des Klienten berührende Begleitung in brisanten Lebens- und Arbeitssituationen.**

3.2

Coaching zwischen Führungsarbeit und Psychotherapie

Coaching wird – abhängig von Anlass und Zielsetzung – von Vorgesetzten, von organisationsinternen oder -externen Coachs durchgeführt. *Vorgesetzte* nutzen dabei ihr durch eine Grundqualifizierung erworbenes Interventionsrepertoire dazu, ihre Mitarbeiter bei Fragen der tagesüblichen Aufgabenbearbeitung beratend zu unterstützen. Dabei erlauben es die mit ihrer ‚Hauptrolle' als Personalverantwortlicher, disziplinarischer Vorgesetzter oder Leitungskraft verbundenen Ziel-, Leistungs- und Ordnungserwartungen (aus der Sicht der Mitarbeitenden) zumeist nicht, sich mit Anliegen zu befassen, die ins Spektrum persönlichster Werte- und Sinnfragen fallen.

Interne, für die Rolle umfassend qualifizierte Coachs, die – weitgehend ohne Risiko, sich in den Anliegen ihrer internen Klienten zu ‚verstricken' – ihre Systemkenntnis zur Begleitung ihrer Klienten gut nutzen können, unterstützen diese meistens in Form einer fokussierten Förderung besonderer Fertigkeiten (beispielsweise im Coaching von Vertriebspersönlichkeiten) und in ihrer Selbstentwicklung. Abhängig vom Grad des ihnen entgegengebrachten Vertrauens können dabei interne Coachs ebenso wirkungsvoll arbeiten wie externe und auch Themen adressieren, die weit über das hinausgehen, was Mitarbeiter in der Regel mit ihren Vorgesetzten besprechen.

In der Zusammenarbeit mit einem *externen Coach* ist die Bereitschaft des Klienten, sich zu persönlichsten Themen zu äußern, am stärksten ausgeprägt. Diskretion, Zeiteffizienz, Methodenpluralität und unternehmensübergreifende Perspektivenvielfalt gehören zu den oft genannten Gründen für die Wahl eines externen Coachs.

Das durch einen externen Coach gestaltete Wertecoaching, die Arbeit am zutiefst Wesentlichen, an Fragen der Werte-Entwicklung, der Sinnfindung, des Gewissens und mächtiger innerer Blockaden und Hindernisse, nähert sich dem Format, das auch in einer therapeutischen Begleitung die Basis der Zusammenarbeit darstellt. Es liegt daher nahe anzunehmen, dass das Wertecoaching mit seiner Fokussierung auf den ‚personalen Kern' des Klienten die erforderliche Achtsamkeit des Coachs, nicht in einen unbeabsichtigten Rollenwechsel zum Therapeuten zu fallen, nur noch verstärkt.

3.3 Unterscheidungsmerkmale zwischen Logotherapie und Coaching

Während der Logotherapie das existenzanalytische Menschenbild Frankls zugrunde liegt, sind die Konzepte und Menschenbilder, auf die sich Coachs stützen, breit gestreut. Dieser Umstand erschwert beispielsweise den Aufbau eines relativ homogenen Coachpools in Unternehmen, da sich Coachs je nach ihrer Grundqualifizierung meist mehrerer psychologischer oder psychotherapeutischer Ansätze bedienen. In der Folge bedeutet dies für das eingesetzte Methodenrepertoire, dass Coachs auf Methoden und Techniken der unterschiedlichsten Ansätze und Schulen zurückgreifen, während der Logotherapeut oder der sich dem Menschenbild Frankls zugewandte Wertecoach vorrangig die Interventionen einsetzt, die im ersten Kapitel beschrieben wurden.

Die Logotherapie bietet einen salutogenetischen Beitrag.

Ein weiteres Unterscheidungsmerkmal liegt in den Zielen. Das Bewusstsein sinnhaften Handelns ist erwiesenermaßen ein entscheidender Faktor für Gesundheit und Lebensfreude – somit wundert nicht der Anspruch der Logotherapie, einen salutogenetischen Beitrag zu leisten. In ihrer psychotherapeutischen Methodik greift sie auf die spezifisch menschlichen Fähigkeiten zur Selbsttranszendenz (d.h. die Ausrichtung auf etwas oder jemand anderen als sich selbst) und zur Selbstdistanzierung zurück (d.h. den Willen, sich nicht alles von sich selbst gefallen zu lassen). Vor allem die drei weiter oben beschriebenen spezifischen Methoden, nämlich die ‚Dereflexion', die sich gegen krankhaftes Kreisen um sich selbst richtet, die ‚Paradoxe Intention', die gegen Zwänge und Ängste wirkt und die verschiedenen Formen der ‚Einstellungsmodulation', die krankmachende Denk- und Lebensmuster korrigieren hilft, seien dazu noch einmal genannt.

Für Problemstellungen, die das Erleben und Verhalten eines Menschen und seine Selbstmanagementfähigkeiten stark einschränken, wie dies meist in allen Formen von Abhängigkeit (zum Beispiel bei Ängsten, Zwängen oder Süchten) der Fall ist, stellt eine therapeutische Begleitung die angemessene Unterstützung dar. Für den Logotherapeuten liegt zudem ein weiterer Schwerpunkt in der Behandlung noogener Neurosen, die sich – wie eingangs ausgeführt – in Sinnleere-Empfindungen und einhergehender massiver psychischer Destabilisierung ausdrücken.

Beim klassischen Coaching liegt der Schwerpunkt hingegen zumeist auf der Verbesserung und Stärkung individueller Leistung und dem langfristigen Leistungserhalt. Zu Beginn eines Coachingprozesses steht dazu häufig ein Anliegen im Kontext der Karriereplanung und -entwicklung, der Konflikthandhabung, der Entscheidungsfindung, der Optimierung von Kommunikationsformen, der Rollenreflexion oder der Motivation.

Im Wertecoaching formt der Coach – in Analogie eines Buchtitels von Walter Böckmann, Arbeitspsychologe und Schüler von Viktor E. Frankl: ‚Wer Leistung fordert, muss Sinn bieten' – den Arbeitsprozess von der Auftragsklärung bis hin zur Evaluation so, dass der Klient

Wer Leistung will, muss Sinn fördern.

- seine Werteverwirklichungspotenziale erkennt,
- sinnstiftende Entscheidungen trifft,
- ‚gewissen'-hafte Handlungen einleitet,
- seinen Sinnbeitrag klärt und letztlich im Geiste der Formel: „Motivation = Sinn x Möglichkeiten" (Böckmann)
- eine gestärkte Leistungskraft (wieder-)erlangt.

Auch das Spektrum der Qualifikationen und Kompetenzen zeigt zwischen Logotherapie und Coaching signifikante Unterschiede. Die mehrjährige Vollausbildung zum Logotherapeuten richtet sich nach den Grundsätzen der Deutschen Gesellschaft für Logotherapie und Existenzanalyse (DGLE) oder nach der mitgliedsschwächeren Gesellschaft für Logotherapie und Existenzanalyse in Deutschland (GLE-D). Eine gesetzlich legitimierte logotherapeutische Tätigkeit erfordert neben einer solchen Ausbildung, die mit Abschlussprüfungen endet, auch ein abgeschlossenes Studium der Psychologie, eine Qualifizierung nach dem Heilpraktikergesetz oder andere definierte Qualifizierungen.

Mit Blick auf Profile deutscher Logotherapeuten auf den Webseiten der o.a. Institutionen wundert es daher nicht, dass sich größtenteils Personen finden, die über keine oder lediglich rudimentäre (betriebs-)wirtschaftliche Kenntnisse oder über Erfahrungen aus dem Arbeits- und Führungsalltag in Unternehmen verfügen. „Psychotherapeuten fragen oft noch nicht einmal nach der speziellen Situation im Beruf. Wenn sie sich diesbezüglich erkundigen, wirken sie in vielen Fällen eher hilflos und wissen nicht, wie sie solche Erfahrungen zuordnen, geschweige denn bearbeiten können. [...] Der entscheidende Unterschied [des Coachings, A. d. V.] zur Psychotherapie besteht also in der Fokussierung auf berufliche Problemkonstellationen."[3]

„Die fachliche Kompetenz eines Coachs wird charakterisiert durch eine Kombination psychologischer und betrieb(swirtschaft)licher Kenntnisse."[4] Er soll nicht nur Managementprozesse, Entscheidungsabläufe und Konfliktmechanismen kennen, sondern soll auch Phänomene des klinischen Bereichs wie beispielsweise die Symptome von Sucht- und Abhängigkeitserkrankungen sicher beherrschen. Ferner gehören zum Beispiel Eigenschaften wie Humor und die Fähigkeit zur realistischen Selbsteinschätzung zu den persönlichen Kompetenzen des idealen Coachs.[5] Erfahrung, erlebtes Wissen und die Inanspruchnahme regelmäßiger Supervisionen zeichnen professionelle (Logo-)Therapeuten und Business-Coachs gleichermaßen aus.

In der Gegenüberstellung auf der folgenden Seite werden die genannten und darüber noch hinausgehenden Unterscheidungsmerkmale zwischen Logotherapie und Business-Coaching zusammengefasst.

	Logotherapie	Business-Coaching
Menschenbild	Existenzanalyse.	Nicht festgelegt, Anleihen von psychologischen/psychotherapeutischen Ansätzen.
Methoden	Paradoxe Intention, Dereflexion, Einstellungsmodulation u.a. – häufig anzutreffen sind methodische Ergänzungen aus der Verhaltenstherapie und der Gesprächspsychotherapie.	Methodenpluralität.
Ziele	Heilung, Sinnfindung, Salutogenese.	Leistung, Stärkung, Wissen.
Thema, Inhalte	Bearbeitung tief gehender privater/persönlicher (psychischer) Probleme.	Bearbeitung aktueller beruflicher Angelegenheiten.
Schwere der Fälle	Krankheitswert, Mangel an Selbstmanagementfähigkeiten.	kein Krankheitswert, Funktionstüchtigkeit von Selbstmanagementfähigkeiten.
Ort	Logotherapeutische Praxis.	Vorzugsweise ein neutraler und diskreter Ort.
Finanzierung	Selbstfinanzierung.	Selbstfinanzierung oder Einkauf von Coachingdienstleistungen durch das Unternehmen.
Qualifikation	Ausbildung zum Logotherapeuten, in der Regel keine (betriebs-)wirtschaftlichen Kenntnisse oder Unternehmenserfahrung.	Schnittfeldqualifikationen: fachliche Kenntnisse, (betriebs-)wirtschaftliche und psychologische Kenntnisse, Feldkompetenzen, Erfahrungen aus Führung und Management.

Tab. 2: Unterschiede zwischen Logotherapie und Business-Coaching

3.4

Übergänge zwischen Logotherapie und Wertecoaching

Ein besonderes Augenmerk verdient die Frage, wann eher eine logotherapeutische Maßnahme und wann eher ein klassisches Business-Coaching oder ein Wertecoaching angemessen ist.

Grundsätzlich gilt, dass eine psychische Erkrankung im Sinne der Internationalen Klassifikation der Krankheiten (ICD) in die Hände eines Therapeuten gehört. Der Einsatz von Coaching bewegt sich hingegen auf einem Kontinuum zwischen Gesundheit und gegebenenfalls leicht krankhaften Ausprägungen. Je eher brisante Situationen zu schweren individuellen Belastungserscheinungen und Auffälligkeiten führen und diese im Mittelpunkt des Coachings stehen, desto näher ist die Grenze zur Therapie.

Klassisches Coaching ist dann zu empfehlen, wenn berufliche Probleme über längere Zeit bestehen, wenn sie eskalieren, Streueffekte in die Organisation zeigen und über präventive Maßnahmen, wie Gespräche, Feedbacks oder Trainings, keine Situationsverbesserung eingetreten ist.

Der Fokus auf Wertecoaching adressiert auf dem Kontinuum zwischen Krankheit und Gesundheit insbesondere den Bereich, in dem der Klient dauerhafte Belastungssymptome oder -syndrome verspürt und er sich diese mit brisanten Umständen erklärt, die durch Unvereinbarkeiten mit seinem personalen Kern gekennzeichnet sind.

Zu diesen brisanten Umständen zählen, und dies wird sich in den Praxisbeispielen im Detail zeigen, andauernde Dystress-Situationen bis hin zu Burn-out-Syndromen, Verfehlungen des Sinns, mangelnde Passungen von Wertesystemen zwischen Menschen, äußere Erwartungen an größere Werte-‚Toleranzen', das Empfinden des Auseinanderlebens, erforderliche Entscheidungen wider besseren Gewissens, ein böswilliges Umfeld, innere Zerrissenheiten, Ver-

Wertecoaching

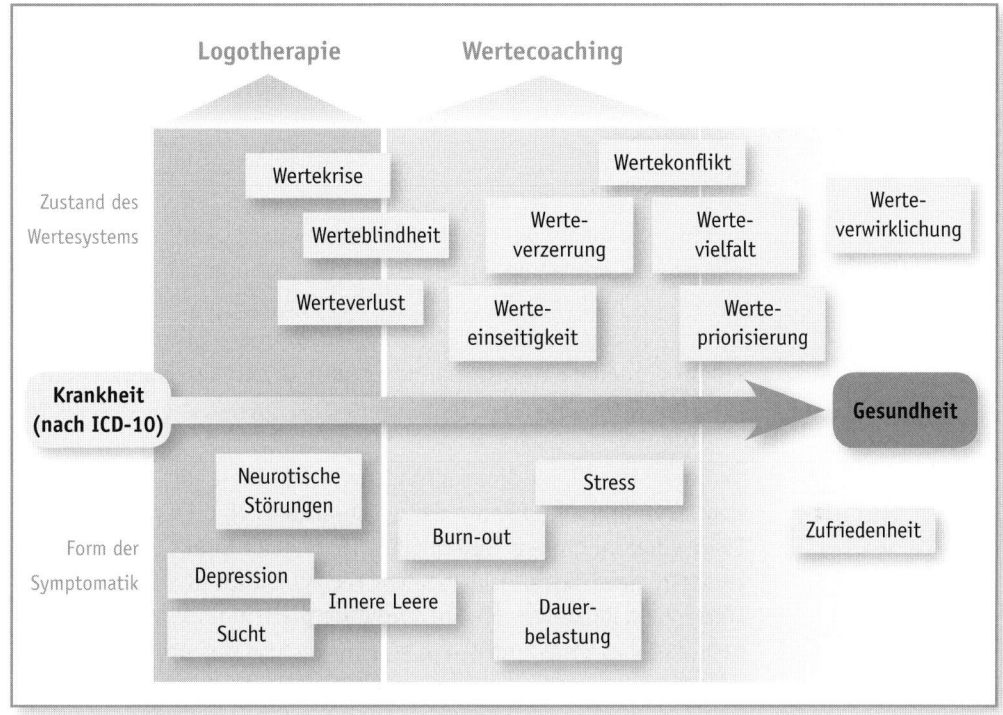

Abb. 6: Fließende Übergänge zwischen dem Wirkungskreis von Wertecoaching und Logotherapie*

strickungen und Loyalitätskonflikte, ad hoc formulierte Extremkritik bei gleichzeitig zuvor nicht klar formulierten Verhaltens- oder Kompetenzerwartungen, Verletzung systemischer Gesetzmäßigkeiten, angebotene Vorteilnahmen, Manipulationen und professionelle Deformationen, zu ‚späte Einsichten', das permanente Erleben eigenen, ungewohnten Fluchtverhaltens ...

Die Frage, ob einem Klienten eher ein Wertecoaching und/oder eine logotherapeutische Begleitung empfohlen werden sollte, ist erst dann zu beantworten, wenn das gesamte Beschwerdebild aufgenommen und sorgfältig betrachtet wurde. Beim Phänomen des Empfindens ‚innerer Leere' ist beispielsweise dahingehend zu differenzieren, ob es sich um ein existenzielles Vakuum handelt, das bereits mit psychosomatischen Affekten wie zum Beispiel Schwindel, Schmerzen oder Koordinationsstörungen, ängstlicher Unruhe,

---

* Anm.: Die dargestellte Verteilung der Begriffe auf der y-Achse wurde lediglich aus Platzgründen in dieser Weise gewählt (die Begriffe stellen keine Über-/Unterordnung oder Gewichtung dar).

depressiver Stimmung oder dem Gefühl der ‚Lähmung' einhergeht. In diesem Fall ist eine logotherapeutische Behandlung zu empfehlen.

Hängt die innere Leere jedoch mit einem Burn-out zusammen, ist zu prüfen, ob die Werte des Klienten über lange Zeit verzerrt und zu einseitig gelebt worden sind im Sinne eines: „Ich funktioniere nur noch", „Ich werde instrumentalisiert", „Ich kenne nur noch die Arbeit" ... In diesem Fall kann ein Coach gezielt mit den verwirklichten, gewünschten und überzogenen Werten seines Klienten arbeiten und den Wertecoachingprozess auf sinnhafte Entscheidungen und Handlungen ausrichten.

Verbindet der Klient die empfundene innere Leere mit dem Erleben negativen Stresses, könnte der Coach prüfen, ob dies vielleicht die Folge einer zu großen Wertevielfalt ist und der Klient zu vielen Interessen gleichzeitig nachzugehen versucht. Hilfreich wäre es dann, Werte zu priorisieren. Eine andere Hypothese könnte darin bestehen, dass bei Belastungsstress eine Verzerrung der Werte erfolgt oder ein beständiges Gewissensdilemma beim Klienten vorliegt. Dies könnte durch ein Gespräch über das Ausmaß der Diskrepanz zwischen den tatsächlich gelebten und den beabsichtigten Werten festgestellt werden.

Ein anderes Anliegen, in dem wiederum eher logotherapeutisches Arbeiten wirkungsvoll ist, berührt das Gefühl eines massiven Werteverlusts. Oft folgt auf Unfälle oder unerwartete Erkrankungen ein solcher Werteverlust. Wird beispielsweise einem Menschen ein Bein amputiert, so können Werte wie Aussehen, Selbstständigkeit, Anerkennung oder Effizienz als verloren wahrgenommen werden. Unter Umständen hat der Patient auch Angst davor, nicht akzeptiert zu werden, oder er empfindet sein Leben gar als nunmehr sinnlos.

Für ein Wertecoaching könnte man sich angelehnt an dieses Beispiel eine Situation vorstellen, in der ein Business-Team einen Menschen, der eine solche Behinderung erfahren hat, in das Teamgefüge wiedereingliedert, dabei jedoch in Folge auf Komplikationen in Arbeitsprozessen stößt, weil vielleicht die Rücksicht auf die Behinderung des einen zu aufwendigen Umstellungen in der Arbeitsweise eines anderen führt. Die hiermit erlebten Konfliktpotenziale bieten sich an, im Kontext des werteorientierten Teamcoachings thematisiert zu werden.

Thesen zum Transfer logotherapeutischen Gedankenguts ins Wertecoaching

Welche Ideen aus der Logotherapie und Existenzanalyse kann ein Wertecoach in seine Arbeit integrieren? Welche Frankl'schen Gedanken können das Coaching bereichern? Welche Impulse sind geeignet, auch von Führungskräften in ihrer Rolle als Führende und Geführte aufgegriffen zu werden? Aus einer umfassenden Analyse der Literatur von Viktor E. Frankl und der ersten ihm folgenden Generation der Logotherapeuten werden an dieser Stelle zehn Thesen vorgestellt, deren Relevanz für die individuelle Beratung und Unterstützung von Personen mit Führungs- und Managementfunktionen ins Auge fällt. Selbstredend ist mit dieser Sammlung kein Anspruch von Unverrückbarkeit oder gar Vollständigkeit verbunden. Sollten diese Thesen jedoch beim Leser Prägnanz, Neuartigkeit und auch Provokation hervorrufen, so ist dies bezweckt und soll ermuntern, mit dem Autorenteam auch über dieses Buch hinaus einen sinnstiftenden Kontakt im Sinne eines lebendigen Dialogs zu suchen. Es sei hierzu noch einmal auf die Website zum Buch www.wertecoaching.biz verwiesen.

www.wertecoaching.biz
Login mit:
werte
sinn

These 1: ‚Ver-Antwortung'

„Das Leben selbst ist es, das dem Menschen Fragen stellt. Er hat nicht zu fragen, er ist vielmehr der vom Leben her Befragte, der dem Leben zu antworten – das Leben zu ver-antworten hat."[6]

„Was hier not tut, ist eine Wendung in der ganzen Fragestellung nach dem Sinn des Lebens: Wir müssen lernen und die verzweifelnden Menschen lehren, daß es eigentlich nie und nimmer darauf ankommt, was wir vom Leben noch zu erwarten haben, vielmehr lediglich darauf: was das Leben von uns erwartet!"[7]

„Auch das Leben fragt uns nicht in Worten, sondern in Form von Tatsachen, vor die wir gestellt werden, und wir antworten ihm auch nicht in Worten, sondern in Form von Taten, die wir setzen."[8]

Diese Texte beziehen sich auf die oft gestellte Frage nach dem Sinn im Leben. Im Frankl'schen Verständnis ist diese Anfrage an ‚den Sinn des Lebens' meist zu global bzw. zu vage.[9] Seine Haltung ist demgegenüber, dass die Sinnfrage immer nur konkret, in der jeweiligen Situation, von einem Menschen durch eine Tat oder eine Nicht-Tat (im Sinne von Unterlassen oder Verzichten) zu beantworten ist. Der Mensch ist zum Antworten in Form von Handlungen aufgefordert. Seine Antworten und (Re-)Aktionen hat er zu verantworten. Spürbar wird hier der existenzanalytische Sinnbegriff: der Situations-Sinn.

Auf das Wertecoaching übertragen bedeutet dies, dass der Coach die unikale Situation des Klienten näher beleuchtet. Der Anspruch, zuerst ‚das Gesamte' verstanden haben zu müssen, bevor der Klient an die konkrete Bewältigung relevanter Details der momentanen Situation herangeht, wird fallen gelassen. Fokussiert wird das Hier und Jetzt im Coaching. Wertecoaching ist daher handlungsorientiert und zielt auf eine bereits kurzfristig spürbare Wirkung.

Angestrebt wird ein Perspektivenwechsel in dem Sinne, dass der Klient nicht etwas von seinem Leben erwarten, sondern er sich vielmehr fragen soll, was das Leben von ihm erwartet – welche Prüfung, welche Aufforderung oder welche Herausforderung das Leben an ihn jetzt stellt und welche Reaktion die passende und hinterher auch verantwortbare ist. Der Klient soll dabei auch lernen, dass er auch für eine Nichthandlung Verantwortung übernimmt.

These 2: ‚Anspruchsdenken'

„Mir steht dies und das zu: In Wirklichkeit gibt es keinen Anspruch auf irgendetwas, weder auf ein gesundes, noch auf ein langes, noch auf ein angenehmes Leben. Das Leben ist vielmehr eine ständige Auseinandersetzung mit den Gegebenheiten des Seins – und menschliches Leben als eines, das sich durch eine geistige Dimension auszeichnet, heißt *Antwort geben* auf diese jeweiligen Gegebenheiten des Seins."[10]

Diese zweite These macht noch deutlicher, dass der Mensch keinerlei Erwartungen und Ansprüche an das Leben haben soll. Mit steigenden Ansprüchen an das Leben* wächst meist auch der Anspruch an eine Sinnerfüllung, die jedoch oftmals unerfüllt bleibt.[11] Es zeigt sich die Notwendigkeit, Ansprüche und Erwartungen an das Leben fallen zu lassen. Dabei darf der Anspruch ans Leben jedoch nicht mit dem Anspruch an sich selbst verwechselt werden. Durchaus kann und soll der Klient von sich selbst etwas erwarten, sich fordern und Ansprüche an sich stellen. Die These zum Anspruchsdenken bringt lediglich den Irrglauben zum Ausdruck, etwas würde jemandem zustehen.

Für das Coaching kann die Arbeit am Anspruchsdenken in vielfacher Hinsicht reizvoll sein. Erstens könnte dies für den Klienten bedeuten, dankbar zu sein statt immer mehr haben zu wollen, statt immer höher zu steigen, statt immer schneller oder besser zu werden. Dankbarkeit für all das bereits Gelebte und Gewährte zu empfinden, könnte zum zweiten ein wichtiger Schritt des inneren Reifungsprozesses für den Klienten sein. Selbst im Fall eines empfundenen Misslingens wäre der Klient mit dieser Haltung leichter in der Lage, sich aufgerufen zu fühlen, nicht zu resignieren, sondern die Gegebenheiten anzunehmen und den – anderen – Weg zu gehen, den das Leben für ihn bereithält.

---

* Anm.: Eine interessante Querverbindung zwischen ‚Sinnleere' und ‚Anspruch' zeigt Marquard auf: „Weil das Leben, das man lebt, leer ist, braucht man es – und alles in ihm – mindestens zweimal: den Zweitfernseher, das Zweitauto, das Zweithaus, das Zweitstudium, die Zweitfrau oder den Zweitmann, das Zweitleben etwa als Urlaub ... Es gibt den Zweitberuf, die Zweitarbeit als Schattenwirtschaft und als Expansion der Nebentätigkeit'. [...] Die Lebensansprüche steigen mit der Vertiefung des Sinndefizits. Kurz gesagt: Es geht um ‚Wachstum statt Sinn'".[12]

Gerade bei Veränderungen, die auf großen inneren Widerstand beim Klienten stoßen, kann der Coach zum Ausdruck bringen, dass keinerlei Recht oder Anspruch darauf besteht, dass beispielsweise die berufliche Entwicklung ständig aufwärts führen muss. Mit dieser Gesprächshaltung unterstützt der Coach den Klienten dabei, sein gedankliches Muster zu durchbrechen und ihm so zu ermöglichen, seinen entstandenen ‚geistigen Freiraum' mit einer Arbeit an stimmigen Werteverwirklichungsoptionen neu zu belegen.

These 3: ‚Werte-Ordnung'

„[...] sie [die Werte] werden in die Rangordnung hineingerufen – in eine Hierarchie der Werte gestellt. Innerhalb dieser Hierarchie erfolgt ihre Platzanweisung – und gegebenenfalls ihre Zurechtweisung: dann nämlich, wenn die Dinge in ihrem Wert überbewertet, wenn sie überschätzt, wenn sie vergötzt werden, und das heißt, wenn sie jene Stelle einnehmen wollen, die der absoluten Wertperson allein vorbehalten ist."[13]

„Wer daher feststellt, daß sein Wertsystem zu einseitig ist, ist eingeladen, über eine Aufstockung in Richtung vielfältiger Wertverwirklichungen nachzudenken."[14]

Vielseitigkeit und Priorisierung des individuellen Wertesystems sind die zentralen Aspekte dieser dritten These.

Apodiktische Aussagen eines Klienten wie ‚X ist mein Ein und Alles' oder ‚ohne X könnte ich nicht leben', die über eine spürbar liebevolle Anmerkung in Bezug auf eine nahe Person hinausgehen, sind meist ein deutlicher Hinweis, dass eine ‚Vergötzung' eines bestimmtes Wertes zum Beispiel der Wert der Arbeit vorliegt.[15] Ein Verlust eines solchen ‚Spitzenwertes' würde den Klienten schwer treffen, zur Verzweiflung bringen oder sogar in ein Wertevakuum stürzen.[16]

„Die pyramidale Wertordnung ist besonders krisenanfällig, insofern der Verlust des Leitwertes die Entwertung der anderen, abhängigen Werte nach sich zieht."[17] Im Coaching wird die Erschütterung eines pyramidalen Wertes hörbar in Sätzen wie: ‚Ich hätte mir nie vorstellen können, dass mir das einmal passiert', ‚Ich verstehe gar nicht, wie andere Menschen, die ich kenne, solche Situationen haben meistern können', ‚Ich habe doch alles gegeben und nun das' ...

Pyramidale und parallele Werteordnung

Eine präventive Intervention eines Coachs wäre es, bei Erkennen einer pyramidalen (vertikalen) Werteordnung deren Risiken zu thematisieren. Dies beispielsweise, indem er die Konsequenzen für das Leben des Klienten erfragt, würde dieser seinen derart ‚verherrlichten' Wert verlieren. Mit diesem ‚Angriff auf das Wesentlichste' unternimmt der Coach eine harte Intervention, die vorhersebar Widerstand und Abwehrhaltung erzeugt.

Die Leistung des Klienten, sich von seinen zentralen Wertmaßstäben zu distanzieren und sich für die Vorzüge einer zunehmend parallelen Werteordnung zu öffnen, kann nicht hoch genug geschätzt werden. Zu akzeptieren, dass eine persönlich vertikale Werteordnung zu einer brisanten Situation beigetragen hat und nun ein Lern- und Entwicklungsschritt notwendig wird, der konkreter Entscheidungen und Handlungen bedarf, fordert vom Klienten alles ab. Zudem hat er darauf zu achten, nicht ‚rückfällig' zu werden, also nicht wieder auf seine bislang zentralen Lebenswerte zu fokussieren.

Vielfach unterschätzte Akzente bei dieser Arbeit sind die mangelnde Kenntnis alternativer Wertmöglichkeiten, eine begrenzte Fähigkeit zur Versprachlichung von Werten und nicht selten auch eine erst wieder zu initiierende Phase intensiver Selbstreflexion.

Ganz anders zeigt sich die Situation dann, wenn der Klient zwar eine reiche Palette an Werten internalisiert, diese jedoch kaum priorisiert hat. Im Fall einer solchen ‚parallelen Werteordnung' ist eine Reflexion darüber sinnvoll, welche Werte in der gegenwärtigen Lebenssituation vorrangig verwirklicht werden sollten. Orientierung stiftet hier die Antwort auf die Frage des Coachs, womit am ehesten das Gedeihen des im Anliegenfokus stehenden Systems, also Familie, Beruf, Freunde oder andere, gewährleistet werden kann. Der aus diesem Blickwinkel entstandene ‚zentralere' Wertekanon verdient sodann besondere Aufmerksamkeit durch entsprechende Verhaltensweisen, Handlungen oder Entscheidungen.

These 4: ‚Trotzmacht des Geistes'

„Zur Fähigkeit des Menschen, über den Dingen zu stehen, gehört nun auch die Möglichkeit, über sich selber zu stehen. [...] Ich muß mir nicht alles von mir selber gefallen lassen."[18]

„[...] kraft jener Trotzmacht des Geistes, die den Menschen instand setzt, leiblich-seelischen Zuständen und gesellschaftlichen Umständen zum Trotz in seiner Menschlichkeit sich zu behaupten."[19]

„Zu trotzen ist zwar immer möglich, aber der Mensch hat es nicht immer nötig."[20]

Die Trotzmacht des Geistes befähigt den Klienten, sich eigenen Charakterzügen wie auch gesellschaftlichen Umständen zu widersetzen. Erforderlich ist dabei zunächst (sich selbst) zu erkennen, um sich daraufhin – falls erforderlich – vom Zeitgeist oder auch ein Stück weit von sich selbst zu distanzieren.

Frankl fordert in diesem Kontext eine ‚Erziehung zur Verantwortung', die es notwendig macht, wählerisch zu sein. So soll zum Beispiel der junge Erwachsene seine selbst erfahrene Erziehung differenziert betrachten und gegebenenfalls von Erziehungsinhalten oder -methoden abrücken, die er nicht für richtig und verantwortungsvoll hält. Die Idee, sich ein Leben lang darauf zu beziehen, man sei und handle so, weil man eben gerade so sozialisiert worden sei, findet man in der Lehre Frankls nicht.

„Im Gegensatz zum Tier sagt dem Menschen kein Instinkt, was er muss, und im Gegensatz zum Menschen in früheren Zeiten sagt ihm keine Tradition mehr, was er soll, und nun scheint er nicht mehr recht zu wissen, was er eigentlich will. So kommt es, dass er entweder nur will, was die anderen tun – und da haben wir den Konformismus – oder aber er tut nur, was die anderen von ihm wollen, und da haben wir den Totalitarismus."

Viktor E. Frankl

Die Fähigkeit zur bewussten Distanzierung sowie zur Modulation der Einstellung stellen geistige Ressourcen dar, die im Wertecoaching genutzt werden können. Der Klient kann seine bisher bewusst oder unbewusst gelebten Glaubenssätze und Annahmen verwerfen und neue Betrachtungsweisen und Optionen zulassen. Von Charakterzügen, die er missbilligt, kann er Abstand nehmen. Er hat die Fähigkeit, zu dem Menschen zu werden, der er nach seinem Willen und Gewissen zu sein hat und sein will. Zu jedem Zeitpunkt entscheidet er, wer er ist, wie er sich entwickeln will, wie er sein Dasein und sein So-Sein verantwortet.

These 5: ‚Unvergänglichkeit des Vergangenseins'

„Der Mensch sieht meist nur das Stoppelfeld der Vergänglichkeit, aber er übersieht die vollen Scheunen der Vergangenheit – er übersieht, was er alles ins Vergangensein hineingerettet hat, wo es nicht unwiederbringlich verloren ist, sondern unverlierbar geborgen bleibt."[21]

„Ein junger Mensch mag Möglichkeiten in der Zukunft entgegensehen – der alte Mensch weiß um die Wirklichkeiten in der Vergangenheit, und die zählen eben."[22]

In dieser These steht die zeitliche Dimension menschlichen Lebens im Vordergrund. Die Metapher des geernteten Feldes rückt das Vergangensein in den Blickpunkt. Bei der Fülle der Möglichkeiten werden die einen vorüberziehen und die anderen verwirklicht werden. Die Verwirklichten sind unauslöschbar. Frankl appelliert, der Mensch solle vor allem im fortgeschrittenen Alter auf Geleistetes, Erreichtes und Gelebtes zurückschauen und sich nicht vom „Lebensgefühl des ständigen Abschied-nehmen-Müssens"[23] beherrschen lassen.

Im Wertecoaching kann der Klient lernen, seine Lebensgeschichte, das Geerntete, zu würdigen. Interpretiert der Klient sein Leben als eine große Missernte, so liegt häufig eine Überschätzung eines einzelnen Wertes oder – allgemeiner formuliert – ein verzerrter Blick auf das Gelebte vor. Für diesen Fall ist die Arbeit mit der dritten These, also den verschiedenen Werteordnungen und ihrer Chancen sowie Risiken, nützlich.

Bei Unzufriedenheit mit sich selbst, bei einem niedrigen Selbstwertgefühl oder auch bei einem überhöhten Anspruchsdenken an sich selbst, kann der Coach den Klienten ermutigen und begleiten, für seine Erfolge und Erfahrungen dankbar und auf sich selbst stolz zu sein. Das Wissen, dass seine Anstrengungen und Erlebnisse unverlierbare Schätze sind, kann zur inneren Zufriedenheit, Ruhe und zu neuer Kraft führen. Methodisch wird mit dieser These die Intervention der ‚Lebens-Bilanzierung', der Existenzanalyse, angesprochen.

These 6: ‚Tod als Ansporn zum verantworteten Tun'

„Denn was geschähe, wenn unser Leben nicht endlich in der Zeit, sondern zeitlich unbegrenzt wäre? Wären wir unsterblich, dann könnten wir mit Recht jede Handlung ins Unendliche aufschieben, es käme nie darauf an, sie eben jetzt zu tun, sie könnte ebensogut auch erst morgen oder übermorgen oder in einem Jahr oder in zehn Jahren getan werden. So aber, angesichts des Todes als unübersteigbarer Grenze unserer Zukunft und Begrenzung unserer Möglichkeiten, stehen wir unter dem Zwang, unsere Lebenszeit auszunützen und die einmaligen Gelegenheiten – deren ‚endliche' Summe das ganze Leben dann darstellt – nicht ungenützt vorübergehen zu lassen. [...] Der Sinn menschlichen Daseins ist in seinem irreversiblen Charakter fundiert. Die Lebensverantwortung eines Menschen ist daher nur dann zu verstehen, wenn sie als eine Verantwortung im Hinblick auf Zeitlichkeit und Einmaligkeit verstanden wird."[24]

Das Leben wird durch den Tod nicht sinnlos, sondern erfährt durch die zeitliche Begrenzung menschlichen Lebens erst seinen Sinn. „Wir halten das beschleunigte Leben des Lebens von heute für einen, wenn auch vergeblichen, Selbstheilungsversuch der existentiellen Frustration: Je weniger der Mensch um ein Ziel seines Lebens weiß, desto mehr beschleunigt er auf seinem Lebensweg das Tempo."[25]

> *„Den einen hält unersättliche Habsucht gefangen,*
> *ein anderer verausgabt seine Geschäftigkeit*
> *in überflüssigen Anstrengungen,*
> *der eine ist vom Wein trunken,*
> *der andere verkümmert durch Faulheit;*
> *[...] viele sind der Schönheit einer anderen Person*
> *oder der Besorgnis um die eigene verfallen;*
> *sehr viele, die kein bestimmtes Ziel verfolgen, hat die haltlose,*
> *unbeständige und sich selbst missfallende Liederlichkeit*
> *zu ständig wechselnden Vorhaben aufgejagt;*
> *manche treffen überhaupt keine Entscheidung,*
> *wohin sie ihre Lebensbahn richten sollen,*
> *sondern ihr Schicksal ereilt sie, während sie schlaff sind und gähnen ..."*
>
> Seneca

Die Lebenszeit wirksam und bewusst zu nutzen, könnte eine daraus abgeleitete Botschaft des Coachs an seinen Klienten sein. Jeden einzelnen Moment als etwas Wertvolles zu erachten, erfordert Wachsamkeit sowie ein Leben im Hier und Jetzt. Wie schon in den ersten Thesen formuliert, steht das Verantwortungsbewusstsein, hier im speziellen der verantwortungsvolle Umgang mit der Zeit, im Vordergrund – sowohl mit der vergangenen als auch mit der voranschreitenden. Rückblickend sehen Klienten, die sich in einer brisanten Situation befinden, es oftmals als stützend an, wenn sie sich der in ihrem Leben bereits vollzogenen Prozesse der Werteentwicklung gewahr werden. Meist bewirkt die Betrachtung dieser Lebensphasen, in denen nicht selten widrige Umstände schon einmal zu meistern waren, eine spürbare Motivation für die Lösung der Gegenwartsproblematik. Vorausschauend ist hingegen zu beachten, den Blick auf die Konsequenzen bestimmter Zielvorstellungen zu lenken. Stehen die geplanten Entscheidungen und Handlungen im Einklang mit dem eigenen Gewissen? Ist der Grad möglicher Beeinträchtigung anderer Menschen, die durch die Bearbeitung des eigenen Anliegens entsteht, verantwortbar? Sind alle Alternativen ausreichend geprüft, um das wirklich ‚Gute' zu bewirken?

These 7: ‚Tragischer Optimismus'

„[...] irgendwie muß es eigentlich auch noch angesichts der tragischen Aspekte unseres Daseins die Möglichkeit geben, [...] das Beste daraus zu machen; ‚das Beste' jedoch heißt auf lateinisch ‚Optimum', und jetzt verstehen Sie, wie ich auf den Ausdruck ‚tragischer Optimismus' gekommen bin. Und was bedeutet dann die Rede von ‚Argumenten', die für ihn sprechen sollen? Letzten Endes handelt es sich um sogenannte ‚Argumenta ad hominem', und zwar insofern, als wir nicht die Absicht haben, einen Optimismus zu lehren, den wir nicht zuvor gelernt hätten, von Menschen, die uns den tragischen Optimismus vorleben [...] im Sinne des wohl effizientesten Lernens, nämlich des ‚Lernens am Modell', [...] Was aber nicht möglich ist, wäre Optimismus ‚auf Befehl'."[26]

Verzweiflung ist Leiden ohne Sinn: $V = L - S$[27]

Der tragische Optimismus knüpft an die Trotzmacht des Geistes an. Der Mensch soll trotz und im Angesicht aller Tragik das Beste in den jeweiligen Gegebenheiten verwirklichen. Das Erkennen des Sinns hinter dem Leid oder hinter der tragischen Situation verhilft ihm, daran nicht zu zerbrechen oder zu verzweifeln. In Erzählungen betont Frankl, dass in Erinnerung an seine Vergangenheit in den Konzentrationslagern, in denen er interniert war, es heute für ihn keinen Grund mehr zu klagen gäbe, denn sobald er sich erinnere, würde ihm bewusst, wie viel er darum gegeben hätte, wenn es ihm damals ‚nur' so schlecht gegangen wäre wie in dem Augenblick des jetzigen Klagens. Vergleiche dieser Art sind für ihn von großem psychohygienischen Wert und dienen ihm als Bewältigungsstrategie.[28]

Eine wesentliche Aussage dieser These deutet auf die Möglichkeit hin, die eigene Frustrationstoleranz zu erhöhen. Die menschliche Fähigkeit etwas durchzustehen steigt immens, wenn dem Leid ein Sinn abgewonnen werden kann. Im Wertecoaching ist es daher ein übliches Vorgehen, leidvolle Erfahrungen, die sich aus Verlust, Trennung, Konflikt oder Enttäuschung ergeben, in einen größeren, sinnvollen Gesamtkontext einzubetten.

Hat der Klient bereits eine höhere Frustrationstoleranz entwickelt, so kann die Erfahrung, im Leben durch leidvolle Phasen gegangen zu sein und sich auf mögliches Leid eingestellt zu haben, als Ressource genutzt werden, um künftigen seelischen Spannungen besser standhalten zu können. Der Verzicht und die Opfer, die der Klient im Leid zu erbringen hatte, sind Meilensteine im Prozess seiner individuellen Werteentwicklung. Die Reminiszenz an diese Zeit formt sich im Wertecoaching als ein vorbildlicher Weg, mit tragischen Situationen umzugehen. Die sensible Herausarbeitung des ‚Guten im Schlechten', des ‚Gewachsenen im Zerstörten', wirkt nachhaltiger als appellative Empfehlungen durch einen Coach, ‚positiv zu denken' und – im Sinne eines ‚Alles wird gut' – optimistisch zu sein. Optimismus braucht wie das Glück einen Grund – und muss ‚er-folgen'.

These 8: ‚Perspektivenwechsel'

„Beim ‚homo patiens' muß daher therapeutisch eine Blickwinkelverschiebung zustande gebracht werden, auf daß er sich seinem noch verfügbaren Sinnhorizont zuwendet [...]"[29]

„Das zentrale Anliegen der Logotherapie besteht dann darin, den ‚heilen' Bereich des Patienten zu stärken, zu erweitern, und die dort gebündelten Kräfte zum richtigen Umgang mit dem kranken Teilbereich heranzuziehen."[30]

„[...] zunächst gilt es, die Ursache eines Leidens zu beheben und zu beseitigen; mit einem Wort, dem Aktiv-werden gebührt die Priorität. Ausschließlich im Falle, daß sich wirklich nichts ‚machen' läßt, zumindest vorläufig nichts – ausschließlich in diesem Falle gibt das Leiden eine Sinnmöglichkeit her."[31]

Den Blick nicht kontinuierlich auf das Unabänderliche im Sinne einer ‚Hyper'reflexion, sondern auf den freien Aktionsspielraum zu richten, bringt eine Verschiebung der Aufmerksamkeit, eine ‚De'reflexion, mit sich.

Im Wertecoaching wird dazu der Klient zwischen dem Veränderbaren und dem Unveränderbaren zu differenzieren lernen, um bei brisanten, aber wandlungsfähigen Situationen sinnvolle Handlungen und Entscheidungen einzuleiten. Der Coach wird bei einer unveränderlichen Situation zuerst darauf hinarbeiten, dass der Klient anerkennt, ‚was ist', um die an die Hyperreflexion gebundenen Energien zu lösen. Ein möglicher Zugang hierzu können die Gedanken aus der zweiten These (Anspruchsdenken) sein. Im nächsten Schritt sind das Intakte, die Stärken und Freiräume im Leben des Klienten zu betrachten. Bei dieser Veränderung der Perspektive, die letztlich eine Neubewertung der Situation durch den Klienten darstellt, wird das Gespräch über Werte fundamental, denn der Klient etabliert durch den Akt des Loslassens, Akzeptierens und Justierens eine neue Werteordnung und ermöglicht sich so selbst, Sinn zu finden und zu erfüllen.

These 9: ‚Vom Sinn zum Gewinn'

„Wenn Arbeit sinnvoll und nicht nur zweckgerichtet sein soll, dann muss sie Aufgabe sein. Der Aufgabencharakter hängt aber nicht von denen ab, die sie übertragen, sondern von denen, die sie übernehmen."[32]

„[...] dort fängt die Chance, dem Leben vom Beruf her Sinn zu geben, erst an. Diese Chance aber gibt jeder Beruf, sofern nur die Arbeit in ihm richtig aufgefaßt wird. Die Unersetzlichkeit und Unvertretbarkeit, das Einmalige und Einzigartige liegt jeweils am Menschen, daran, wer schafft, daran, wie er schafft, und nicht daran, was er schafft."[33]

Der Mensch als entscheidendes und bewertendes Wesen kann einen Erfolg für sinnlos und einen Misserfolg für sinnvoll erachten. Er bestimmt, ob und wann etwas für ihn Sinn hat. Diese Bestimmung erfolgt kontinuierlich, so dass „was gestern sinnvoll war, heute sinnlos sein kann."[34]

Das menschliche Streben nach Sinn hat somit für die Arbeitswelt weitreichende Konsequenzen. Menschen streben nach beruflichen Aufgaben, die sie ausfüllen und erfüllen. Wer also Leistung fordert, muss schlussendlich Sinnangebote machen und es ermöglichen, Wege zur Verwirklichung von Werten, seien es Schaffenswerte, soziale oder ideologische Werte, zu ebnen. Wenn der Beruf zur persönlichen Mission wird und die Aufgabe zur Hingabe wird, erlebt der Mensch Selbsttranszendenz, Glück, Flow.

Diese Sinnerfülltheit führt nicht nur zu einem persönlichen Gewinn, sondern auch zu einem unternehmerischen – „die innere Verfassung und Haltung der Mitarbeiter eines Unternehmens bildet das wahre Kapital des Unternehmens. Das, was nach außen strahlt als Produktqualität, als Unternehmenskultur und was letztlich auch das Betriebsergebnis darstellt, liegt am Menschen und wie er denkt, empfindet und handelt."[35]

Wenn es im Coaching um die berufliche Entwicklung des Klienten geht, gilt es zuerst zu klären, wozu sich der Klient berufen fühlt, welche Arten von Aufgaben ihn erfüllen und welche er für sinnvoll

hält. Fragen zur Arbeitseinstellung, zur Verantwortung, zur Führung oder die Frage, in welchem Maße die bisherige Aufgabe den Klienten ausfüllt, sind an dieser Stelle vorrangiger als die nach der hierarchischen Einbindung, dem Machtumfang oder nach Fragen der Statusmotivation.

Zur Veranschaulichung der Verbindung zwischen angestrebter beruflicher Stellung und individuellen Werten kann das Beispiel vom ‚Postboten und der Führungskraft' dienen. Wir nehmen einen Postboten an, der die Haltung verinnerlicht hat, mit seiner Leistung Menschen zu verbinden und dabei Sinnerfülltheit erlebt. Die Führungskraft hingegen plant täglich neue Projekte mit den Mitarbeitern, löst Probleme und erteilt Anweisungen – ohne jedoch von Herzen die Führung von Menschen zu schätzen. Nehmen wir ferner an, die Führungskraft wird gefragt, was sie täte, könnte sie wählen – und sie meint, dann lieber allein technische Aufgaben übernehmen und knifflige Präzisionsarbeit leisten zu wollen. Die facettenreichen Konsequenzen der Ausblendung solcher ‚Sinn-Anrufe' sind bekannt. Sie gilt es daher, im Wertecoaching konkret zu adressieren, um dem Klienten zu einer bewussten beruflichen Richtungsentscheidung und bei entstandener Klarheit zu einer robusten Positionierung und Profilierung zu verhelfen. Ein Coaching nicht in diese Tiefe zu führen, sondern es auf einer strategisch-taktischen Ebene durchzuführen, mag Folgen zeitigen, die sich hinreißend studieren lassen unter dem Stichwort: ‚Die kollektiven Neurosen im Management.'[36]

These 10: ‚Verlierbarer Nutzen – unverlierbarer Wert'

„Wert, Sachwert, hat eine Sache für mich. Würde hat jedoch eine Person, und diese Würde ist ein Wert an sich. Mit diesem Wert der Person, mit deren Würde, darf nicht verwechselt werden der Nutzwert, den die Person auch über ihre Würde hinaus haben kann. *Der soziale Nutzwert eines Menschen hat nichts zu tun mit dessen personaler Würde.*"[37]

„So sehen wir denn, daß es der Möglichkeit nach nicht nur einen bedingungslosen Sinn des Lebens gibt, sondern auch einen bedingungslosen Wert des Menschen. Er ist es, der die Menschen-Würde ausmacht, die unabhängig ist von jedem Nutz-Wert."[38]

Frankl schildert im Zusammenhang mit dem verlierbaren Nutzen und der unverlierbaren Würde insbesondere die Arbeitslosigkeitsneurose und beschreibt die Haltung vieler Arbeitsloser als doppelte Fehlidentifikation: „[...] der Arbeitslose neigt nämlich dazu, sich zu sagen, ‚ich bin arbeitslos, also bin ich nutzlos, und daher ist mein Leben sinnlos'."[39] Frankl verdeutlicht, dass die Arbeit nur ein Weg unter vielen ist, Werte zu verwirklichen und ein sinnerfülltes Leben zu führen.

Aufgabe des Coachs könnte nun sein, Klienten, die aus welchen Gründen auch immer nicht arbeitsfähig sind, aufzuzeigen, dass sie trotz Verlust ihrer Tätigkeit oder Fähigkeit immer noch für etwas oder für jemanden nützlich sein können. Auch wenn der Verlust der Arbeit fraglos als etwas Tragisches einzustufen ist, so sind mit diesem Verlust nicht alle Werte verloren, die der Mensch zur Verwirklichung bringen kann.

3.6 Sinnvolles Arbeiten eines Wertecoachs

Um als Business-Coach mit Anliegen aus dem Themenbereich der Werte-Entwicklung und Sinnfindung zu arbeiten, sollte – wenn dies auf der Lehre Frankls aufbauen soll – das existenzanalytische Menschenbild umfassend reflektiert und verinnerlicht sein. Das Fundament logotherapeutischer Vorgehensweisen sollte bekannt, an persönlichen Anliegen angewandt und ihre Methodik auf die Arbeit im Coaching adaptiert und erprobt sein.

Die Haltung, Sinn nicht ‚vorzuschreiben', sondern sich vielmehr – wie der Logotherapeut auch – als ‚Sinn-Förderer' zu verstehen, muss dem Selbstverständnis des Coachs entsprechen und von ihm deutlich kommuniziert sein. Die Einstellung, bei verbindlicher Prozessgestaltung und -verantwortung ‚hart in der Sache' zu sein, also mit dem Klienten durchaus konfrontativ, fordernd und offenherzig zu arbeiten, ist dem Klienten bereits im Briefing transparent zu vermitteln.

‚Der Seele Heimat ist der Sinn.'[40] In diesem Buch stellt Elisabeth Lukas Sinnbilder zusammen, die Frankl in seiner Lehre benutzt, um sie anschaulicher, fassbarer und eindringlicher vermitteln zu können. Der Seele Heimat ist auch im Kontext des Wertecoachings etwas Zartes, meist auch Zerbrechliches, Angegriffenes, Verletztes oder Verdrängtes. In wertschätzender, emotional entlastender und gleichwohl fordernder und fördernder, kritisierender und anerkennender, entkräftender und kräftigender Weise zu coachen, zeigt die besondere Intensität der Arbeit im Wertecoaching auf.

In dieser Weise zu arbeiten, bedingt seinerseits einen unbedingten Willen zum Sinn – und in concreto ein Menschenbild, das sich öffnet für ein Zitat Frankls, das er (in Anlehnung an Goethes Wilhelm Meisters Lehrjahre) so formuliert: „Wenn wir [als Logotherapeuten, A. d. V.] den Menschen so nehmen, wie er ist, dann machen wir ihn schlechter. Wenn wir ihn aber so nehmen, wir er sein soll, dann machen wir ihn zu dem, der er sein kann"[41], obzwar wir es für die Rolle des Wertecoachs verändern in: Wenn wir ihn aber so nehmen, wie er sein soll, dann unterstützen wir ihn darin, zu dem zu werden, der er sein kann.

3.7

Methoden des Wertecoachings – Wertecoaching als Methode

Die reine Adaption logotherapeutischer Methoden ins Coaching greift bei der Vielfalt der Anliegen von Klienten meist zu kurz. Einerseits ist die Anzahl der mit etwas Geschick auf Coachingkontexte anpassungsfähigen logotherapeutischen Methoden ohnehin begrenzt – die wesentlichen wurden in diesem Buch bereits vorgestellt –, andererseits finden sich in der Logotherapie keine unmittelbar auf die Zielgruppe der Leitungs-, Führungs- oder Fachkräfte zugeschnittenen Interventionsformen.

Wertecoachs kommen daher nicht umhin, auch Interventionsformen aus Coaching, Training, Mentoring oder anderen Disziplinen der Persönlichkeitsentwicklung für die Nutzung im werte- und sinnzentrierten Coaching auszuformen. So wird dann zum Beispiel aus einer klassischen ‚Tagebucharbeit' die Idee zum Einsatz eines ‚Sinnkalenders', aus der Information eines Klienten, er habe eine umfassende Musik-CD-Sammlung wird die Anregung an ihn, eine ‚musikalische Werte-Biografie' zu erstellen oder aus einer Spiegelung nonverbalen Kommunikationsverhaltens durch den Coach wird eine Arbeit an der Körperwahrnehmung unter dem Einfluss eines positiven Wertegefühls.

Die Praxisautoren dieses Buchs nutzen als Experten des Wertecoachings eine Vielzahl bewährter, angepasster und neu entwickelter Interventionsformen. Ein Teil davon wird der Leser in den im folgenden Kapitel aufbereiteten Schilderungen konkreter Fälle beschrieben sehen. Um den persönlichen Nutzen jedoch weiter zu erhöhen, erhält der Leser auf der Website zu diesem Buch eine Fülle weiterer Informationen zu Tools, Links und Literaturempfehlungen.

In Anlehnung an die in diesem Buch im Kapitel 2 besonders herausgestellte Gesprächsform des Sokratischen Dialogs soll an dieser Stelle lediglich eine weitere, abschließende Perspektive einfließen – die Sokratische Dialogik im Coaching.

3.7.1 Sokratische Dialogik im Coaching

Die Qualität des Dialogs zwischen Coach und Klient spielt für die Ergebnisqualität des Coachingprozesses eine entscheidende Rolle. Schreyögg macht in ihrem Standardwerk ‚Coaching' deutlich, dass sinnvolle Fragen an den Klienten wie ‚Schlüssel in die Tiefe' sind. Dem Verständnis der sokratischen Gesprächsführung sehr nah formuliert sie: „Menschen suchen vielfach deshalb einen Coach auf, weil sie sich die eigentlich relevanten, entwicklungsfördernden Fragen nicht selbst zu stellen vermögen. Dementsprechend wissen sie auch keine Antworten auf diese Fragen."[42] Diese Entwicklungsförderung durch Fragen sieht auch Whitmore, der bei seinen Ausführungen zum Coaching explizit auf Sokrates hinweist und ergänzt: „Coaching setzt das Potential eines Menschen frei, seine eigene Leistung zu maximieren. Es hilft ihm eher zu lernen, als daß es ihn etwas lehrt."[43]

Auch der Logotherapie ist es ein großes Anliegen, dass der Patient selbst in der Tiefe seine Werte (neu) entdeckt, und somit seine Authentizität gewahrt wird. „Es liefe seinen Intentionen [Frankls] absolut zuwider, Patienten Wertvorstellungen von außen aufzudrängen. Seinem Verständnis nach ‚sind' die Menschen [...] in ihrer tiefsten Tiefenschicht die Wertmaßstäbe ihres Lebens und es kann im Zuge der Krankheitsbehandlung und Krankenbegleitung nur darum gehen, sie davor zu bewahren, ihr ‚Sein' [...] zu verbiegen und zu verraten."[44]

Bei aller Nähe in den Haltungen zeigt sich jedoch schnell, dass sich die Rahmenbedingungen sokratischer Gesprächsführung von denen des Settings im Coaching derart stark unterscheiden, dass alle Versuche, beides ‚in einen methodischen Topf' zu füllen, weder dem einen noch dem anderen Bezugspunkt wirklich gerecht wird. Dennoch lohnt die Auseinandersetzung mit der Idee, als Wertecoach die Sokratische Dialogik aufzugreifen oder als Führungskraft zu erkennen, welche Impulse in einem Coaching zu erwarten sind, wird der Sokratische Dialog vom Coach eingesetzt.

3.7.2 Der ‚sokratische Coach'

Ein sokratischer Coach versteht sich bildlich gesprochen als Hebamme. Er hilft seinem Klienten, die Fragestellung zu lösen, löst sie jedoch nicht selbst. Angenommen wird hier, dass das Coachinganliegen die Lebensführung des Klienten betrifft, so dass dieser das von Sokrates geforderte Vorverständnis innehat, und folglich die Lösung ‚nur noch geboren' werden muss. Die Aufgabe des Coachs ist es, die im Klienten schlummernde Wahrheit und Erkenntnis ins Bewusstsein zu rufen. Dabei soll er eine verständigungsorientierte Haltung einnehmen. Der sokratische Coach lässt sich auf den Klienten und dessen Anliegen ein und hat den Willen, die Person und die Sache zu verstehen.

Um der Individualität seines Klienten gerecht zu werden, stellt er sich auf den Verständnishorizont, den Bewusstseinsstand und das Kommunikationsbedürfnis seines Gegenübers ein. Nah an der zu behandelnden Thematik zu bleiben, sich stetig zu vergewissern, dass der Klient noch folgen kann und zu paraphrasieren, stellen Prinzipien der dialogischen Gesprächsführung dar. Nicht die Länge oder die Dauer eines Gesprächsbeitrags von Coach oder Klient sind dabei entscheidend, sondern einzig die inhaltliche Aussage. Ein sokratisch geprägtes Coachinggespräch ist dicht und gerichtet. Dazu nutzt der Coach die ‚Faustregel', dass in einer Äußerung des Klienten maximal ein neuer Gedanke von ihm ins Spiel kommen soll.[45] Erfolgt eine sehr komplexe Beschreibung durch den Klienten, so zerlegt der Coach die Aussagen in inhaltlich hinterfragbare Einzelteile.

Der sokratische Coach bringt in seiner ‚Hebammen-Funktion' dabei selbst keine neuen Inhalte ins Gespräch. Seine Aufgabe besteht darin, mithilfe immer weiter in die Tiefe gehender Fragen dem Klienten Thesen und Hypothesen zu seinem Anliegen und zu möglichen Lösungswegen zu entlocken. Dabei muss der Coach äußerst sensibel vorgehen, da das kontinuierliche Hinterfragen eines Gedanken den Klienten leicht in den Gemütszustand, gedemütigt zu werden, versetzen kann. Die sokratische Gesprächsintervention ist daher erst dann anzuraten, wenn das Vertrauensverhältnis zwischen Klient und Coach stabil ist, die Gesprächsatmosphäre dieses Maß an Tiefgängigkeit erlaubt, genügend Zeit gegeben ist und die Vorgehensweise mit ihrer dahinter liegenden Absicht dem Klienten transparent vorgestellt werden kann.

Die Hauptaufgabe eines sokratischen Coachs ist also, den Klienten darin zu befähigen, Unterscheidungen zwischen seinen mehr und seinen eher weniger richtigen, zielführenden und sinnvollen Überzeugungen zu treffen. Unbewusste Glaubenssätze des Klienten sollen ihm ins Bewusstsein treten und möglicherweise ‚entlarvt' und korrigiert werden. In dieser Arbeit gilt das Prinzip unbedingter Wertschätzung, um dem Klienten zu ermöglichen, zu Fehlern, Verfehlungen, Deformationen usw. zu stehen und sich neu zu orientieren.

Sokrates weicht von dieser Rahmensetzung ab, wenn er darauf hinweist, dass auch ein angespanntes und ungemütliches Klima ertragen werden soll und dass hart – im Sinne von Präzision und Konzentration – zu arbeiten ist, um Wahrheit zu finden.[46]

Im Dialog mit seinem Schüler Theätet berichtet Sokrates: „Denn schon viele, mein Lieber, waren so wütend auf mich, daß sie mich am liebsten sogar gebissen hätten, wenn ich sie von irgendeinem Unsinn befreit hatte. Sie glauben nämlich nicht, daß ich sie so behandle, weil ich es gut mit ihnen meine; denn sie verkennen völlig, daß kein Gott den Menschen etwas Schlechtes antun will [..] und daß auch ich derartiges nicht aus Böswilligkeit tue. Vielmehr darf ich auf keinen Fall etwas Falsches durchlassen und etwas Wahres verwerfen."[47]

Dieses Zitat verdeutlicht einen brisanten Punkt der Sokratischen Dialogik. Der Gesprächspartner erkennt oftmals den Nutzen dieses auf den Grund gehenden Gesprächs erst gegen oder nach Ende des Dialogs.

Das Erleben der eigenen Unzulänglichkeit umzumünzen in eine konstruktive Veränderungsaktivität, kann daher als methodischer Höhepunkt einer sokratischen Gesprächsführung angesehen werden. Ein Höhepunkt, der auf Kosten des Gefühls geht – mag sich der Leser vielleicht fragen, wenn er erspürt, dass in der sokratischen Gesprächsführung das ‚auf den Kern kommen', das ‚Streben nach dem Ur-Sprung', das ‚Befreien von allen Relativierungen, Beschönigungen, und subjektiven Einfärbungen' den Prozess der Erkenntnisgewinnung prägt. Übertragen wir die Form der sokratischen Gesprächsführung auf die Ebene der Kompetenzen, die ein derart arbeitender Coach einzubringen hat, dann werden ein ausgeprägtes Problembewusstsein, ein hohes Maß an Selbsterkenntnis und Reflexion sowie Kenntnisse in der Wissensprüfung und in den

sokratischen Gesprächsprinzipien zu erwarten sein. „Das einzige Wissen, das Sokrates sicher besitzt, ist das Wissen von der Möglichkeit und dem Vorgehen in der Wissensprüfung."[48]

Bedeutet das, dass ein Wertecoach, der sich der Interventionsform des Sokratischen Dialogs annimmt, zu einem kalt-nüchternen, gefühlsarmen Wissensmanager mutiert? Sokrates wird der Satz zugeschrieben ‚Wo es kein Gespräch mehr gibt, beginnt die Gewalt' – für ihn ist das Gespräch mithin das Medium der Entwicklung, denn – so einer seiner weiteren Gedanken – ‚wer glaubt, etwas zu sein, hat aufgehört, etwas zu werden.' Ergänzen wir hier Frankl: „Und einen Sinn können wir dem Leben des anderen nicht geben – was wir ihm zu geben, mit auf den Weg zu geben vermöchten, ist vielmehr einzig und allein ein Beispiel: das Beispiel unseres ganzen Seins"[49], so gehört zu diesem Sein natürlich auch die Welt der Empfindungen, Träume, Gefühle und Emotionen.

Sokrates lädt ein zur spirituellen Suche, rät zur Vorsicht bei selbst ernannten Autoritäten, Idolen oder Heilsversprechern. Er ermutigt den Menschen, auf seine leise, vielleicht bislang überhörte innere Stimme zu hören, die Selbstwahrnehmung zu pflegen, in die Stille zu gehen und mit Vertrauen zu sich selbst der Spur des individuellen Sinngrundes zu folgen – um im Geiste Erich Fromms zu erkennen: ‚Es ist gut, viel zu sein, statt viel zu haben.' Das sind hohe Ansprüche an den Coach, hohe Erwartungen an Klarheit, Überwindung und Wille.

Auch an den Klienten eines sokratisch arbeitenden Coachs werden Ansprüche gestellt. Er soll fähig und willig sein, seine Vernunft einzusetzen, sich von seinem Anliegen ein Stück weit zu distanzieren und zu reflektieren. Die Option des Fehlers soll der Klient sich selbst einräumen können. Wichtig ist jedoch vor allem, dass der Klient bereit ist, die Ergebnisse der Reflexion, zum Beispiel neue, aber nun wohl begründete Glaubenssätze in seiner Lebenspraxis auch umzusetzen. Der Klient muss erkennen, dass nur er sein Leben zu verantworten hat, dass er es gestaltet und dass er es sein wird, der seinem Leben gegenüber Rechenschaft abzulegen hat. Er ist – im Geiste Frankls – gefordert zu erklären, auf welche Frage seines Lebens er die Antwort ist.

Seinen Coach soll er für diese Reflexionen als Stütze erleben, der ihm hilft, ihm aber nicht seine Verantwortung abnimmt. Der Wertecoach wird seinerseits erkennen, dass er selbst gar nicht anders kann, als in diesem Prozess seines Klienten auch nach eigener Wahrheit zu streben. Folgen wir einem wesentlichen Prinzip des Ermöglichungscoachings, dann kann der Coach im Coaching nicht nicht lernen. Es wird sich bei ihm durch die Exploration und die Begleitung des Prozesses Erfahrungswissen entwickeln, ohne das Konkrete des Klienten selbst erlebt, es aber dennoch verstanden zu haben.

3.7.3 Wertecoaching als Methode

Die Seele verkaufen, bis an die Grenzen gehen, den Körper ausbrennen, die immer dünner werdende Luft atmen – Führungskräfte und ihre Mitarbeitenden haben einiges an Stabilisierungsarbeit zu leisten, wollen sie den Forderungen einer globalen Welt gewachsen sein. Lothar Späth sagte einst: „Wer den Change nicht schafft, den schafft der Change." Heute erkennen wir: Der Change hat viele geschafft. Mega-Stress, permanente Weltverfügbarkeit, globales Business in Real Time und neue wirtschaftliche Vorbilder wie Indien und China, die man einst Entwicklungsländer nannte, führen zu einer Situation, in der *Besinnung* zu einem Überlebensfaktor wird. Technologien, Organisationsstrukturen, Netzwerke und Kennzahlensysteme sind dem Geist der neuen Wirtschaftswelt weitgehend problemlos gefolgt. Für ein ultraneues Handy heute eine Nacht vor einem Geschäft auszuharren, gehört ebenso zu diesem Mainstream wie der Boom auf die Angebote des marketingstarken Esoterikgewerbes. Wir sind mittendrin in einer kollektiven Neurose, einer Sinn- und Identitätskrise, die flächig alle Gesellschaftsschichten erreicht hat. Diese Situation schafft neue Tabus. Niemand will schwach dastehen, niemand will bekennen, dass die Grenzen erreicht sind, niemand will sich eingestehen, dass Ängste Fakten schaffen und man trotz Wissensgesellschaft nicht mehr weiß, an wen man sich wenden soll.

Im Jahr 2006 berichtete das manager-magazin, dass in Deutschland knapp eine Million Menschen mit seelischen Erkrankungen in ein Krankenhaus eingeliefert worden sind. Wegen psychischer Belastungen mussten etwa 50.000 Menschen vorzeitig aus dem Berufsleben aussteigen – im Schnitt 47,4 Jahre alt. Psychische Erkrankungen machen heute bereits mehr als zehn Prozent der jährlichen Gesamtausfalltage aus, so das wissenschaftliche Institut der AOK. Dabei überwiegen klar Depressionen, Angsterkrankungen, Zwangsstörungen, Reaktionen auf schwere Belastungen und psychosomatische Erkrankungen. Diese Belastungen schaffen neue Belastungen – in den Unternehmen, in den Familien, in der Sozialumgebung. Ein Schlüsselfaktor ist die Antwort auf die Frage nach dem „wozu ist es gut", auf die Frage nach dem Sinn.

Weitsichtige Führungskräfte nutzen die Methoden des Wertecoachings und die Expertise einer werteorientierten Beratung für sich, für ihre Mitarbeitenden und auch übergreifend für die Formung einer sinnstiftenden Firmenkultur, die dem unaufhaltsamen Wertewandel ein robustes Gegengewicht verleiht. Immer mehr Führungskräfte und Manager erkennen es: In jedem Moment kann von jedem Menschen und in jedem Unternehmen entschieden werden, ‚wer wir im nächsten Moment sein können'. Für diejenigen, die das (noch) nicht erkennen wollen, hat Frankl eine Botschaft:

„Wie oft sind es erst die Ruinen,
die den Blick freigeben auf den Himmel."

Fußnoten:

1) Looss & Rauen 2005, S. 157
2) Schlieper-Damrich et al., 2006, S. 3 ff.
3) Schreyögg 2003, S. 68 f.
4) Rauen & Steinhübel 2005, S. 290
5) vgl. Rauen & Steinhübel 2005, S. 291
6) Frankl 2005a, S. 107
7) Frankl 2005c, S. 124 f.
8) Frankl 1995a, S. 234
9) vgl. Frankl 2005a, S. 107
10) Lukas 2002, S. 161
11) vgl. Riedel et al. 2002, S. 192
12) Marquard 1987, S. 39 f. in Riedel et al. 2002, S. 191
13) Frankl 2005b, S. 224
14) Lukas 2002, S. 209
15) vgl. Riedel et al. 2002, S. 235
16) vgl. Lukas 2002, S. 208
17) Riedel et al. 2002, S. 199
18) Frankl 2002, S. 64
19) Frankl 2002, S. 93
20) Frankl 2002, S. 62
21) Frankl 1995a, S. 106
22) Frankl 2005a, S. 62
23) Frankl 1995a, S. 106
24) Frankl 2005a, S. 119
25) Frankl 2002, S. 119
26) Frankl 2005a, S. 51 f.
27) vgl. Frankl 1990 Radio Vorarlberg
28) vgl. Frankl 1990 Radio Vorarlberg
29) Lukas 2002, S. 189
30) Lukas 2002, S. 58
31) Frankl 2005a, S. 59 f.
32) Böckmann 1984, S. 181
33) Frankl 2005a, S. 168
34) vgl. Böckmann 1990, S. 24
35) Ostberg 1998, S. 165
36) Graf 2007, S. 7 ff.
37) Frankl 2005b, S. 175
38) Frankl 2005a, S. 62
39) Frankl 2005a, S. 55
40) Frankl 2005d, S. 7 ff.
41) Frankl 1995a, S. 19
42) Schreyögg 2003, S. 245
43) Whitmore 1997, S. 14
44) Lukas 2002, S. 66
45) vgl. Mugerauer 1992, S. 231-233
46) vgl. Platon 2002, S. 19
47) Platon 2002, S. 19/20
48) Gutmann 2003, S. 39
49) Klingberg 2001, S. 28

Kapitel 4

Wertecoaching in der Praxis

Netzwerk CoachPro®

Schnellfinder

- **4.1** **Sinn. Macht. Echt.** 136
  Praxisbeitrag von Bertram Kasper

- **4.2** **Auf zu neuen Ufern** 153
  Praxisbeitrag von Gunda Hess

- **4.3** **Neuen Sinn finden im brisanten Umfeld** 171
  Praxisbeitrag von Monica Ockenfels

- **4.4** **Man lebt ja nur einmal** 195
  Praxisbeitrag von Ralph Schlieper-Damrich

- **4.5** **Auf dem Weg zu sinnvollem Erfolg** 204
  Praxisbeitrag von Malu Salzig

- **4.6** **Sein und sollen** 230
  Praxisbeitrag von Ralph Schlieper-Damrich

- **4.7** **Klare Werte – starkes Team** 248
  Praxisbeitrag von Nina Eschemann

- **4.8** **Wertecoaching – ein echter Erlebnisprozess?!** 272
  Praxisbeitrag von Frau Anonyma

Zum guten Sinn 282

Wertecoaching in der Praxis: acht Fallbeispiele

Im nun folgenden vierten Kapitel stellen Wertecoachs konkret gestaltete Coachingprozesse vor. Dabei sei der Leser darauf hingewiesen, dass:

- die Coachs mit Klienten in Leitungs-, Führungs-, Projekt- und/oder Ressourcenverantwortung gearbeitet haben. Im Kreis finden sich Angestellte und Selbstständige, die Branchen reichen von Banken über den IT-Sektor bis hin zu Medien und Fotografie;
- natürlich alle Namen der Klienten und die im Kontext der Anliegen erwähnten Personen geändert wurden;
- alle Textbeiträge den Klientinnen und Klienten durch die jeweiligen Coachs vorgelegt wurden, um mögliche Passagen, die die Anonymität hätten auflösen können, zu verändern;
- alle Klienten ihrerseits gebeten wurden, ein Resümee über die Sequenz des Coachings zu ziehen, über die in diesem Buch berichtet wird;
- die behandelten Themen teilweise deutlich gestrafft präsentiert und entlang eines ‚roten Fadens' geschildert werden, der dem tatsächlichen Verlauf der jeweiligen Coachingprozesse nicht immer eins zu eins entspricht;
- die Coachs bei multiplen Anliegen die zum Teil weit in die privaten Lebensbereiche hineinreichenden Themen aus der Dokumentation für dieses Buch herausgenommen haben;
- die Fallschilderung der Coachs in der ersten oder dritten Person erfolgt, je nachdem, ob der Coach eher aus der Rolle eines Protokollanten oder eines Kommentators den Prozess darstellt. Im protokollierenden Modus werden die Sequenzen weitgehend ohne Bewertungen vorgestellt, im kommentierenden Modus nimmt der derart schreibende Coach auch begründet persönlich Stellung;

- die Coachs unabhängig ihrer thematischen Schwerpunkte der Arbeitshaltung folgen, die im Buch ‚Ermöglichungscoaching', erschienen 2006 im managerSeminare Verlag, ausführlich beschrieben worden ist;
- alle Coachs ihre Texte auf die Arbeitsschritte beziehen, die sie ‚face to face' mit ihren Klientinnen und Klienten durchführten. Beschreibungen flankierend vereinbarter Telefonate, schriftlicher Ausarbeitungen der Klienten oder Mails wurden zur Verbesserung der Lesefreundlichkeit ausgespart;
- dass alle Coachingsequenzen, die in diesem Buch beschrieben wurden, im Zeitraum zwischen Mai und September 2007 realisiert wurden. Vereinzelt bestand mit den Klientinnen und Klienten bereits ein Arbeitskontrakt für die Begleitung in anderen Themen, vereinzelt wurden die Coachings nach September 2007 fortgesetzt.

Die Reihenfolge im Buch orientiert sich am ‚gefühlten Grad des Brisanz-Erlebens' der Klientinnen oder Klienten.

Den Beginn markiert Bertram Kasper, der aufzeigt, wie wohltuend und stärkend eine Klarheit im Wertesystem auf einen Menschen wirken kann. Die Klientin ist zwar gut aufgehoben in ihrer beruflichen Entwicklung, erlebt jedoch ein latentes Empfinden der Unzulänglichkeit und sieht daher für sich einen Bedarf an Justierung persönlicher Verhaltensweisen.

Die Klientin, die mit Gunda Hess arbeitet, verspürt hingegen schon stärker persönlichen Unmut über ihre aktuelle, berufliche Situation. Sie strebt nach Veränderung. Aber Veränderung wohin? Die Klientin wird erkennen, dass Entscheidungen leichter fallen werden, ist das Fundament der individuellen Werte erst einmal geklärt.

Für Leser, die sich ein höheres Maß an individueller Frustration im Kontext von Umstrukturierung und – damit verbunden – politischem Ränkespiel vorstellen wollen oder bereits aus eigener Erfahrung können, hat Monica Ockenfels ein plakatives Konzernbeispiel aufbereitet.

Es muss nicht gleich ein großes Berufssystem sein, das einen Klienten zum Zweifeln bringen kann. Es kann auch sehr selbstständig arbeitende Menschen treffen. Die schleichend eintretende ‚Lebensmitte', in der sich Wertvorstellungen druckvoll und ruckartig

verschieben, ist das Thema der Klientin, die sich in einem kurz beschriebenen Ausschnitt eines Coachings mit Ralph Schlieper-Damrich aufmacht, ‚respektvoller' zu werden.

Massiv belastet zeigt sich der Klient, mit dem sich Malu Salzig auf eine Reise, heraus aus dem existenziellen Vakuum, begibt. Wer diesen Fallbeitrag liest, wird empfinden können, wie eng Wertekonflikt und Seelenleid zusammenhängen können und wie mühevoll Menschen versuchen, sich in solchen Situationen selbst zu stabilisieren.

Manchmal aber hilft auch eine ‚Eingebung', um die Tür zu einer Lösung aufzustoßen. Der zweite Fallbeitrag von Ralph Schlieper-Damrich beschreibt die Krise einer auf Vorstandsebene arbeitenden Fachfrau, die der Verzweiflung nahe im Coaching die letzte Rettung sieht. Um dann ihre Lösung ganz eigenständig zu finden.

Nina Eschemann schließlich dockt sich mit ihrem Beitrag als unternehmensinterne Coach an und beschreibt eindrucksvoll den Weg eines Teams zweier hochrangiger Manager, die anfangs noch Gefahr laufen, sich mit ihren Verhaltensmustern gegenseitig zu ‚kannibalisieren', um dann zu einem Führungsduo zu werden, das in gegenseitiger Wertschätzung neu durchstartet.

Mit Frau Anonyma werden die Praxisbeiträge mit einem Perspektivenwechsel abgeschlossen, beschreibt doch hier eine Managerin einen Coachingprozess, den sie nutzt, um aus einer verzwickten beruflichen Situation in eine freie Handlung zu kommen. Der Leser wird mit diesem Beitrag die Bedeutung in Schieflage geratener Wertmaßstäbe intellektuell und fühlend nachzeichnen können.

Um den Verlauf des Coaching-Prozesses für den Leser möglichst verständlich zu beschreiben, fließen in die Fallbeispiele immer wieder Selbstreflexionen, Kommentare und Erläuterungen der Coachs ein. Diese sind grau hervorgehoben sowie an Anfang und Ende jeweils mit einem kleinen Dreieck (▰) markiert.

4.1

Sinn. Macht. Echt.

Bertram Kasper

Zusammenfassung

Frau Echt filtert im werteorientierten Coaching die für sie handlungsleitenden Werte heraus. Sie entdeckt sowohl Werte, die für sie ausnahmslos positiv besetzt sind, als auch Werte, deren Aktualisierung sie für sich deutlich negativ konnotiert. Im Coaching erarbeitet sie ausgehend vom Wert ‚Verantwortung' die Gründe der negativ besetzten Bewertung, und ihr gelingt es schließlich, den Wert ‚Verantwortung' für sich ausschließlich positiv zu beschreiben. Außerdem erarbeitet sie für sich Handlungsmuster, die sie dabei unterstützen, sich präziser für das zu entscheiden, was sie selbst will. Dadurch gibt sie dem Wert ‚Verantwortung' einen anderen Sinn. Frau Echt entwickelt sich im Laufe des Coachings zu einer ‚Wertegestalterin'. Sie entdeckt, wie hilfreich die Übertragung ihrer Werte auf die Handlungsebene ist und wie sie sich in ihrem Führungsverhalten zunehmend echter verhält. Insgesamt erlebt sie sich in ihrer Leitungstätigkeit selbstbewusster und klarer.

Briefing

Frau Echt ist seit drei Jahren Gesamtleiterin von neun Kindertageseinrichtungen mit insgesamt 65 Mitarbeiter/innen bei einem süddeutschen Verein (Mitglied der Caritas). Die Betreuungseinrichtungen befinden sich in einer Stadt mit ca. 45.000 Einwohnern und sind über das ganze Stadtgebiet verteilt. Der Verein unterhält neben den Kindertageseinrichtungen verschiedene weitere soziale Dienstleistungen. Insgesamt arbeiten dort 135 Fachkräfte. Vorgesetzte von Frau Echt ist eine Geschäftsführerin, die seit eineinhalb Jahren bei dem Träger beschäftigt ist. Frau Echt ist für den mitarbeiterstärksten Bereich verantwortlich.

Die Klientin ist Mitte fünfzig und suchte vor drei Jahren eine neue berufliche Herausforderung. Sie zeichnet sich durch einen offenen

Charakter aus. Dieser ermöglicht es ihr, immer wieder auf neue Entwicklungen und Projekte zuzugehen. Ein Indiz dafür ist, dass sie während des laufenden Coachingprozesses zur Stellvertretenden Geschäftsführerin aufsteigt. Sie ist verlässlich, zielstrebig und entwickelt sich stetig weiter. Für den gemeinsamen Coachingprozess ist dies eine hervorragende Voraussetzung und macht es mir als Coach leicht, mit ihr neue Schritte im Führungsverhalten zu gehen. Durch ihre Bodenständigkeit kommt sie gut bei ihren Mitarbeitenden an. Von sich selbst sagt sie: *„Ich bin eine Praxisfrau."* Für Frau Echt ist es ein wirkliches Anliegen, gegenüber ihren Mitarbeitenden authentisch zu sein.

Der Coachingprozess läuft seit zweieinhalb Jahren. Die Verabredung ist, immer mehrere Sitzungen auf ein Schwerpunktthema zu konzentrieren. Die bisherigen Themen waren: Klärung der eigenen Rolle, Mitarbeiterführung, Umstrukturierungen und konzeptionelle Erweiterungen, Versetzungen von Mitarbeiter/innen, Neubesetzung von Leitungsstellen.

Für das nächste Schwerpunktthema spricht mich Frau Echt auf die Arbeit mit Werten im Führungshandeln an. Sie hat den Wunsch, sich damit intensiver auseinanderzusetzen. Ich erkläre ihr das Vorgehen und sie willigt ein, ihre Führungswerte genauer unter die Lupe zu nehmen und auf ihren Sinngehalt hin zu überprüfen.

Für diesen Abschnitt vereinbaren wir fünf Sitzungen mit folgender Zielsetzung: Frau Echt hat ihr eigenes Werteprofil erarbeitet. Ihr geht es darum, auch die Werte in die Bearbeitung zu nehmen, die sie in ihrer Ganzheit für sich noch nicht vollkommen und differenziert erfasst hat. Ihr Ziel ist es, jeden ihrer Werte umfassender zu verstehen, auf einer konkreten Handlungsebene anwenden zu können und in einem für sie erfassbaren Sinnzusammenhang wahrzunehmen.

Die erste Sitzung

In der ersten Sitzung erarbeitet Frau Echt ihr Werteprofil. Dabei nutzt sie die von mir angebotene kreative Methode ‚Werteprofil – Das Leben als Bergpanorama' in Anlehnung an das von Pattakos im Buch ‚Gefangene unserer Gedanken' beschriebene Prozedere. Dabei entsteht zeichnerisch eine Berglandschaft. Die Berggipfel stehen dabei für Vorbilder in der eigenen Lebensgeschichte und die mit ihnen verbundenen Werte.

„Frau Echt, bitte stellen Sie sich Ihr Leben als ein Bergpanorama vor. Betrachten Sie vor Ihrem geistigen Auge die einzelnen Gipfel. Stellen Sie sich dabei vor, welche Menschen Sie auf die jeweiligen Gipfel stellen werden. Es geht dabei um Menschen, die für Ihr Leben und für Ihre berufliche Entwicklung wichtig sind oder waren. Zu diesen Menschen können Schriftsteller, Angestellte, Vorgesetzte, persönliche Bekannte oder auch Familienmitglieder gehören. Wer von ihnen förderte Sie oder liebte Sie? Wer erschien Ihnen liebens- oder bewundernswert?"

Das Bergpanorama

Nehmen Sie sich ein großes Blatt und malen Sie zuerst ‚Ihren' Gebirgszug. Versehen Sie die einzelnen Gipfel mit den Namen der Ihnen wichtigen Personen, die Sie beeinflusst haben.

Vielleicht erinnern Sie sich an ganz konkrete Situationen, wie ein ermutigendes Lob, ein gemeinsam erlebtes Ereignis oder ähnliches. Ermitteln Sie die zentralen Werte der verschiedenen Personen, die Sie wesentlich geprägt haben. Konzentrieren Sie sich auf die Werte, die Sie in Ihr eigenes Wertesystem übernommen haben. Achten Sie dabei auf Werte, die öfter erscheinen, die also von verschiedenen Personen Ihres Umfeldes vorgelebt wurden.

Welche dieser Werte waren Ihnen im Laufe Ihrer beruflichen oder privaten Entwicklung am wichtigsten? Welche dieser Werte sind Ihnen jetzt am wichtigsten? Welche dieser Werte verkörpern Sie heute durch Ihr eigenes Verhalten?

Achten Sie dabei auch auf die Werte, die für Sie eine zentrale Bedeutung haben, jedoch manchmal für Sie hinderlich sind und Sie eher in Blockaden oder Überforderungssituationen führen.

Was lernen Sie, wenn Sie den Blick richten auf die Werte, die sich durch Ihr Leben ziehen, die Ihre Einzigartigkeit ausmachen und mit denen Sie Ihr berufliches und privates Leben gestalten?

Für Frau Echt ist es in diesem Zusammenhang wichtig, dass sie sowohl den Werten auf die Spur kommt, die für sie förderlich sind, als auch den Werten, die sie eher als hinderlich, bzw. oft als Last

erlebt. Diese Arbeit wird sie der im Kapitel 3 aufgeworfenen These der ‚Werte-Ordnung' näher bringen. Frau Echt wird ihre Werte umfassender, runder und auf der Handlungsebene umsetzbarer erleben und sich ‚in Ordnung fühlen'.

Frau Echt arbeitet für sich folgende Werte heraus: Verlässlichkeit, Ehrlichkeit, Verantwortung, Anerkennung, Freiheit, Liebe (Wertschätzung), Hilfsbereitschaft, Achtung (Selbstachtung), Gelassenheit, Kompromissbereitschaft.

Mit dem Bergpanorama reflektiert Frau Echt in ihrem Leben wesentliche Wertmaßstäbe.

Zentrale Personen im Kontext ihrer gewachsenen Wertewelt sind für sie ihre Eltern, ihr Partner, Freundinnen und wichtige Personen aus ihrem beruflichen Umfeld (Vorgesetzter, Ausbilder etc.).

Sie schildert, dass und wie sich spezifische Werte bei unterschiedlichen Personen (Vorbildern) für sie immer wieder als wertvoll und bewahrenswert bestätigen. Aus dieser Erfahrung heraus sind die Werte in das Verhalten von Frau Echt integriert.

Deutlich ist auch, welche Werte für sie zur Last werden. Dazu zählt sie: Verantwortung, Kompromissbereitschaft, Ehrlichkeit und Hilfsbereitschaft.

Bezogen auf die Verantwortung beschreibt sie, dass es viele Situationen gibt, in denen sie zu viel Verantwortung übernimmt. Dabei fallen ihr zwei fordernde Sätze ihrer Mutter ein: *„Was du angefangen hast, das bringst du auch zu Ende"* und *„Wer A sagt, muss auch B sagen"*. Ihre Eltern haben ihr ein ausgeprägtes ‚Über-Ich' mitgegeben, über das sie immer wieder daran erinnert wird, sich selbst zurückzunehmen und für andere die Verantwortung zu tragen. Sie fragt sich dann oft selbst: *„Was habe ich falsch gemacht, wo ist mein Anteil?"*

Mit der Hilfsbereitschaft verhält es sich ähnlich wie mit der Verantwortung. Der Blick für die Sorgen und Nöte der anderen, gepaart mit einer ausgeprägten Empathie, führt immer wieder zu Überforderungssituationen. Ihr gelingt es, ihre Überforderung wahrzunehmen, und sie greift aktiv auf etablierte Mechanismen zurück, um in eine energetisch ausgewogene Balance zu kommen. Dabei ist ihr Partner eine wichtige Unterstützung. Von ihm fühlt sie sich angenommen und akzeptiert.

„Die Werte Verantwortung, Kompromissbereitschaft, Ehrlichkeit und Hilfsbereitschaft werden mir oft zur Last."

Frau Echt erlebt sich selbst als zu kompromissbereit. Sie hat in diesen Zusammenhängen oft den Eindruck, dass sie ihre Interessen nicht gut vertritt und zu schnell nachgibt. Sie wünscht sich in diesen Situationen mehr Durchsetzungsfähigkeit. Oft bedeutet die Durchsetzung der eigenen Interessen für sie jedoch, einen Konflikt einzugehen, den sie aber meist scheut und dann lieber zurücksteckt.

„Ich gebe zu viel von mir preis, bin zu offen und ehrlich. Damit mache ich mir nicht immer Freunde. Oft wird dann mein Vertrauen missbraucht." Neben diesen Impulsen gibt es den Satz: *„Ich bin so, wie ich bin."* Damit meint sie, dass sie nur bedingt aus ihrer Haut herauskann und mit den Folgen ihrer lockeren Zunge umgehen muss.

Zum Wert ‚Ehrlichkeit' hat Frau Echt eine ambivalente Haltung. Auf der einen Seite nimmt sie für sich in Anspruch ehrlich zu sein, auf der anderen Seite erlebt sie, dass ihre Ehrlichkeit missbraucht wird und für sie daraus Nachteile entstehen.

Für den weiteren Verlauf des Coachings verabreden wir, dass wir zunächst zu jedem Wert ein Werte-Handlungs-Quadrat (in Anlehnung an Schulz von Thun) erstellen. Dazu dient folgende Frage: Woran können die Mitarbeitenden von Frau Echt erkennen, dass sie ihre Werte in ihren Handlungen lebt bzw. werteorientiert handelt? Im Folgenden ein kurzes Beispiel aus dem Wertekanon von Frau Echt anhand des Wertes ‚Anerkennung':

Anerkennung *(Wert)*	**Anregung** *(mögliche Schwestertugend zur Anerkennung)*
Ich wende mich im Kontakt den Mitarbeitenden zu und erkenne ihre Leistungen auf Basis klarer Begründungen meiner Wahrnehmungen an.	Ich eröffne den Mitarbeitenden neue Entwicklungsperspektiven, indem ich sie auf noch nicht ausgereifte Aspekte ihrer Arbeitsqualität konstruktiv aufmerksam mache.
Kritiklosigkeit *(mögliche entwertende Übertreibung)*	**Überforderung** *(mögliche entwertende Übertreibung)*
Ich lobe die Mitarbeitenden auch für Selbstverständlichkeiten oder Nichtigkeiten und verhindere mögliche Wachstumsprozesse.	Ich erkenne nicht die Grenzen der Aufnahme- und Verarbeitungskapazität der Mitarbeitenden und demotiviere so durch stets kritische Bewertungen und Beurteilungen.

Abb. 7: Werte-Handlungs-Quadrat für den Wert ‚Anerkennung' von Frau Echt

Frau Echt gibt zur ersten Sitzung folgendes Feedback: „*Ich finde es klasse, das bringt mich aus dem Alltag raus, und ich kann mich auf mich besinnen. Besonders interessiert mich die Frage: Wie kann ich die Last loswerden? Ich strebe für mich eine Verhaltensänderung an und will von dem hohen Verantwortungsgefühl wegkommen. Ich will etwas für mich tun.*"

▼ Wieso wähle ich als Coach diese Methode? Im ersten Schritt ist es für die Klientin wichtig, sich über ihre Wertewelt klar zu werden. Dies knüpfe ich an die Auseinandersetzung mit konkreten Personen. Im zweiten Schritt geht es um die Verbindung der Werte mit Verhalten und Handlungen. Im Sinne von Frankl sind Werte ‚Sinnmöglichkeiten'. Sinngebend werden Werte durch konkrete Aufgaben. Sie aktualisieren sich im Verhalten und in Handlungen und finden damit ihren Weg aus der Abstraktheit. Je gezielter diese Auseinandersetzung bei der Klientin methodisch gefördert wird, desto leichter kann sie die Spur für ihre Wertesuche aufnehmen. Des Weiteren wird aus meiner Sicht der Prozess der Wertefindung durch das Zeichnen eines Bergpanoramas gefördert. In der kreativen und spielerischen Auseinandersetzung werden dem Thema die Schwere und die Abstraktheit genommen. Wie oben beschrieben zielt auch die weitere Verabredung zwischen mir und Frau Echt darauf ab, die Verhaltensebene in den Fokus zu nehmen. In der Reflexion der Erarbeitung der Werte bestätigt die Klientin diese Zusammenhänge. Sie hat für sich den Eindruck, dass ihr die Arbeit leicht und flott von der Hand ging und für sie ein klares Werteprofil entstanden ist. ▲

Die zweite Sitzung
Zu Beginn der zweiten Sitzung benennt Frau Echt weitere Werte. Dazu gehören Lebensbejahung, Zuversicht, Geborgenheit und Klarheit. Frau Echt hat das Entwickeln der Werte-Handlungs-Quadrate als gewinnbringend erlebt und will diese Methode im weiteren Verlauf des Coachings fortführen.

▼ Als Coach wird mir deutlich, wie intensiv die persönliche Auseinandersetzung von Frau Echt mit ihren Werten ist. Die Arbeit an den eigenen Werten scheint etwas sehr Ursprüngliches zu sein, was die Klientin ganz auf sich selbst zurückführt. Dabei spielt für Frau Echt die Frage nach der Kongruenz und der Authentizität eine wichtige Rolle. ▲

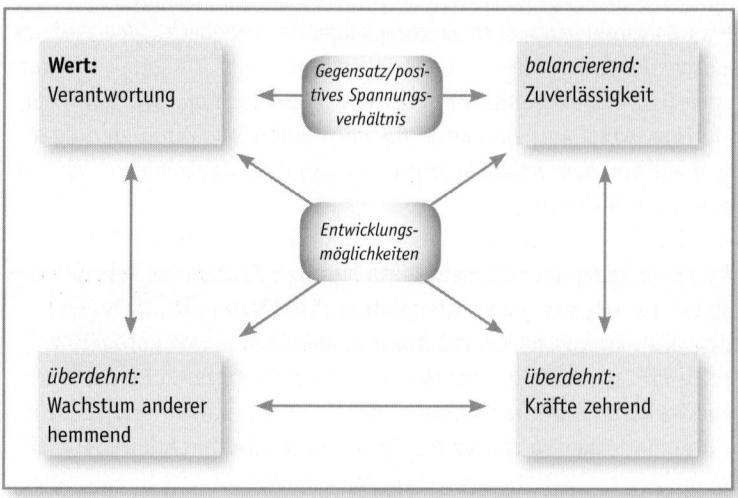

Abb. 8: Werte-Handlungs-Quadrat für den Wert ‚Verantwortung' von Frau Echt

Beispielhaft wird dies am Wert ‚Verantwortung' in ihrer Rolle als Führungskraft nachvollziehbar. Die Abbildung 8 zeigt das von Frau Echt erstellte Werte-Handlungs-Quadrat, in dem sie für sich als balancierende Kraft zur Verantwortung die ‚Zuverlässigkeit' stellt, mit der sie verhindert, dass sie vor lauter Verantwortungsübernahme in ihrem Umfeld Wachstumsprozesse blockiert und ihrer Pflicht nicht mehr nachkommt, zum Beispiel ihren Mitarbeitenden Freiheitsgrade zu eigener Qualifizierung einzuräumen. Nach dieser Reflexion beschreibt die Klientin, woran ihr berufliches Umfeld erkennen kann, dass sie den Wert ‚Verantwortung' in ihren Handlungen lebt.

Ich zeige beobachtbar ‚Verantwortung', indem ich

- Anliegen Ernst nehme und ihnen nachgehe
- Aufgaben übernehme, die ich eigenverantwortlich erledige
- Vereinbarungen einhalte
- mich für Menschen einsetze
- zugewandt bin, zuhöre, ungeteilte Aufmerksamkeit schenke
- Wertschätzung für Menschen durch mein Verhalten zeige, zum Beispiel ehrenamtliches Engagement
- Bestätigung äußere im Sinne eines ‚das war okay'…
- kritisches und die Selbstentwicklung förderndes Ansprechen von Schwierigkeiten zeige

- schwierige Verhaltensweisen anspreche, ohne auf Charakterzüge abzuheben
- die eigene Kraft und Energie erkenne und dabei nicht vergesse, wann die Energie wieder aufgetankt werden muss – ‚Nein-Sagen' – Selbstverantwortung

Am Ende der Sitzung entscheidet Frau Echt, dass sie am Wert ‚Verantwortung' weiterarbeiten möchte. Die Absicht ist, detaillierter zu ergründen, wie dieser Wert entstanden ist, welche Vorteile er in sich trägt und an welchen Stellen Frau Echt mit ihm unter Druck und in Schwierigkeiten kommt. Wir folgen hier der im dritten Kapitel beschriebenen These 1: ‚Ver-Antwortung', indem Frau Echt konsequent ihre Werte auf die Verhaltensebene transformiert und so lernt, für ihre Rolle als Führungskraft passende und verantwortbare Schritte zu gehen.

▼ Mit dem Wert ‚Verantwortung' wählt die Klientin eine Qualität, die im Menschenbild von Frankl eine zentrale Rolle spielt. „Dem Menschen ist es möglich, zu äußeren Gegebenheiten und inneren Zuständen Stellung zu beziehen, sich so oder so einzustellen, sich so oder anders zu verhalten. Die Freiheit des Willens und damit auch die *Verantwortung* (hervorgehoben durch den Verfasser) ist die wichtigste anthropologische Säule der Logotherapie und Existenzanalyse." (Kapitel 1.3) ◢

Die dritte Sitzung

Frau Echt kommt ganz begeistert zur dritten Sitzung. Sie hat für sich praktisch und anhand einer konkreten Situation überprüft, ob und wie deutlich sie gegenüber ihren Mitarbeitenden ihre Werte (diesmal am Beispiel ihres Wertes ‚Freiheit') lebt, und inwieweit ihr erarbeitetes Verhalten von ihr tatsächlich umgesetzt wird. Diese Erfahrung beschreibt sie als intensiv und wertvoll. Sie erlebt sich selbst als klar und kongruent und handelt aus einer tiefen Sicherheit heraus. Ihre Mitarbeitenden bestätigen ihre Erfahrung durch ein entsprechendes Feedback.

„Was hat dazu geführt, dass Sie den Wert leben konnten?"

Frau Echt benennt: *„Verlangsamen, beobachten, sich selbst reflektieren und sich selbst zurücknehmen." „Ich habe mir selbst einfach zugeschaut bei dem was ich tue."* Wichtig ist, sich Zeit zu geben für eigene Gedanken mit der zielführenden Frage: *„Was will ich jetzt konkret tun bzw. was ist der Situation auf dem Hintergrund meines Wertes angemessen; welches Verhalten zeigt, dass ich diesen Wert lebe?"*

„Was sind die Faktoren, die es Ihnen leicht machen, sich selbst zu reflektieren, innezuhalten, zu beobachten?" frage ich weiter.

Frau Echt beschreibt: *„Für mich ist es ganz wichtig, mich genau an der Frage zu orientieren: Woran können meine Mitarbeitenden erkennen, dass ich diesen Wert lebe? Dazu gehört auch eine Verbindlichkeit mir selbst gegenüber, in Bezug auf die Wichtigkeit des Wertes und die Absicht, ihn bestimmt und ernsthaft leben zu wollen.
Und dann hatte ich natürlich ein Ziel vor Augen. Meine Mitarbeitenden müssen etwas mitnehmen, ein Ergebnis, doch ich verhalte mich im Kontext mit dem Wert ‚Freiheit' ergebnisoffen, also ich habe nicht eine bestimmte Absicht, wohin ich sie kriegen will."*

Und weiter erzählt sie: *„Dadurch, dass ich den Wert lebe, kann ich wirklich das befördern, was dann Entwicklungen in der Situation auslöst. Ich muss meinen Mitarbeitenden Raum geben und sie in ihrem Tempo belassen, dann kann sich wirklich Veränderung einstellen."*
„Und ein ganz wichtiger Faktor ist, mich hier mit Ihnen und mir über meine Werte auseinanderzusetzen, mich selbst anzuschauen, mir klarer über mich selbst zu werden."

▶ Hier wird deutlich, wie klar die Selbstaktivierungs- bzw. ‚Selbstheilungs'-kräfte (oder wie Frankl sagt, die gesunden Geisteskräfte) bei Frau Echt in Gang gesetzt werden. Ihre Reflexionen zwischen den Coachingsitzungen tragen dazu bei, dass sich ihre Einstellungen verändern und dies auch Auswirkungen auf ihre Verhaltensmuster hat. Besonders gefreut habe ich mich bei dieser Sequenz darüber, wie konkret Frau Echt ihr Verhalten benennen kann. Für Frankl geht es um den konkreten Sinn in einer konkreten Situation, bezogen auf eine konkrete Person oder Aufgabe. Je spezifischer dies der Klient im Coaching herausarbeitet, desto sinnvoller erscheint ihm sein Handeln im Kontext seiner Werte, desto authentischer und kongruenter wirkt er auf seine Umgebung. ◢

Im weiteren Verlauf der Coachingsitzung kommen wir auf den Wert ‚Verantwortung' wieder zurück und arbeiten an der Frage: Wann und in welcher Weise ist dieser Wert mit Schwierigkeiten verbunden? Frau Echt erarbeitet folgende Aspekte:

▸ Wenn ich zu viel Verantwortung auf mich lade und meine Grenze nicht mehr wahrnehme
▸ Wenn ich zu schnell ‚ja' sage
▸ Ich verliere den Überblick über das, was ich schaffen kann und habe dann dennoch den Anspruch, es trotzdem zu schaffen
▸ Wenn ich spüre, dass es nicht vorwärts geht
▸ Ich vermag nicht zu sagen: „Ich schaffe es nicht mehr", denn wer A sagt, der muss auch B sagen (von anderen verlange ich das nicht)

Jetzt erzählt Frau Echt verschiedene Erlebnisse aus ihrer Kindheit, die in erster Linie mit ihren Eltern, speziell mit ihrer Mutter, im Zusammenhang stehen. Dass sie schon früh Verantwortung für sich und ihr Leben übernehmen musste, beschreibt sie als eine Erfahrung, die sie als nicht angemessen und nicht ihrem Alter entsprechend erlebte. Wenn sie sich diesen Situationen verweigert hat, dann kam es dazu, dass sich ihre Mutter durch ‚nicht mehr mit ihr zu reden' entzog. Die daraus bei Frau Echt resultierende Ohnmacht und die Kompromisslosigkeit ihrer Mutter erschreckte sie. Sie fühlte sich zudem schuldig an der Situation. Es war dann an ihr, wieder auf ihre Mutter zuzugehen. Dies beschreibt sie heute als anbiedernd und das ‚Gesicht verlierend'. Sie fühlte sich klein und nutzlos. Sie hätte sich stark gewünscht, dass ihre Mutter auf sie zugeht und sich ihr gegenüber versöhnend verhält.

Aus ihren Erzählungen wird deutlich, dass im Zusammenhang mit dem Wert ‚Verantwortung' folgende Gesichtspunkte Druck erzeugen: ‚Das nicht miteinander reden', sich schuldig zu fühlen, das Grenzen ziehen, bzw. ‚Nein-Sagen' und das sich Rückversichern bzw. das Nachgeben in einer kritischen Situation. Hinzu kommt der Aspekt, dass Frau Echt wenig Anerkennung und Liebe für ihre Leistung bekommen hat.

Alles davon begegnet ihr auch im beruflichen Kontext. Auch dazu fallen ihr verschiedene Beispiele ein, die dies untermauern. Die damit verbundenen Gefühle und Gedanken sind: *„Unsicherheit, sich verletzt fühlen, machtlos und hilflos sein, ich verliere die Kontrolle,* *stehe im Regen, weiß nicht genau, war das richtig, war das verkehrt. Ich renne und renne und bekomme für meine Leistung selten die Anerkennung, die ich mir wünsche."*

Die vierte Sitzung

Ausgehend von der letzten Sitzung berichtet Frau Echt von aktuellen Situationen, in denen es ihr gut gelungen sei, sich klarer darüber zu werden, was für sie sinnvoll ist und wie sie sich im ‚Hier und Jetzt' positionieren und verhalten will. Wir erarbeiten gemeinsam die Verhaltensweisen, die für Frau Echt hilfreich sind bzw. in den von ihr beschriebenen Situationen gewirkt haben.

Dazu gehören:
- Sich rückversichern, d.h. nachfragen, ob ihr Verhalten angemessen war bzw. die gewünschte Wirkung entfaltet hat. Dies dient ihr zu einer – wie sie es beschreibt – ‚Selbstvergewisserung.' Das Rückversichern ist dann besonders entscheidend, wenn sie für etwas Verantwortung übernommen hat und sich noch selbst unsicher ist.
- Sich abgrenzen und ‚nein' sagen. Für sie korrespondiert beides eng miteinander und sie erlebt in ihrem Führungsalltag, dass sie damit gerne experimentiert und sich ausprobiert. Sie beschreibt auch, dass dieser Aspekt von ihr noch mehr geübt werden muss. Sie sagt konkret: *„Ich brauche noch mehr Abgrenzung und die Fähigkeit, ‚nein' zu sagen."*
- Genau und aktiv zuhören, was will mein Gegenüber mir sagen. Dabei verfolgt Frau Echt das Ziel, die Situation zu verlangsamen.
- *„Innehalten, nachdenken und mich selbst fragen, ob ich die Situation oder mein Gegenüber bewerte und dadurch eine Entfernung zu meinen eigenen Werten, und die damit verbundenen Verhaltensweisen, entsteht."* Die innerliche Auszeit korrespondiert nach Aussage von Frau Echt auch mit ihrem Wunsch ‚nein sagen zu können.' Sie nutzt diese Zeit, um für sich genau zu überprüfen, was sie jetzt will, was ihr jetzt wichtig ist.

In diesem Zusammenhang ist ihr die Erfahrung wichtig, dass ihr Verhalten vom Gegenüber konstruktiv aufgenommen und eine Basis für eine gemeinsame Auseinandersetzung gefunden wird. Schlecht auszuhalten ist es für sie, wenn ihr Verhalten dazu führt, dass etwas Negatives passiert und sie dafür die Schuld bekommt.

In diesem Kontext spricht sie von einem Kindheitserlebnis, das sie im Alter von sieben Jahren mit ihrer Mutter hatte. In dieser Situation trat sie für ihre Interessen ein und wurde dann für einen Unfall ihrer Mutter verantwortlich gemacht bzw. hat die Schuld dafür von ihrer Mutter zugewiesen bekommen. Dieses Erlebnis rührt sie heute noch emotional stark an.

Ausgehend von der dritten Sitzung erinnere ich Frau Echt an ihren Wert ‚Freiheit' und ihre geschilderten Erfahrungen damit. Sie entdeckt, dass beide Werte für sie eng miteinander verbunden sind und sagt: *„Wenn ich meinem Gegenüber die Freiheit für sein eigenes Handeln lasse, laufe ich nicht so sehr Gefahr, zu viel Verantwortung zu übernehmen."*

„Wenn ich meinem Gegenüber die Freiheit für sein eigenes Handeln lasse, laufe ich nicht so sehr Gefahr, zu viel Verantwortung zu übernehmen."

Jetzt wird Frau Echt deutlich, dass der Wert ‚Verantwortung' sie oft dazu bringt, für andere Verantwortung zu übernehmen, anstatt Verantwortung für sich selbst. *„Stimmt, das mache ich zu wenig, ich übernehme eher die Verantwortung für andere, als Verantwortung für mich selbst. Jetzt überlege ich genauer, wo braucht es das Innehalten, wo braucht es das Sortieren und wo braucht es das ‚Nein'. Nur so kann ich mich davor schützen, mir zu viel Verantwortung aufzubürden."*

Und weiter spricht sie davon: *„Wenn es mir mehr gelingt, das zu berücksichtigen, was wir erarbeitet haben, dann hat der Wert ‚Verantwortung' etwas Leichtes und Positives, dann ist er nicht mehr schwer. Ich brauche diesen Wert als Führungskraft, ich übernehme die Verantwortung, ich entscheide … ja, es geht dann in Richtung Selbstverantwortung, wie möchte ich mich dazu positionieren, wie möchte ich entscheiden, wie möchte ich leben. Und es hat auch noch den Vorteil, mich selber mehr zu reflektieren und mir dadurch sicherer zu werden."*

Die fünfte Sitzung

▶ In meiner Reflexion der bisherigen Sitzungen ist mir deutlich geworden, dass es bei der Auseinandersetzung mit den Werten immer auch zur Formulierung von Glaubenssätzen kommt, die mit den gefundenen Werten korrespondieren. Deshalb nehme ich mir vor, Frau Echt den Vorschlag zu machen, dass wir auch an ihren Glaubenssätzen arbeiten, die mit dem Wert ‚Verantwortung' im Zusammenhang stehen. Dies geschieht vor dem Hintergrund, dass auch Glaubenssätze eine druckauslösende Wirkung entfalten können und damit negativ wirken. ◢

In der Reflexion zwischen den Sitzungen ist Frau Echt deutlich geworden, dass es ihr im Zusammenhang mit ihrem Wert ‚Verantwortung' oft schwer fällt, Verantwortung für unangenehme Gefühle, wie zum Beispiel Wut, zu übernehmen. Das heißt, das Verhalten einer Mitarbeiterin löst bei ihr das Gefühl Wut aus, aber es gelingt ihr nicht, ihre Wut auch zum Ausdruck zu bringen.

Wir arbeiten heraus, dass dies vor allem dann passiert, wenn die Beziehung zu ihrem Gegenüber ungeklärt ist, d. h. sie sich nicht darauf verlassen kann, welche Reaktion durch die Verbalisierung, zum Beispiel ihrer Wut, ausgelöst wird. Hier wird der Zusammenhang zu der vierten Sitzung deutlich. Frau Echt sagt: *„Je sicherer ich mir einer Beziehung bin, desto leichter gelingt es mir, meine – auch unangenehmen – Gefühle auszudrücken."*

Frau Echt nimmt sich vor, mehr Verantwortung für ihre eher unangenehmen Gefühle zu übernehmen. *„Ja, das probiere ich aus, ich glaube ich brauche viel Erlaubnis, ich muss es ausprobieren und kann mir gut vorstellen, dass es mit Beziehungen zu tun hat, die ungeklärt sind."*

Wie geplant, schlage ich jetzt Frau Echt vor, an ihren Glaubenssätzen zu arbeiten. Ich bitte sie sich daran zu erinnern, welche ihr aus unseren bisherigen Sitzungen einfallen und für sie im Zusammenhang mit dem Wert ‚Verantwortung' stehen.

Sie formuliert folgende Glaubenssätze:

1. Ich will alles schaffen!
2. Wer A sagt, muss auch B sagen!
3. Du musst eingehen auf den anderen!

4. Suche die Schuld zuerst bei dir!
5. Der andere muss sich selbst entwickeln!

Die ersten vier Glaubenssätze haben für Frau Echt eine negative Wirkung, d.h., sie verstärken in ihr den Druck bezogen auf den Wert ‚Verantwortung'. Sie schildert dazu einige Ereignisse, in denen es ihr dann nicht mehr gelang, auf sich zu achten, sondern unreflektiert der Wirkung der Glaubenssätze folgte. Die damit verbundene Dynamik belastet sie.

Der fünfte Glaubenssatz hingegen hat für sie eine stark entlastende Bedeutung. Frau Echt gelingt es, in für sie klaren und überschaubaren Situationen nach diesem Satz zu handeln. „Der schwächt für mich Verantwortung ab, der ist sehr positiv für mich, der ist besonders dann hilfreich, wenn ich zu starke Verantwortung spüre. Dann überlege ich, was gehört zu mir, was gehört zum anderen?"

Und ausgelöst durch meine Frage: „Wann gelingt es Ihnen leichter?" knüpfen wir bei den Strategien aus der vierten Sitzung an und sie sagt: „Wenn ich nicht in Zeitnot gerate, wenn ich nicht ‚überfallen' werde, wenn ich es für mich verlangsame – wenn ich das parat habe, dann geht es viel besser. Ich sage manchmal ganz bewusst ‚eins, zwei, drei' ... Ich brauche Raum für Entwicklung, ich nehme mir den Raum, um gut im Gedankenfluss zu sein ... und für mich korrespondiert dieser Satz auch mit den Werten ‚Freiheit' und ‚Wertschätzung'."

Im weiteren Verlauf formuliert Frau Echt die ersten vier Glaubenssätze um. Zielführend dabei ist, dass die neue Formulierung für sie eine positive und Energie bringende Kraft entfaltet.

- **Aus:** Ich will alles schaffen!
  wird: Ich nutze meine Fähigkeiten aus!

- **Aus:** Wer A sagt, muss auch B sagen!
  wird: Wenn ich A sage, darf ich mir für B Unterstützung holen!

- **Aus:** Du musst eingehen auf den anderen!
  wird: Ich möchte den anderen ernst nehmen und ich höre aufmerksam zu!

- **Aus:** Suche die Schuld zuerst bei dir!
  wird: Ich übernehme Verantwortung für mein Handeln und belasse die Verantwortung des anderen bei ihm!

Gerade die Umformulierung des vierten Satzes hat für Frau Echt eine besondere Bedeutung. *„Dadurch komme ich von dem Anbiedern weg. Klarer ist für mich die Frage: Was ist mein Anteil, was ist der Anteil des anderen? Ich kann auch so besser meiner Mutter begegnen, es geht nicht mehr um die Schuldfrage. Das ist sehr entlastend für mich."*

Es zeigt sich hier die in Kapitel 3.5 (S. 111 f.) ausgeführte vierte These von der ‚Trotzmacht des Geistes'. Über die intensive Auseinandersetzung mit den eigenen Werten und Glaubenssätzen, gelingt es ihr sich selbst zu erkennen. Der Weg der Selbsterkenntnis macht es ihr schließlich möglich, eine andere Betrachtungsweise zu entwickeln und damit einen Prozess der Selbstdistanzierung einzuleiten. Sie nutzt ihre Fähigkeit zu bewusster Distanzierung und erarbeitet sich neue Einstellungen und Haltungen. Nach eigenen Angaben führt sie diese Einstellungsveränderung zu mehr Sicherheit und Konstanz, in der Selbstführung und in der Führung ihrer Mitarbeitenden.

Zum Ende der Sitzung frage ich Frau Echt: *„Für welchen Glaubenssatz entscheiden Sie sich, um ihn mehr in den Fokus zu nehmen?"*

„Ich übernehme Verantwortung für mein Handeln und belasse die Verantwortung des anderen bei ihm."

Sie antwortet: *„Der letzte ist für mich am nächsten: Ich übernehme Verantwortung für mein Handeln und belasse die Verantwortung des anderen bei ihm. Und da gibt es auch konkret eine Situation in einem bevorstehenden Mitarbeitergespräch mit einer Leiterin. Die Leiterin muss jetzt mehr Verantwortung übernehmen und ich muss sie ihr lassen."*

Als erkenntnisleitende Frage für das Mitarbeitergespräch erarbeiten wir: Für was will ich jetzt Verantwortung übernehmen und was ist die Verantwortung der Leiterin? Frau Echt findet für sich einen Satz, mit dem sie diesen Prozess eröffnen kann: *„Wir sind jetzt an einem Punkt, wo wir entscheiden müssen, was ist dein Part und was ist mein Part."*

Für den weiteren Prozess verabreden wir, an die noch ausstehenden Werte in gleicher Weise heranzugehen. Frau Echt beschreibt die Arbeit als wertvoll, intensiv und für sie deutlich wirkungsvoll. Durch die Konkretisierung ihrer Werte in Bezug auf ihr Führungshandeln erhält sie mehr Sicherheit.

▶ Ausgehend von der Zielstellung haben wir innerhalb von fünf Sitzungen zentrale, aber noch nicht alle Werte bearbeiten können. Es hat sich gezeigt, wie viel Zeit, Raum und Muße für eine intensive Auseinandersetzung notwendig ist. Für mich ziehe ich die Schlussfolgerung, ein werteorientiertes Coaching von der zeitlichen Planung großzügiger zu gestalten. Die Beschäftigung mit den eigenen Werten lassen in der Regel tiefer liegende Zusammenhänge erkennen, so dass vonseiten des Coachs mit besonders großer Sorgfalt vorgegangen werden muss. Wenn diese Zusammenhänge, wie im beschriebenen Fall mit einer veränderten Einstellung zum Wert ‚Verantwortung' einhergehen, muss folgende Frage gestellt werden: Ist die Auseinandersetzung mit der eigenen Haltung und den damit verbundenen Werten ein abzuschließender Prozess oder spielt er je nach Lebensphase immer wieder intensiv eine wichtige Rolle? ◢

Feedback von Frau Echt

„Die Auseinandersetzung während des Coachings mit meinen persönlichen Sinnfragen und Werten ermöglichte es mir zunächst, in einem wertschätzenden Rahmen mir Klarheit über meine Werte zu verschaffen und sie zu formulieren. In der weiteren Bearbeitung der Werte ‚Verantwortung' und ‚Freiheit' wurde mir besonders deutlich, welche positiven und negativen Aspekte diese Werte beinhalten.

Die ‚Last' der negativen Bewertung konnte ich ablegen und den Gewinn darin für mich selbst annehmen. Ich bin klarer in meinen Entscheidungen in meinem Alltag geworden und muss nicht mehr für ‚alles' und ‚jeden' Verantwortung übernehmen. Es wurde mir auch sehr deutlich, dass ich Dinge auch stehen lassen kann, ohne mich immer erklären zu müssen. Dabei habe ich erlebt, dass ‚nichts passiert'.

Die Beschäftigung mit meinen Glaubenssätzen während des Coachings begleitet meinen Alltag, und ich überprüfe immer wieder, ob ich diese Glaubenssätze auch tatsächlich lebe. Ich habe gelernt und lerne weiter, Verantwortung für mein Handeln zu übernehmen und die Verantwortung des anderen bei ihm zu lassen.

Diese und andere ‚Erkenntnisse' habe ich aufgeschrieben und sichtbar in meinem Büro aufgehängt, so kann ich mich in belastenden Situationen ganz gut ‚zurückholen'.

Die Arbeit und Reflexion meiner Werte, Sinnfragen und Glaubenssätze haben mich in meiner Persönlichkeit sehr gestärkt und beeinflussen meinen Umgang mit anderen Menschen und meine beruflichen und privaten Herausforderungen sehr positiv.

Besonders freut es mich, dass ich mich im Rahmen des Coachings mit Herrn Kasper weiter mit diesen Fragen auseinandersetzen kann und sich für mich so neue Entwicklungsmöglichkeiten erschließen, die meine Lebenszufriedenheit erhöhen."

Wertecoaching in der Praxis

4.2

Auf zu neuen Ufern!

Gunda Hess

Zusammenfassung

Frau Navigare strebt nach beruflicher Weiterentwicklung. Sie findet, dass ihre Kompetenzen gut entwickelt und Anlass für einen Fortschritt sind. Also nimmt sie aktiv an der Analyse ihrer Motivstruktur teil und erkennt wichtige Wurzeln ihrer beruflichen Situation und ihrer Ambitionen. In der folgenden Phase beleuchtet die Klientin ihren Unmut über ihre berufliche Situation und erkennt sie als Aufforderung oder Möglichkeit zur Neuorientierung. Der Schwenk vom Karriere- ins Wertecoaching ermöglicht es ihr, in ihrer Persönlichkeit und ihrer beruflichen Biografie verfestigte Prioritäten und Handlungsmuster wahrzunehmen. Es wird ein Denkprozess angestoßen, in dem die Klientin ihre Entscheidungen, Handlungen und Einstellungen hinterfragt und sich neue Wirklichkeitskonstruktionen erarbeitet. Erst durch diesen Prozessschritt eröffnen sich für sie neue Entwicklungs- und Handlungsspielräume für die Erarbeitung von möglichen Antworten auf bestehende Sinnfragen. Frau Navigare erschließt sich ihr intuitives Wertesystem und steigt, ausgestattet mit ihrem eigenen Kompass, in einen Prozess des Prüfens und Weiterverfolgens beruflicher Chancen ein – für die Klientin wird dieses Wertecoaching zu einem sehr individuellen und intensiven Prozess, durch den sie auf bunte, vielfältige und einzigartige Weise lernt, ihr persönliches und berufliches Leben zu ‚verantworten'.

Briefing

Frau Navigare arbeitet seit über einem Jahrzehnt an ihrem jetzigen Arbeitsplatz. Sie ist Anfang vierzig und ledig. Die Schwerpunkte ihrer beruflichen Tätigkeit liegen im professionellen Büromanagement. In den letzten zehn Jahren hat die Leitung der Abteilung, in der etwa 60 Mitarbeiterinnen und Mitarbeiter mit unterschiedlichsten Aufgabenstellungen beschäftigt sind, mehrfach gewechselt. Die Klientin beschreibt, die häufigen Leitungswechsel bis vor Kurzem noch als Herausforderung betrachtet zu haben. Sie hat es sich zur Aufgabe gemacht, die neuen Leitungen effektiv zu unterstützen. Dabei ist sie davon ausgegangen, wenn sie sich als loyale und zuverlässige Assistentin erweist, wird das die eigene berufliche Entwicklung voranbringen. Die letzten Berufsjahre haben jedoch gezeigt, dass sich diese Annahme nicht bestätigt hat. Da vor Kurzem ein weiterer Leitungswechsel angekündigt worden ist, befürchtet sie nun, dass sich wiederholt, was sie schon kennt: Sie strengt sich an, kommt beruflich aber nicht weiter. Die Klientin berichtet, in der Vergangenheit schon des Öfteren Initiativen gestartet zu haben, sich beruflich zu verändern. Diese Initiativen sind jedoch alle im Sande verlaufen.

Erstes Anliegen

„Ich will nicht länger auf einen richtigen Zeitpunkt für eine Veränderung warten, sondern diesen selbst herbeiführen. Für dieses Vorhaben möchte ich mir durch das Coaching eine Unterstützung holen."

Im unverbindlichen Briefing-Gespräch formuliert die Klientin das Anliegen, mithilfe eines Coachings klären zu wollen, *„... was ich beruflich noch will. Mir fehlen berufliche Perspektiven, und die will ich mir erarbeiten. Dazu möchte ich meine derzeitige berufliche Situation analysieren und meine Stärken und Schwächen herausfinden. Wenn ich weiß, was ich beruflich noch will, werde ich meine persönlichen Bewerbungsunterlagen überarbeiten, mich über entsprechende Weiterbildungsangebote informieren und die Möglichkeiten überprüfen, die sich entweder innerhalb meines Unternehmens oder extern für mich bieten werden.*

Ich will nicht länger auf einen richtigen Zeitpunkt für eine Veränderung warten, sondern diesen selbst herbeiführen. Für dieses Vorhaben möchte ich mir durch das Coaching eine Unterstützung holen."

Befragt danach, woran Frau Navigare die unterstützende Funktion des Coachings erkennen würde, formuliert sie: *„In der Vergangenheit habe ich mich stets entschieden, der neuen Leitung eine Unterstützung zu sein und meine eigenen Karrierepläne zurückzustellen. Für die jetzige Situation habe ich mir überlegt, an meiner beruflichen Entwicklung zu basteln, obwohl eine neue Leitung kommt. Das Coaching soll mir dabei helfen, an dieser Entscheidung festzuhalten, damit ich nicht in alte Verhaltensweisen zurückfalle und mein Vorhaben trotz des Leitungswechsels konsequent verfolgen kann."*

Methodenauswahl bei Sinnfragen

Es wird deutlich, dass die Klientin sich zwar mit Fragen nach möglichen beruflichen Perspektiven beschäftigt, Anzeichen für eine aktuelle Krise aber nicht zu erkennen sind. Sie hinterfragt ihre gegenwärtige berufliche Situation und geht davon aus, sich aus eigener Kraft Perspektiven erarbeiten zu können.

Zum Einstieg in den Coaching-Prozess schlage ich Frau Navigare deshalb die Arbeit mit dem Karriereanker[1] in Kombination mit einem Potenzialanalyse-Test PAT[2] vor. Diese Methodenkombination kann sie dabei unterstützen, ihre persönlichen Ressourcen (Stärken und Neigungen) und Verhaltensweisen zu identifizieren, vorhandene Erkenntnisse zu überprüfen und zu erweitern. Sie kann sich Klarheit über ihre Prioritäten in Bezug auf die Lebens- und Berufsplanung verschaffen und damit ihre persönliche und berufliche Entwicklung durch bewusstere Entscheidungen steuern.

▼ Potenzialanalyse-Test (PAT)

Der Potenzialanalyse-Test besteht aus einem zweiteiligen Fragebogen und soll dazu anregen, berufsbezogen über die eigene Persönlichkeit nachzudenken. Der Karriereanker bietet als Methode drei Zugänge zu den eigenen Mustern der Karriere: über einen Fragebogen, über ein längeres, strukturiertes Interview zur eigenen Berufsentwicklung und über eine Selbsteinschätzung. Die Klientin kann sich mit diesen Informationsquellen ein stimmiges Bild ihrer persönlichen und beruflichen Präferenzen erarbeiten.

Die gewählten Interventionen haben mit den drei Methoden der Logotherapie (Paradoxe Intention, Dereflexion und Einstellungsmodulation) etwas gemeinsam: Sie suchen nicht nach kausalen Begründungen für ein jeweiliges Symptom (hier: Unmut über eine berufliche Situation), sondern unterstützen die Klientin dabei, Sinnmomente zu entdecken und Wertmöglichkeiten aufzuspüren. Nach Frankl enthält der Wille zum Sinn eine Energie zu aktiver Lebensgestaltung, wobei aus existenzanalytischer Perspektive der Mensch frei und verantwortlich in seinen Entscheidungen und Handlungen ist.

Das Instrument ermittelt mit seiner Einteilung drei Persönlichkeitsbereiche eines Menschen: sein extro- (E) oder introvertiertes (I) Temperament, seine Ausrichtung auf praktische (P) oder theoretische (T) Interessen und seine Präferenz bei Verstandes- (V) oder Gefühlsaspekten (G).

Nach dem PAT hat Frau Navigare einen ‚ITV-Typus', der allgemein als eher zurückhaltend, gern abstrakt-theoretisch denkend und handelnd mit klarem, rational-analytischem Verstand beschrieben wird. Er strahlt durch seine Qualifikation und Erfahrung eine innere Ruhe und Abgeklärtheit aus und wirkt dabei oft deutlich gelassen bis kühl. Der ITV-Typus will mit seiner logischen Sichtweise nicht nur seine Meinung vertreten, sondern damit auch etwas bewirken. Er hat klare, präzise Vorstellungen und verfügt über das nötige Wissen, um sich durchsetzen zu können. Gelegentlich sind seine Vorschläge allerdings zu theoretisch, um von anderen verstanden und akzeptiert zu werden. ◢

Der folgende Gesprächsauszug zeigt, wie sich die Klientin in der Auseinandersetzung mit ihrer Persönlichkeit erste Hinweise für ihre beruflichen Perspektiven erarbeitet.

Frau Navigare: „*Im Großen und Ganzen erkenne ich mich in dem Ergebnis wieder. Ich plane erst, bevor ich aktiv werde. Dabei kann ich auch sehr kreativ und fantasievoll sein. Ein Nachteil ist, dass ich manchmal in der Planung stecken bleibe und nicht in die Aktion komme.*"

Coach: „*Okay, Sie sind mehr das Gehirn und weniger die Füße. Sie planen mit viel Kreativität Wege (T). Ihre Aufmerksamkeit und Vorsicht lässt Sie bedächtig planen (I). Dabei gehen Sie analytisch vor, beachten Details und wägen Ihre Pläne sachlich ab (V). Ihre Pläne sind wie Landkarten und haben eher die Funktion eines Wegweisers. Das Pilgern überlassen Sie zunächst den anderen. Sie kennen die unterschiedlichsten Wege: Schnellstraßen, Einbahnstraßen, Umleitungen, Abkürzungen, Sackgassen, Panoramawege und Auswege. Zum Pilger werden Sie dann, wenn Sie mit Ihrer Fähigkeit zum logischen Denken und mit Ihrem Sinn für Ordnung und Systematik (V) erkennen, auf welchen Wegen Sie Ihre Pläne realisieren können.*"

Frau Navigare (lacht): „*Also, wenn Sie damit meinen, dass mir auffällt, wenn meine Gedanken Flügel bekommen, dann stimme ich Ihnen zu. Meine Sachlichkeit fängt meine Fantasie immer wieder ein. Das ist bei meiner Tätigkeit im Büromanagement aber auch nötig.*"

Coach: „Man könnte auch sagen, selbst ihre Fantasie (T) kann Sie nicht aus der Ruhe (I) bringen. Sie strahlen Ruhe und Ordnung (I) aus, viele werden Ihnen vertrauen und andere schätzen Ihr besonnenes Auftreten. Für Sie sind Berufe ideal, in denen es auf Zuverlässigkeit, Gründlichkeit und Pünktlichkeit ankommt (I)."

Frau Navigare: „Ja, von diesen Tugenden halte ich viel. Sie bewahren mich davor, den Boden unter den Füßen zu verlieren und pragmatisch zu denken und zu arbeiten, was in meinem Beruf ja auch gefordert ist."

Coach: „Stimmt. Im Büromanagement sorgen Sie mit Ihrer Zurückhaltung (I) und Ihrem analytischer Verstand (V) für reibungslose, gut organisierte Abläufe."

Frau Navigare: „Hmm, mein analytischer Verstand, das ist so ein Punkt, mit dem ich hadere. Ich halte mich eher für einen gefühlsmäßigen Menschen und bin deshalb doch überrascht, eine ITV- statt eine ITG-Präferenz zu haben."

Coach: „Verständlich! Ihr Testergebnis im Bereich ‚Verstand – Gefühl' bewegt sich in einem Mittelfeld und damit zwischen den beiden Polen. Es fällt Ihnen daher leicht, rational und sensibel, sachlich und einfühlsam, analytisch und herzlich zu sein. Sie besitzen die Fähigkeit, sich zwischen Gefühl und Verstand flexibel bewegen zu können, mit einer leichten Präferenz für den Verstand. Berufsbezogen heißt das, dass Sie sich sowohl mit sachlichen Aufgaben wohlfühlen als auch mit Aufgaben, bei denen Ihr Einfühlungsvermögen gefordert wird. Vermutlich fühlen Sie sich dann in einer Tätigkeit am wohlsten, wenn Sie klar umrissene, anspruchsvolle Aufgaben mit und durch Menschen lösen können."

Frau Navigare (aufatmend): „Damit kann ich mich sehr gut anfreunden. Ich interessiere mich sowohl für fachliches Wissen als auch für Situationen und Menschen. Das zeigen auch meine ganzen Fortbildungen, die ich besucht habe. Die Frage ist nur, wie kann ich das weiterentwickeln?"

Karriereanker

Zur Bearbeitung der Frage, wie die Klientin ihre persönlichen Präferenzen berufsbezogen weiterentwickeln kann, steigen wir in die Auswertung des Karriereankers von Frau Navigare ein. (Detailinformationen zum Karriereanker finden Sie auf der Website zum Buch.) Frau Navigare hat hohe Werte in den Kategorien ‚Technische/Funktionale Kompetenz (TF)', ‚Dienst oder Hingabe für eine Idee oder Sache (DH)', ‚Lebensstilintegration (LS)' und ‚Totale Herausforderung (TH)'. Ein solches Ergebnis bedeutet stark vereinfacht, dass die Klientin ihre fachliche Kompetenz ausüben und weiterentwickeln will, ‚wertvolle' Aufgaben bevorzugt (DH), Unmögliches versucht möglich zu machen und dabei bemüht ist, sämtliche wichtigen Aspekte ihres Lebens – ihre persönlichen Bedürfnisse und die beruflichen Anforderungen – in ein Ganzes zu integrieren (LS).

Frau Navigare (lacht): *„Da ist es ja kein Wunder, dass ich mich häufig sehr erschöpft fühle und den Eindruck habe, kräfte- und energiebezogen über meine Grenzen zu gehen. Ja, aber so bin ich. Ich habe hohe Ansprüche an mich selbst und verlange viel von mir. Leider knicke ich aber immer wieder ein und habe dann das belastende Gefühl, nicht vorwärtszukommen."*

▶ Ressourcenorientiertes Wertecoaching konzentriert sich darauf, Potenziale zu nutzen, anstatt Defizite zu betrachten oder zu beseitigen. Ein ressourcenorientierter Coachingansatz appelliert, wie Frankl es ausdrücken würde, an die ‚Trotzmacht des Geistes', die es dem Menschen ermöglicht, sich zum Beispiel von Gefühlen wie Unmut, Frustration oder Minderwertigkeit distanzieren zu können. Die Freiheit des Willens erlaubt es dem Menschen, zu inneren Zuständen Stellung zu beziehen, sich so oder so einzustellen. Wie in der vierten These ‚Trotzmacht des Geistes' (vgl. Kapitel 3.5, S. 111 f.) beschrieben, wird die Fähigkeit des Menschen zur bewussten Distanzierung als geistige Ressource zur Erarbeitung von neuen Betrachtungsweisen genutzt. Im Frankl'schen Sinne lädt ressourcenorientiertes Wertecoaching zu einem Perspektivenwechsel ein, wie er in der achten These (vgl. Kapitel 3.5, S. 118) beschrieben wird. Anstatt den Blick auf das ‚belastende Gefühl nicht vorwärtszukommen', zu richten, wird die Klientin eingeladen, ihre Aufmerksamkeit auf einen freien Handlungsspielraum zu richten. ◢

Coach: *„Der hohe Wert in der Kategorie ‚Technische/Funktionale Kompetenz (TF)' symbolisiert Ihre Liebe zur Perfektion und die Kombination mit der Kategorie ‚Lebensstilintegration (LS)' deutet darauf hin, dass Sie eine Zeit lang mit vollem Einsatz arbeiten, alle Kompetenzen einbringen, über die sie verfügen und die erforderlich sind, um eine wertvolle Aufgabe (DH) erfolgreich (TH) zu bewältigen. Dann benötigen Sie eine Pause, in der Sie sich erholen oder an Ihren eigenen Projekten ‚basteln'. Sie kommen vorwärts, indem Sie eine Weile mit vollem Einsatz arbeiten und danach eine Erholungs- oder ‚Bastel'pause einlegen, um dann anschließend wieder mit vollem Einsatz zu arbeiten."*

Frau Navigare: *„Das ist eine ganz neue Beschreibung meines persönlichen und beruflichen Alltags. Das hört sich nach einem Rhythmus an, nach dem ich lebe und arbeite. Den habe ich so bisher gar nicht wahrgenommen."*

Coach: *„Sie sind eine unabhängige, ziemlich eigenständig arbeitende Expertin auf dem Gebiet des Büromanagements, die mit einem enormen Schwung und großer Kraft an ihre Arbeit herangeht. Sie arbeiten nach dem Rhythmus ‚säen, ackern, ernten – und eine Winterpause haben.'"*

Frau Navigare (lachend): *„Diese ‚Winterpause' habe ich bis jetzt immer als persönliche Unfähigkeit, nicht kontinuierlich an einer Sache dranbleiben zu können, wahrgenommen. Also habe ich mich bemüht, diese Schwäche durch mehr Perfektion zu überwinden. Jetzt habe ich eine Alternative: Ich bin nicht unfähig, sondern lebe nach einem Rhythmus. Ich kann mit meinem persönlichen Rhythmus gehen anstatt mich als Person mit aller Macht verändern zu wollen. Das ist ein neuer Gedanke für mich. Da fühle ich mich gleich viel leichter!"*

Hypothese

Die Klientin berichtet, dass sie sich in der Vergangenheit oftmals gar nicht auf eine Stellenausschreibung beworben habe, weil sie davon überzeugt war, *„… einfach nicht gut genug für diese Aufgabe sein zu"*. Auch habe sie aus diesem Grunde schon Aufgaben abgelehnt, für die sie von anderen vorgeschlagen wurde. Im Anschluss an solche Situationen habe sie sich darauf konzentriert, ihr fachliches Wissen auf den neusten Stand zu bringen, *„… um meine beruflichen Leistungen zu verbessern"*.

Die Vorstellung, nicht gut genug zu sein, habe sie als sehr belastend erlebt und die Aktivitäten, die sich daraus entwickelt haben, hätten sie sehr angestrengt. Dabei habe sie die erschreckende Erfahrung gemacht, nicht erkennen zu können, *"... wann ich gut genug bin"*. Die Klientin äußert im Zusammenhang mit ihren aktuellen Bemühungen um eine berufliche Veränderung die Befürchtung, sich zwar mithilfe des Coachings Perspektiven erarbeiten zu können, diese dann aber nicht weiter zu verfolgen, weil sie sich erneut von der Annahme einladen lässt, für diese Perspektiven nicht gut genug zu sein.

Ausgehend von dem Konzept der Antreiber-Dynamik aus der Transaktionsanalyse[3] kann angenommen werden, dass die Klientin versucht, einem ‚Ich bin nicht gut genug'-Gefühl zu entrinnen, indem sie Strategien entwickelt, die mit der meist illusionären Idee verbunden sind, (wieder) ‚gut genug' zu sein, wenn sie nur perfekt genug ist. Sie versucht, Anerkennung über Leistung zu erhalten, da sie davon ausgeht, für das ‚was sie ist', keine Anerkennung bekommen zu können.

▼ Das Konzept der Antreiber-Dynamik, das überwiegend im therapeutischen Bereich angewendet wird, eignet sich auch für die beratende Arbeit im Coaching zur Begleitung von Selbsterkenntnisprozessen. Wichtig ist dabei, als Coach eine innere Haltung einzunehmen, die zu der Wirklichkeitskonstruktion der Klientin einen kreativen Kontrast bildet, um ihr zu ermöglichen, bestimmte Glaubenssätze aus einer fürsorglichen Position heraus aufzulösen. In Anlehnung an die These ‚Unvergänglichkeit des Vergangenseins' (vgl. Kapitel 3.5, S. 113) geht es hierbei darum, dass die Klientin im Wertecoaching lernt, ihre persönliche und berufliche Entwicklung zu würdigen, um zu einer inneren Zufriedenheit zu finden, die neue Kräfte freisetzen kann. ◢

Nachdem die Hypothese ‚Ich bin nicht gut genug' durch systemische Fragetechniken überprüft und von Frau Navigare bestätigt wurde, erarbeitete sie sich eine neue ‚Botschaft', die ihrer persönlichen Haltung zum Leben besser entspricht und ihr Erleichterung verschafft. Transaktionsanalytiker sprechen in diesem Zusammenhang von der Umkehrung der Antreiber-Dynamik in eine ‚Erlauber-Intervention'. Diese Umkehrung im Sinne eines Wandels von Einstellungen wird im Frankl'schen Sinne als ‚Einstellungsmodulation' bezeichnet.

Neue Wirklichkeitskonstruktion

Coach: *„Wenn Sie diesen neuen Gedanken, nach ihrem Rhythmus zu leben und zu arbeiten, in einem Satz formulieren sollten, wie lautet er dann?"*

Frau Navigare (lange nachdenkend): *„Ich gebe mein Bestes und mache danach eine Pause."*

Coach: *„Gut. Wie zeigt sich in diesem Satz die Erleichterung, von der Sie gesprochen haben?"*

Frau Navigare: *„Indem ich akzeptiere, dass ich so lebe und arbeite."*

Coach: *„Okay. Wie könnte dieser Gedanke in Ihren bisherigen Satz integriert werden?"*

Frau Navigare (lachend): *„Da sage ich es doch mal wie der Bürgermeister von Berlin: Ich gebe mein Bestes, mache danach eine Pause, und das ist gut so!"*

Coach (lachend): *„Sehr schön! Welche Impulse sind vorherrschend, wenn Sie sich selber sagen: Ich gebe mein Bestes, mache danach eine Pause, und das ist gut so!"*

Frau Navigare: *„Ich fühle mich dann nicht nur leichter, sondern auch größer und liebenswerter. Ich kann mich selber gut leiden, wenn ich mir diesen Satz sage."*

Selbsterkenntnis

In der Auseinandersetzung mit ihren Stärken und Neigungen erarbeitet sich die Klientin über einen reflexiven Erkenntnisprozess eine neue Betrachtungsweise über sich selbst. Der Humor der Klientin verweist, mit Blick auf das Gedankengut von Frankl, auf ihre Fähigkeit zur Selbstdistanzierung, mit der sie ihre Wirklichkeitskonstruktion (Pausen als Zeichen von Schwäche) durchbricht. Im Frankl'schen Sinne verliert die defizitorientierte Grundannahme über sich selbst (Unfähigkeit zur Kontinuität) durch den Humor seine Macht über die Klientin und muss nun nicht mehr von ihr bekämpft werden.

Die Klientin hat sich von ihrem bisherigen Glaubenssatz („Ich bin nicht gut genug") distanziert, anstatt sich, wie bisher, mit ihm zu identifizieren. In Anlehnung an die achte These ‚Perspektivenwechsel' (vgl. Kapitel 3.5, S. 118) hat die Klientin eine Veränderung ihres Blickwinkels vorgenommen, die eine Neubewertung der Situation darstellt. Ihre Fähigkeit zur Selbstdistanzierung hat es ihr ermöglicht, sich selbst und ihre Situation neu zu bewerten – im Frankl'schen Konzept ein wesentlicher Aspekt für den Prozess der Sinnfindung, den die Klientin bei der Bearbeitung ihrer Fragen auf der Suche nach beruflichen Perspektiven durchläuft.

Erste Perspektiven

„Die Vorstellung, in einem Team an gemeinsamen Zielen zu arbeiten und dabei mein Wissen und Können einzubringen, gefällt mir gut."

Coach: „Okay. Sie sind liebenswert durch das, was Sie sind. Sie geben Ihr Bestes und machen dann eine Pause, um anschließend wieder Ihr Bestes zu geben. Im Zusammenhang mit Ihrem Karriereanker spricht das für eine Tendenz zum projektbezogenen Arbeiten. Als Assistentin im Projektmanagement wären Sie perfekt!"

Frau Navigare (überrascht): „Projektarbeit – daran habe ich noch nie gedacht. Da muss ich erst mal prüfen, ob es die in meinem Unternehmen überhaupt gibt. Eine Assistenz in einem Projekt stelle ich mir aber interessant vor. Dafür bringe ich auch schon einiges mit. Ich kann gut organisieren und habe ein sicheres Gefühl für Prioritäten. Von Projektmanagement habe ich keine Ahnung, wäre aber bereit, das dafür nötige Wissen und die erforderlichen Fähigkeiten zu erlernen. Ich habe eine schnelle Auffassungsgabe und es macht mir großen Spaß, Probleme zu lösen. Die Vorstellung, in einem Team an gemeinsamen Zielen zu arbeiten und dabei mein Wissen und Können einzubringen, gefällt mir gut."

Coach: „Der hohe Wert in der Kategorie ‚Dienst oder Hingabe für eine Idee oder Sache (DH)' zeigt, dass Aufgaben für Sie dann attraktiv sind, wenn Sie damit Einfluss nehmen können auf Werte, die Ihnen wichtig sind. Denn Werte sind für Ihre persönliche und berufliche Zufriedenheit von zentraler Bedeutung. Sie bevorzugen ‚wertvolle' Aufgaben."

Frau Navigare: „Das stimmt. Ich kann mir gut vorstellen, Betriebsratsarbeit zu machen. Interessensvertretung für Beschäftigte, das wäre etwas für mich. Es gibt so viel, für das es sich zu kämpfen lohnt. Ich bin mir auch sicher, dass eine andere Welt möglich ist *(lacht). Na ja, etwas kleiner geht's auch, sagen wir, dass Veränderungen möglich sind."*

Coach: *„Sie suchen Herausforderungen, das zeigt Ihr Ergebnis in der Kategorie ‚Totale Herausforderung (TH)'. Als Betriebsratsmitglied im Dialog mit der Geschäftsleitung zu sein, ist eine Möglichkeit, Ihren Hunger nach Herausforderungen zu stillen. Welche Möglichkeiten fallen Ihnen denn noch ein?"*

Frau Navigare: *„Also, das ist jetzt vielleicht ein wenig anmaßend, aber ich habe da noch so einen Lieblingsbereich. Das hängt sicherlich auch mit meiner Bereitschaft, mich weiterzubilden, zusammen. Ich habe viele Seminare besucht, die mir Impulse für mein Leben und Arbeiten gegeben haben. Die würde ich gerne an meine Kolleginnen und Kollegen zurückgeben. Als Kollegin Kollegen zu beraten, das wäre eine echte Herauforderung."*

Coach: *„Kollegiale Beratung ist dann eine Option."*

Frau Navigare: *„Davon habe ich noch nie gehört. Ich weiß auch gar nicht, was das ist."*

Coach: *„Kollegiale Beratung ist ein systematisches Beratungsgespräch, in dem Kollegen sich nach einer vorgegebenen Gesprächsstruktur wechselseitig zu beruflichen Fragen und Schlüsselthemen beraten und gemeinsam Lösungen entwickeln."*

Frau Navigare: *„Das ist ja spannend. Da muss ich mich mal erkundigen, ob es in unserem Betrieb so etwas gibt."*

Coach: *„Der Impuls für die Einrichtung einer kollegialen Beratungsgruppe kann von Einzelnen, aber auch von der Personalentwicklungsabteilung ausgehen. Das sollten Sie für Ihre Erkundigungen wissen. Auch kann es – je nach Erfahrungen der Beteiligten – notwendig sein, bestimmte Kenntnisse zu erwerben über die Struktur und Methoden der Kollegialen Beratung, über Gesprächsführung und Beratungshaltungen und -techniken."*

Frau Navigare: *„Das ist wirklich interessant. Da kann ich noch dazu lernen, und es ist für mich wirklich eine Herausforderung, in einer Gruppe für Fragestellungen des beruflichen Alltags Lösungen zu erarbeiten. Toll, zu sehen, welche Möglichkeiten zu mir passen. Denn* eines ist mir schon sehr klar geworden: Ich will mich beruflich noch einmal verändern, aber nicht um jeden Preis."

Coach: „Beim Preis ist Ihr Karriereanker eindeutig. Die Bezahlung sollte fair sein und sich mit Blick auf Ihren hohen Wert in der Kategorie ‚Technische/Funktionale Kompetenz (TF)' an ihren fachlichen Fähigkeiten und Kompetenzen orientieren."

Frau Navigare: „Wissen Sie, vor unserem Gespräch habe ich noch die klare Vorstellung gehabt, dass eine berufliche Weiterentwicklung für mich auch mit einer finanziellen Verbesserung zusammenfallen muss. Den Wunsch habe ich zwar immer noch, aber er steht nicht mehr ganz oben auf meiner Prioritätenliste."

Coach: „Was hat sich genau geändert?"

Frau Navigare: „Ich habe jetzt tolle Ideen, die ich in der nächsten Zeit prüfen und weiterverfolgen kann. Durch diese Ideen ist die Bezahlung an die zweite Stelle gerückt. An erster Stelle stehen jetzt Perspektiven, die mich begeistern und die mir vor dem Gespräch gefehlt haben. Die Informationen, die ich über meinen Karriereanker erhalten habe, geben mir das Gefühl, jetzt besser zu wissen, worauf ich bei meiner beruflichen Entwicklung zu achten habe. Auch bin ich wieder neugierig auf mich selber geworden. Denn ich scheine mich doch noch nicht so gut zu kennen, wie ich gedacht habe. Das alles ist mir wichtiger, als mehr Geld zu verdienen."

Coach (lacht): „Sich sinnvoll weiterzuentwickeln und dabei auch finanziell zu verbessern – das ist das Optimum."

Frau Navigare: „Okay, ich habe verstanden und es ist auch so: Für meine Arbeitszufriedenheit ist es wichtig, dass auch die Bezahlung stimmt."

Coach: „Schön, dann kann es ja losgehen mit dem Prüfen und Weiterverfolgen."

Werte als Sinnuniversalien

Für den weiteren Verlauf des Coachingprozesses von Frau Navigare bietet sich zu diesem Zeitpunkt an, in den Prozess einer Wertereflexion einzusteigen.

Die Kategorien des Karriereankers von Frau Navigare weisen darauf hin, dass sich die Klientin dann in einem Team (TF) und in der Zusammenarbeit mit ihren Vorgesetzten (DH) wohlfühlt, wenn diese ihre Werte teilen. Je mehr Klarheit die Klientin über ihr eigenes Wertesystem hat, umso zielgerichteter kann sie sich auf potenzielle berufliche Möglichkeiten einstellen. Der Prozess des Prüfens und Weiterverfolgens solcher erster Impulse und konkreter Ideen erfordert jedoch eine solide Bewertungs- und Entscheidungsgrundlage. Genau dazu bietet sich die Reflexion des Wertesystems an.

Wertereflexion

Methodisch nutze ich als Coach die Informationen aus dem PAT und das strukturierte Interview des Karriereankers, in dem sich Frau Navigare mit ihrer beruflichen Biografie auseinandersetzt.

▼ Die Wertereflexion vollzieht sich in drei Schritten.

- **Schritt 1: Von der Information zum Wort**
  Die Informationen aus dem PAT und aus der beruflichen Biografie der Klientin, die entweder explizit oder indirekt auf ihre Werte schließen lassen, werden von mir auf Moderationskarten notiert.

- **Schritt 2: Wertediskussion**
  Die Moderationskarten, auf denen die ‚gehörten' Werte notiert sind, werden von mir nacheinander auf einer Pinwand befestigt und kurz anhand der erhaltenen Informationen erläutert.

- **Schritt 3: Verdichtung der Werte**
  Zum Abschluss wird die Klientin gebeten, sich zu entscheiden, welche Werte für sie unverzichtbar sind. Die Verdichtung der Werte führt noch einmal zu einem Prozess der Erinnerung, Reflexion und Überprüfung. ◢

Frau Navigare ist überrascht über die Fülle der ‚gehörten' Werte und es entsteht sehr schnell eine rege Diskussion. Die Klientin greift die Angebote mit großem Interesse auf, lehnt sie ab oder verändert sie. So sind mehrere der ‚gehörten' Werte aus ihrer Sicht Werte, die sie als Persönlichkeit leiten, jedoch im beruflichen Alltag keine Rolle spielen. Sie werden dort von ihr nicht vermisst und sind aus ihrer Sicht unbedeutend für ihre zukünftige berufliche Entwicklung. Die folgende Abbildung zeigt die Werte, die Frau Navigare von den ‚gehörten' Werten übernommen hat bzw. die von ihr ergänzt worden sind.

Zuverlässigkeit	Loyalität	Erfolg	Wissen	Sicherheit
Unterstützung	Effektivität	Herausforderung	Lernen	Eigenständigkeit
Qualität	Leistung	Gerechtigkeit	Einfluss	Qualifikation
Sorgfalt	Verschwiegenheit	Gemeinsamkeit	Kreativität	Perfektion
Zusammenarbeit	Erfahrung	Umsicht	Gewissenhaftigkeit	Genauigkeit
Gründlichkeit				

Abb. 9: Moderationskarten mit Wertebegriffen von Frau Navigare

Im nächsten Schritt setzt sich die Klientin intensiv mit der Frage auseinander, was sie genau unter den Begriffen versteht. Dabei stellt sie Bezüge zwischen verschiedenen Werten her und entdeckt inhaltliche Ähnlichkeiten. So entwickelt sich eine rege Diskussion um die Begriffe, die am nachdrücklichsten die Haltungen und Werte der Klientin repräsentieren.

Zuverlässigkeit auf meine Person und meine Leistung vertrauen	**Loyalität** hinter dem Unternehmen Vorgesetzten und Kollegen stehen	**Erfolg** Ziele erreichen und Erwartungen erfüllen	**Wissen** meine Kenntnisse einbringen
Sicherheit fester Arbeitsplatz, stabiles Arbeitsumfeld geregeltes Einkommen	**Unterstützung** siehe: ‚Loyalität' und ‚Zusammenarbeit'	**Effektivität** Erwartungen erfüllen siehe: ‚Leistung'	**Herausforderung** neue, anspruchsvolle Wege wagen
Lernen/Entwicklung mein Wissen und meine Fähigkeiten erweitern	**Eigenständigkeit** selbstständig denken und arbeiten	**Qualität** Leistung bringen	**Leistung** Erwartungen und Anforderungen erfüllen
Gerechtigkeit logische Konsequenz eines Handelns, Verhaltens	**Einfluss** gehört und wahrgenommen werden	**Qualifikation** Ausbildung	**Sorgfalt** bewusster und achtsamer Umgang mit Menschen, Dingen und Vorgängen
Verschwiegenheit Stillschweigen, Vertraulichkeit	**Gemeinsamkeit** siehe: ‚Zusammenarbeit'	**Kreativität** Ideenreichtum, Neues verwirklichen	**Perfektion** optimale Leistung, optimales Ergebnis
Zusammenarbeit gemeinsam an Zielen arbeiten	**Erfahrung** Gelerntes einbringen und anwenden können	**Umsicht** vorausschauend denken und handeln	**Gewissenhaftigkeit** siehe: ‚Zuverlässigkeit'
Genauigkeit siehe: ‚Zuverlässigkeit'	**Gründlichkeit** siehe: ‚Zuverlässigkeit'		

Abb. 10: Berufliche Wertedefinitionen von Frau Navigare

Im dritten Prozessschritt zeichnet Frau Navigare viele berufliche Situationen nach, in denen für sie unverzichtbare Werte besonders zum Tragen kamen. Es fällt ihr sodann leicht, ihr bisheriges Wertesystem weiter zu verdichten (vgl. Abbildung 11).

Zuverlässigkeit auf meine Person und meine Leistung vertrauen können	**Zusammenarbeit** gemeinsam an Zielen arbeiten, gegenseitige Unterstützung/Akzeptanz	**Lernen/Entwicklung** mein Wissen und meine Fähigkeiten erweitern
Eigenständigkeit selbstständig denken und arbeiten	**Einfluss** gehört und wahrgenommen werden	**Loyalität** hinter dem Unternehmen, Vorgesetzten und Kollegen stehen
Sorgfalt bewusster und achtsamer Umgang mit Menschen, Dingen und Vorgängen	**Umsicht** vorausschauend denken und handeln	**Verschwiegenheit** Stillschweigen, Vertraulichkeit

Abb. 11: Unverzichtbare berufliche Werte von Frau Navigare

Selbststeuerung über Werte

Im Prozess der Wertereflexion hat die Klientin die für sie wesentlichen beruflichen Werte bestimmt und verfügt damit über eine Art Leitfaden für Bewertungen und Entscheidungen über zukünftige berufliche Optionen. Wie in der dritten These ‚Werte-Ordnung' (vgl. Kapitel 3.5, S. 109 f.) beschrieben, lag der Schwerpunkt der Wertereflexion auf einer Versprachlichung eines intuitiv vorhandenen Wertekanons im Sinne einer intensiven Selbstreflexion.

Im Feedback gibt Frau Navigare an, durch die Identifikation ihrer persönlichen und beruflichen Werte nun ein höheres Maß an Klarheit darüber zu haben, was den Grad ihrer persönlichen und beruflichen Zufriedenheit ausmacht. Diese Klarheit sei für sie in zweierlei Hinsicht eine echte Orientierungshilfe: Sie könne gegenwärtig bewusster darauf achten, ihre Werte aktiver zu leben und sie habe für die weitere Beschäftigung mit ihrer beruflichen Entwicklung eine klare Ausrichtung.

Ergebnis und Ausblick

Die ausgewählten Ausschnitte aus dem Coachingprozess von Frau Navigare zeigen, dass sich die Klientin in einer Auseinandersetzung mit ihrer Persönlichkeit und ihrem Wertekanon berufsbezogene Vorstellungen über potenzielle Entwicklungsmöglichkeiten erarbeitet hat. Die geschaffene Orientierung, von der die Klientin spricht, kann ihr dabei helfen, sich zusätzlich zu den bereits genannten Entwicklungsmöglichkeiten andere, neue Perspektiven zu erarbeiten. Im weiteren Prozess wird es dann darauf ankommen, dass die Klientin ihre Vorstellungen konkretisiert und in praktische, konkrete Schritte umwandelt. Gewollte Werte-Entwicklung erfordert eine aktive Werteverwirklichung. Dabei wird die Klientin in ihrer Entscheidung, auch dann an ihrer beruflichen Zukunft zu feilen, wenn eine neue Leitung kommt, gefordert sein. Coach und Klientin haben aus diesem Grund vereinbart, weiter miteinander zu arbeiten.

Resümee der Klientin Frau Navigare

„Im Coaching habe ich mir eine Menge neuer Sichtweisen und Erkenntnisse erarbeitet. So kann ich heute meinen persönlichen Lebenslauf positiver sehen. Die Auseinandersetzung mit meinen persönlichen Stärken und Neigungen hat es mir ermöglicht, mich als Person mehr wertschätzen zu können. Ich kann anerkennen, wer ich bin und wie ich bin.

Meine bisherige berufliche Entwicklung kann ich heute auch wohlwollender sehen. Denn im Coaching habe ich mir ein neues Verständnis von Karriere entwickelt. Berufliche Perspektiven bewerte ich heute nicht mehr ausschließlich nach Aufstiegsmöglichkeiten und finanziellen Aspekten im Sinne einer Karriereleiter, sondern mehr danach, ob meine Kompetenzen gefragt sind und wie ich diese optimal einsetzen und weiterentwickeln kann.

Beruflicher Fortschritt bedeutet für mich nicht mehr nur, in eine nächste Ebene aufzusteigen, sondern zunehmend mehr verantwortungsvolle Aufgaben übernehmen zu können. Diese neue Sichtweise unterstützt mich dabei, auch anerkennen zu können, was ich beruflich bis heute schon alles geleistet habe.

In der Zusammenarbeit mit dem Coach hat mir das spielerische Andenken und Ausprobieren ganz neuer Denkweisen und Lösungs-

ansätze mithilfe von unterschiedlichen Methoden gut gefallen. Ich habe viele Impulse erhalten, die ich nicht immer alle sofort verarbeiten konnte. Verwirrungen habe ich dann angesprochen und die offene Haltung des Coachs hat es mir ermöglicht, zu meinen eigenen Erkenntnissen zu kommen.

Neue Erkenntnisse habe ich über meine persönlichen und beruflichen Werte gewonnen. Vor dem Coaching hätte ich gar nicht so eindeutig sagen können, an welchen Werten ich mich persönlich und beruflich orientiere. Heute kenne ich sie und weiß, welche Handlungs- und Gestaltungsspielräume gegeben sein müssen, damit ich mich im Alltag wohlfühle. Bei der Suche nach möglichen beruflichen Perspektiven sind meine Werte meine individuellen Hinweisschilder. Ich bin sehr froh darüber, sie zu haben, denn die Antwort, wie meine berufliche Weiterentwicklung in der nächsten Zeit ganz konkret aussehen wird, steht noch aus. Ich werde diese noch offene Situation gestalten, indem ich mich an meinen Werten orientiere."

Fußnoten:

1) Schein, E. H. (2006), S. 3 ff.
2) Hesse, J., Schrader, H. Chr. (2004), S. 145 ff.
3) Schmid, B. (2004), S. 14 ff.

Wertecoaching in der Praxis

4.3

Neuen Sinn finden im brisanten Umfeld

Monica Ockenfels

„Unsere tiefste Angst ist nicht, dass wir der Sache nicht gewachsen sind. Unsere tiefste Angst ist, dass wir unermesslich mächtig sind. Es ist unser Licht, das wir fürchten, nicht unsere Dunkelheit. Wir fragen uns: ‚Wer bin ich denn eigentlich, dass ich leuchtend, hinreißend, begnadet und phantastisch sein darf?'"

Nelson Mandela

Zusammenfassung

Der vorliegende Praxisfall schildert den Weg einer Klientin ‚hin zu sich selbst'. Ausgelöst durch die brisant erlebte Unternehmenssituation, geprägt von ‚politischem Agieren' und radikalen Veränderungen gerät die Klientin zunehmend in Konflikte mit ihrem eigenen Wertesystem. Im Coachingprozess gewinnt die Klientin ein zunehmendes Bewusstsein für die eigene Wertewelt und das tatsächliche Konfliktpotenzial im Arbeitsumfeld sowie für deren Ursachen.
Sie erkennt neue Zusammenhänge und erarbeitet sich sukzessive alternative Handlungsspielräume. Durch das wertebasierte Coaching wird ihr außerdem die Bedeutung des ‚Sich-selbst-Wertschätzens' als eine Voraussetzung für eine wertschätzende und akzeptierende Behandlung durch andere transparent.

Briefing

Frau Raben ist Leitende Angestellte in einem Großkonzern, dem sie seit über 10 Jahren in verschiedenen Führungsfunktionen angehört. Nach Abschluss einer umfassenden Reorganisation des Unternehmens leitet sie heute einen wichtigen, in seiner Zusammensetzung neu geschaffenen Bereich im internationalen Umfeld. In dieser Funktion berichtet sie direkt an die Ebene unterhalb des Vorstandes. Derzeit läuft die Integration der beiden Vorläuferorganisationen zum neuen Verantwortungsbereich auf ‚Hochtouren', und der Arbeitsanfall ist erheblich. In ihrer neuen Funktion führt Frau Raben auch erstmalig Führungskräfte sowie Mitarbeiter, die sie nicht selbst ausgewählt hat. Im Zuge des Zentralisierungsprojektes ist sie durch alle ‚politischen Konzernmühlen' gegangen. Sie fühlt sich dabei zunehmend unwohl in ihrem derzeitigen Arbeitsumfeld, obwohl sie weiterhin für das inhaltlich-fachliche Thema, das sie zu vertreten hat, ‚brennt'. Es stellt sich für sie die Frage, was verändert werden muss, um wieder die alte Arbeitszufriedenheit zurückzugewinnen. Frau Raben steht kurz vor ihrem 40. Geburtstag, ist verheiratet und hat ein Kind.

Erste Sitzung
- ▶ **Ziel:** Beschreibung der Umfeldbedingungen, des beruflichen und privaten Hintergrundes der Klientin; Konkretisierung des Anliegens

Frau Raben beschreibt zunächst ihren beruflichen Werdegang und ihr Anliegen. Sie macht klar, dass sie sich ihre Ausbildung, ihr Studium im In- und Ausland sowie die folgende Karriere in namhaften Unternehmen selbst erarbeitet bzw. ‚erkämpft' hat. Sie schildert sich als ehrgeizig, überdurchschnittlich zielstrebig, interkulturell sehr interessiert und risikobereit. Bis jetzt ist ihre berufliche Karriere für sie trotz gelegentlicher fachlicher Schwierigkeiten oder Differenzen immer eine ‚Kraftquelle' gewesen, der sie sich mit großer Leidenschaft, überdurchschnittlichem Engagement und hohem persönlichen Zeiteinsatz gewidmet hat. Ansporn war dabei für Frau Raben die hohe Anerkennung ihrer Kompetenz durch andere – sie besitzt mit ihrem fachlichen Hintergrund sozusagen ein ‚Alleinstellungsmerkmal' im Konzern – sowie die guten Beziehungen zu ihren Vorgesetzten, Kollegen und auch Mitarbeitern. Sie erlebte sich in ihrem beruflichen Umfeld mit ihrem persönlichen Werteverständnis gut aufgehoben.

Durch die Restrukturierungen des Unternehmens haben sich diese Umstände nun drastisch verändert.

„Das Unternehmen verändert sich und ich frage mich: Passe ich noch hierher?"

Besonders zu schaffen macht Frau Raben heute das zunehmend ‚politisierte Umfeld', in dem Intrigen gesponnen werden und in dem Verrat sowie die bloße Konzentration auf das eigene Fortkommen ohne Rücksichtnahme auf andere an der Tagesordnung sind. Sie erlebt dieses Umfeld als Bedrohung, die ‚destruktiv und ohne Wert'

ist. Durch das ‚Politisieren' wird sie an der klaren Sicht auf ihr Ziel gehindert. Auf Nachfrage schildert Frau Raben, diese Hindernisse seien wie ‚Nebelbänke': Das Ziel, auf das sie hinarbeitet, verschwindet dahinter aus ihrem Blickfeld und sie muss sich mit einem enormen Aufwand durch die Nebelwand hindurchkämpfen. Die Klientin erlebt sich durch dieses Umfeld in einem starken, zunehmend belastenden Konflikt zu ihren eigenen Werten, von denen sie exemplarisch den Wert ‚Ehrlichkeit' beschreibt.

Als ein Beispiel schildert Frau Raben die Schwierigkeiten mit einer ‚geerbten' Teamleiterin, die ursprünglich nach ihrem Job trachtete, im Auswahlprozess für die neu geschaffene Führungsposition aber ‚den Kürzeren gezogen' hat. Die Klientin beschreibt die Mitarbeiterin als äußerst ablehnend, unzuverlässig und verzerrt in der Wahrnehmung des eigenen fachlichen Vermögens. Frau Raben sieht sich in ihrem Wertesystem durch die Unehrlichkeit, das Dominanzstreben und die Besserwisserei der Teamleiterin angegriffen: *„Dieses Verhalten verträgt sich nicht mit meiner Auffassung einer konstruktiven Zusammenarbeit."*

„Korrespondiert mein Wertesystem mit dem meiner Mitarbeiter?"

Um ein noch präziseres Bild zur aktuellen Situation zu erhalten, regt der Coach an dieser Stelle einen Perspektivenwechsel an: *„Welche Ziele kann die Teamleiterin mit ihrem Verhalten verfolgen?"* Frau Raben formuliert folgende Antwort: Die Teamleiterin hat vor dem Wechsel in ihren Verantwortungsbereich jahrelang in einem stark konkurrenzbetonten, hierarchischen und von Misstrauen geprägten Umfeld gearbeitet. Sie hat eine andere ‚Sozialisation' als die Klientin selbst erfahren und deshalb möglicherweise auch andere Verhaltensmuster verinnerlicht. Frau Raben erkennt: Das als Trotz und Ablehnung gegenüber ihrer Führung aufgefasste Verhalten der Teamleiterin kann ebenso gut auf einer starken Verunsicherung beruhen. Sie räumt ein, noch nie mit derart ‚schwierigen' Mitarbeitern zu tun gehabt zu haben, und stellt fest, dass hier Möglichkeiten der Verhaltensoptimierung für sie bestehen.

Um Frau Raben bei der Klärung ihres Anliegens weiterzuhelfen, stellt der Coach nun die Frage: *„Hat Politik im Arbeitsumfeld immer den beschriebenen destruktiven Aspekt?"* Die Klientin denkt nach und beschreibt, dass sie in ihrer internationalen Aufgabe täglich diplomatisch agieren müsse, um insbesondere interkulturelle Unterschiede zu berücksichtigen und niemanden mit der ‚deutschen Direktheit' zu überfahren. Sie erfasst außerdem, dass sie bereits heute über strategische Allianzen innerhalb ihres eigenen Netzwerkes verfügt, die sie nutzt, um zum Beispiel schneller zu Arbeitsergebnissen zu kommen. Politik bzw. politisches Agieren im Job habe also wie jede Medaille zwei Seiten.

Aufgrund der Schilderungen der Klientin entwickelt der Coach erste Hypothesen:

- Frau Raben fühlt sich der ‚Konzernpolitik' und den ‚üblen Machenschaften und Anfeindungen' nicht gewachsen. Sie empfindet eine gewisse Hilf- und Orientierungslosigkeit, der ‚Sinn' ihres Tuns ist ihr aktuell nicht klar. In der Konsequenz fühlt sie sich stark verunsichert und belastet.

- Frau Raben vermittelt einen ausgesprochen sachorientierten und lösungsbezogenen Eindruck. Es muss für sie schnell und effektiv gehen. Sie zeigt damit einige typische Zeichen eines eher ‚operativen Führungsverständnisses' und realisiert erst langsam, dass ihre neue Aufgabe strategisches Vorgehen von ihr erwartet und die ‚Luft dünner wird', sie viele Neider hat.

- Der Beruf hat Frau Raben in den letzten Jahren stark gefordert. Die Freiräume zum Reflektieren der eigenen (Werte-) Entwicklung waren nur sehr begrenzt und/oder wurden von ihr nicht bewusst genutzt. Die aktuell brisante Situation und die Erfahrung von Grenzen der bisherigen Verhaltensmuster sind für Frau Raben Auslöser, sich mit sich selbst zu befassen und ‚einen neuen Sinn' zu entdecken.

Auf Anregung des Coachs fasst die Klientin nach einigem Nachdenken ihr Anliegen für den Coachingprozess wie folgt in einem Satz zusammen: *„Das Coaching soll mir dabei helfen, die Nutzung von Politik als wertvollen Bestandteil meiner Arbeit zu sehen."*

„Ich will dieses fremdgesteuerte Gefühl loswerden und meine Zeit wieder etwas Sinnvollem zuwenden."

Der Coach stellt hier die hypothetische Frage: *„Angenommen, nach dem Coaching könnten Sie mit Politik in der von Ihnen gewünschten Weise umgehen, wie würde sich Ihr Arbeitsumfeld verändern?"* Frau Raben: *„Dann habe ich keine Angst mehr vor politischen Netzwerken, das ‚Black-Box-Gefühl' ist dann verschwunden und ich komme wieder in eine aktiv steuernde und agierende Rolle."*

An dieser Stelle gibt der Coach einen theoretischen Input und schildert mittels der ‚Bojen-Symbolik'* die Bedeutsamkeit des eigenen Wertesystems für Einstellungen, Verhalten und Kommunikation. Die Abbildung 12 zeigt an, dass die auf der Wasseroberfläche bewegliche Boje mit ihrem Signalwimpel einen Halt braucht, um nicht davonzudriften. Sie findet ihn in der Verbindung zu ihrem ‚Urgewicht', zu ihrem Anker. Werte prägen also Einstellungen und Haltungen, die ihrerseits Verhalten beobachtbar beeinflussen und über die Kommunikation mit anderen Menschen zum Austausch kommen.

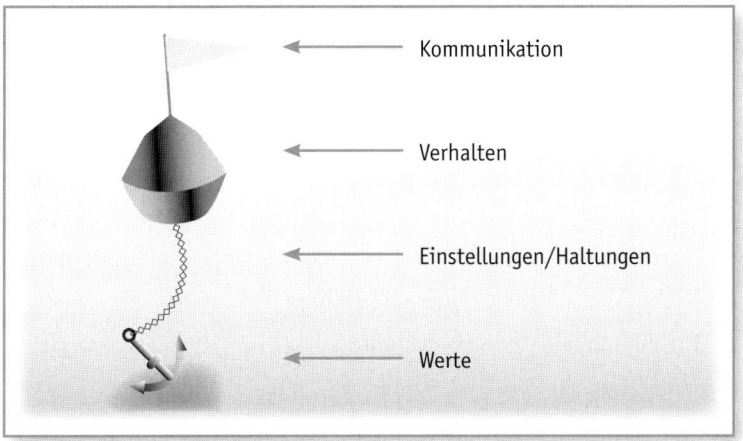

Abb. 12: Bojen-Modell

Für die nächste Sitzung werden daraufhin eine umfassende Analyse des Wertesystems der Klientin mithilfe der LebensWerte-Karten sowie die konkrete ‚Übung' eines Mitarbeitergespräches mit der ‚schwierigen Teamleiterin' geplant. Zur Vorbereitung erhält Frau Raben die Aufgabe, eine erste Auswahl von Werten mittels eines webbasierten Analysetools (www.werteanalyse.de) durchzuführen.

---

* Anm.: Perspektivenwechsel GmbH, CoachPro®-Silentium – unveröffentlichte Materialien zur Ausbildung zum Werte- und Sinncoach, Lützelburg/Augsburg, 2007

Zweite Sitzung
▶ **Ziel:** Erkennen des aktuellen Werteverwirklichungspotenzials

Klarheit über und Bewusstsein für das eigene Wertesystem

Die Klientin hat die Vorbereitungsarbeit durchgeführt, bei der Auswahl der Wertebegriffe jedoch sowohl auf das berufliche als auch das private System geschaut. Zu Beginn der Sitzung bearbeitet die Klientin daher die ausgewählten Werte deshalb noch einmal und konzentriert sich dabei auf die ihr im beruflichen Kontext wesentlichen Werte. Dabei ergibt sich folgendes Bild:

Frau Raben hat ein sehr umfangreiches Wertesystem und kann den größten Teil dieser Werte in der aktuellen beruflichen Situation verwirklichen. Nach einer Erläuterung der drei Wertekategorien nach Viktor E. Frankl – Schöpferische Werte, Erlebniswerte, Einstellungswerte (vgl. Kapitel 1.4.2, S. 35 f.) – arbeitet die Klientin noch einmal ihre Liste durch und findet beispielhaft Verhaltensweisen, in denen sie ihre Werte lebt. Dabei fällt auf: Es sind vor allem die Erlebniswerte, wie zum Beispiel:

- ▶ Fürsorge
- ▶ Vorbildlichkeit
- ▶ Bindung
- ▶ Hilfsbereitschaft
- ▶ Sensibilität
- ▶ Loyalität

die für sie heute im beruflichen Kontext von Bedeutung sind. Frau Raben wird bei dieser Arbeit klar, dass sie zur Verwirklichung vieler ihrer Werte auf ein ‚Gegenüber' angewiesen ist.

▼ Walter Böckmann, ein Schüler Frankls, nennt diese Kategorie ‚sozial gebundene Erlebniswerte'. Ihre Verwirklichung hängt ab von der Güte der Verhältnisse zu Kollegen, Mitarbeitern und Vorgesetzten. Außerdem kommt der Wertschätzung und Anerkennung der persönlichen beruflichen Leistung durch die Menschen im Arbeitsumfeld eine besondere Bedeutung zu. ◢

„Es ist mir offenbar sehr wesentlich, mich mit anderen Menschen auszutauschen."

Hier gibt der Coach den Hinweis auf ein mögliches Werte-Entwicklungspotenzial: Um dem aktuell vorherrschenden Gefühl der Fremdsteuerung durch ihr berufliches Umfeld zu begegnen, kann die Klientin versuchen, die schöpferischen Werte und vor allem die Einstellungswerte stärker zu fokussieren. Eine solche Werte-Kompensation kann die Möglichkeit neuer Sinn-Inhalte eröffnen und damit einen Beitrag zu neuer Arbeitszufriedenheit leisten.

Frau Raben gelingt es, Verhaltensweisen zu reflektieren, die mit Werten auch aus diesen Bereichen korrespondieren.

Frau Raben konzentriert sich sodann auf die Werte, die sie heute in der beruflichen Situation nicht umsetzen kann. Auch hierfür ein paar Beispiele:

- Zielstrebigkeit
- Effektivität
- Anspruch
- Neutralität
- Renommé
- Gerechtigkeit
- Substanz
- Kampfgeist
- Gesundheit

Die Klientin schildert auf Befragen zu jedem Wert, warum er sich in ihrer Wahrnehmung aktuell nicht umsetzen und leben lässt und wer bzw. was dafür von ihr verantwortlich gemacht wird. Frau Raben spiegelt diese Werte dabei an einem aktuellen Konflikt: Im Rahmen eines erneuten Umstrukturierungsvorhabens des Konzerns ist sie aufgefordert, binnen einer Woche eine Entscheidungsvorlage zur künftigen organisatorischen Aufhängung des von ihr verantworteten Bereiches zu liefern. Sie beschreibt ein Gefühl der Müdigkeit und der Resignation sowie ihren Widerwillen, diese Arbeit erneut auszuführen. Ihre Ablehnung beruht vor allem darauf, dass sie die Verwirklichung ihrer Werte ‚Zielstrebigkeit' und ‚Effektivität' behindert sieht: *„Ich empfinde die Aufgabe als einen Schritt rückwärts und kann das Ziel der Verhandlungspartner nicht erkennen."*

Darüber hinaus gerate sie zunehmend in Konflikt mit ihrem Wert ‚Loyalität': Die Klientin erläutert das sehr gute Verhältnis zu ihrem derzeitigen Vorgesetzten, mit dem sie bereits seit fünf Jahren erfolgreich zusammenarbeitet. Sie vermutet, dass seine Vorstellungen zur Neuaufstellung des Bereiches ihren eigenen widersprechen und sie so in einen Wertekonflikt gerät. Sie schwankt zwischen ihrer ‚Loyalität' einerseits und ihrem Wunsch nach ‚Aufrichtigkeit' andererseits. Sie befürchtet die Ablehnung oder gar Trennung von ihrem Vorgesetzten, sofern sie ihre abweichende Position beibehält.

„Ich empfinde einen starken Loyalitätskonflikt: Soll ich meinem Vorgesetzten zuliebe eine Entscheidung treffen, die mir selbst widerstrebt? Wie komme ich aus diesem Dilemma heraus?"

Der Coach gewinnt hier den Eindruck, dass sich die Klientin in einem Zustand der Hyperreflexion befindet und versucht einen gezielten Perspektivenwechsel einzuleiten: Die Klientin wird angeregt, sich einmal bewusst in die Position des Vorgesetzten zu begeben. Sie erlebt, dass viele ihrer Befürchtungen unbegründet sind, da ihr Arbeits- und kollegiales Verhältnis nicht nachhaltig von ihrer Entscheidung in der gegenwärtigen Frage getrübt sein wird.

Besonders hilfreich für die Auflösung der belastenden Situation ist für Frau Raben in dieser Phase die Erkenntnis: *„Mein Vorgesetzter schätzt mich genauso sehr, wie ich ihn. Und er mag besonders mein ‚Querdenken' an mir. Da haben wir die gleichen Werte."*

Der Coach stellt hier noch eine ‚Ökonomie-Frage': *„Was ist Ihr persönlicher Nutzen, wenn Sie sich loyal verhalten und Ihre Meinung unterordnen?"* Frau Raben gibt zur Antwort: *„Ich erhalte weiterhin die Wertschätzung von meinem Chef. Es ist doch schön, wenn man sich so blind aufeinander verlassen kann und nach jahrelanger guter Zusammenarbeit so ein eingespieltes Team ist. Meine ‚Treue' scheint also etwas für sich zu haben."* Nach einem kurzen Nachdenken fährt Frau Raben dann allerdings mit folgendem Beispiel aus ihrem privaten Umfeld fort: *„Nach 10 Jahren beendete ich die Beziehung zu meinem damaligen Partner, da er mir trotz unseres guten Einvernehmens nicht als der geeignete Lebenspartner erschien. Nach wie vor verstehen wir uns sehr gut und ich würde die Beziehung zu ihm heute als sehr freundschaftlich bezeichnen."*

Es fällt auf: Wie selbstverständlich hat die Klientin zu diesem Zeitpunkt die ‚Sprache von den Werten' für sich übernommen.

Auf die Frage, was ihr das Loslassen an Erfahrung gebracht habe, artikuliert sie spontan *„die Entwicklung meiner Persönlichkeit"* und *„meinen Mann und mein Kind"*. Frau Raben stutzt, ist erstaunt über sich selbst und schlussfolgert: *„Die Auflösung von stabilen, langjährigen Beziehungen kann offenbar auch sehr positive Effekte haben!"* Diese Erkenntnis macht ihr Mut, ihre Position auch gegen den Widerstand des Chefs beizubehalten. Sie beschließt, aktiv das Gespräch mit ihrem Vorgesetzten zu suchen und ihre Angst vor dem Verlust seiner ‚Freundschaft' vor der inhaltlichen Auseinandersetzung geradeheraus anzusprechen.

Im logotherapeutischen Sinne hat der Perspektivenwechsel hier zu einer Dereflexion geführt, also der Auflösung der hyperreflektiven Betrachtung der Situation und die Hinlenkung des Bewusstseins der Klientin auf etwas Sinnhaftes mit persönlich hohem Wert.

Im weiteren Verlauf der Sitzung kommt der heute nicht verwirklichte Wert ‚Gesundheit' zur Sprache. Frau Raben hatte vor kurzem einen Halswirbel-Bandscheiben-Vorfall und wurde vom Arzt zu einer Rehabilitation angehalten, die sie jedoch nicht angetreten hat. Ebenso wurde ihr Sport in einem Studio empfohlen, um den Rücken zu kräftigen. Die Klientin formuliert jedoch: *„Ich arbeite nicht an Geräten, dazu ist mir meine Zeit zu kostbar. In meiner* *knappen Freizeit will ich zu meinem Kind."* Und weiter: *"Sport macht mir schon Spaß, aber es gibt einfach zu viele Hindernisse: mein Kind, die Familie, meine Mutter, mein Beruf. Ich liebe das alles gleichermaßen!"*

Für den Coach kristallisiert sich nun mehr und mehr ‚ein Anliegen hinter dem Anliegen' und er formuliert folgende Hypothesen:

- Es gibt einen starken Impuls, der Frau Raben davon abhält, für sich selbst ‚gesunde Prioritäten' zu setzen.
- Frau Raben versteht den Wert ‚Fürsorge' als nach außen gerichteten Erlebniswert. Es gibt einen gravierenden Grund dafür, dass sie sich nicht auch selbst zum Gegenstand der Fürsorge macht.
- Das harte Arbeitspensum befriedigt ein bestimmtes Bedürfnis. Die Klientin kennt aktuell keine Alternativen zur Befriedigung dieses Bedürfnisses.

Bezug nehmend auf die These 2 ‚Anspruchsdenken' (vgl. Kapitel 3.5, S. 107 f.) stellen sich für den Coach außerdem die Fragen: Will die Klientin zu viel im Sinne von ‚Mir steht Erfolg im Beruf ebenso zu wie ein glückliches Familienleben'? Empfindet sie Dankbarkeit für das Erreichte? Registriert sie ihre Erfolge oder geht sie zu schnell über sie hinweg zum nächsten Thema?

Für die folgende Sitzung werden die Beschäftigung mit diesen Fragen sowie die Fortsetzung der Werteanalyse-Arbeit geplant.

Dritte Sitzung
- **Ziel:** Erkennen von Gestaltungs- und Entwicklungsmöglichkeiten innerhalb des eigenen Wertesystems

Frau Raben berichtet von einem erfolgreichen Gespräch mit ihrem Vorgesetzten, der ihre Initiative sehr zu schätzen wusste. In der Folge war es ihr möglich, die notwendige Entscheidungsvorlage in Übereinstimmung mit ihrem Wert ‚Neutralität' zu formulieren.

Frau Raben vermittelt insgesamt einen deutlich ruhigeren Eindruck und schildert außerdem, dass sie gemeinsam mit Freunden den Sport wieder aufnimmt. Sport in der Gruppe war für sie immer mit Freude verbunden (Volleyball, Handball). Sie registriert diese Veränderungen und erlebt erste Erleichterungen.

„Das Coaching hilft mir. Ich bin langsam bereit, auf mich zu schauen!"

Trotz dieser ersten Fortschritte ‚in eigener Sache', fand die Klientin jedoch vor dieser Sitzung keine Zeit für sich, um die begonnene Werteanalyse weiter zu bearbeiten. Der Coach wählt an dieser Stelle eine provokative Konfrontation und formuliert die Frage: *„Wie sieht es denn mit der Fürsorglichkeit und Wertschätzung für Sie selbst aus? Ist dieser Wert wirklich so stark, wie er bislang beschrieben wurde, wenn Sie ihn gleichzeitig in eigener Sache mit Füßen treten?"*

Frau Raben antwortet, es sei für sie ein großer Gewinn, anderen zu helfen und einen ‚Beitrag' dazu zu leisten, dass die Lebensumstände anderer gut sind. Sie realisiert, dass sie dazu eigene Kraft braucht, sich selbst dabei aber zu sehr vernachlässigt. Die Konsequenz sind zunehmende Schmerzen im gesamten Rücken-/Nackenbereich und vor allem in der linken Schulter.

Der Coach versucht zunächst mittels einer Paradoxen Intention eine Einstellungsmodulation in Gang zu setzen. Er bittet die Klientin, sich in ihrer Vorstellung einmal wie ‚der Titan Atlas, der den Himmel stemmt' zu fühlen ... sich noch mehr auf die Schultern zu laden, den Rücken noch mehr zu krümmen, noch schwerer an der Last zu tragen, sich noch intensiver mit den Bürden anderer abzumühen, um die anderen Menschen froh und glücklich zu machen ... Sie solle dieses gute Gefühl, nur noch den Boden unter den Füßen zu sehen, genießen und sich darüber freuen, nicht aufsehen und einem Menschen wirklich in die Augen blicken zu müssen. Sie solle sich schweißnass vor Anstrengung und dabei sehr zufrieden fühlen, sich langsam gigantische Muskelberge antrainieren, um noch mehr Lasten der Welt zu übernehmen ... Um dann wie Sisyphos wunderbar zu versagen und wieder von vorne beginnen zu dürfen ...
Die Klientin muss bei dieser Vorstellung lachen und erfährt so die von Frankl als so wichtig beschriebene Wirkung des Humors (vgl. Kapitel 1.6, S. 50 ff.) bei der Suche nach dem eigenen Sinn. Sie registriert deutlich die Diskrepanz zwischen ihrem Werte-Erleben und dem eigenen Handeln.

„Alle machen sich Sorgen um mich. Besonders um meine Gesundheit. Ich arbeite zu viel."

Im Sinne einer systemischen Betrachtung bittet der Coach Frau Raben in einem nächsten Schritt, einmal durch die Augen der Mutter/des Mannes/der Freunde auf sich selbst zu schauen. Die Klientin beantwortet die folgenden zirkulären Fragen und es stellt sich heraus: Auch hier spielt der Wert Gesundheit – nun von außen eingebracht – eine entscheidende Rolle.

Sie sagt: *„Alle machen sich Sorgen um meine Gesundheit. Ist ja auch kein Wunder. Ich habe ja schon diesen Wert als heute für mich ‚nicht verwirklichbar' eingestuft."*

An dieser Stelle formuliert der Coach die Frage: *„Was hält Sie Ihrer Meinung nach davon ab, mehr auf sich selbst zu schauen?"* Die Klientin antwortet spontan: *„Ich finde mich nicht attraktiv genug, um genau hinzusehen."* Sie beschreibt als Beispiel Fotos, die gerade aus beruflichem Anlass von ihr gemacht wurden. *„Ich kann mich darauf selbst nicht leiden."* Sie formuliert weiter: *„Attraktive Menschen haben es einfach viel leichter, Kontakt zu finden und akzeptiert zu werden. Ich musste dafür immer kämpfen."* Die Klientin wirkt bei der Schilderung zunehmend nachdenklich, verletzlich, sensibel, so dass der Coach den Eindruck gewinnt, dass Frau Raben an einen für sie sehr wesentlichen Punkt gekommen ist.

Im weiteren Verlauf der Sitzung klären Klientin und Coach zunächst, was Frau Raben für wirklich attraktiv hält. Es zeigt sich, dass ihre Gedanken um ein Attraktivitätsverständnis mit relativ stereotypen männlichen und vor allem weiblichen Schönheitsidealen kreisen und sich vor allem an äußeren Attributen festmachen.

Erst auf Nachfragen des Coachs beschreibt die Klientin dann weitere Facetten wie Humor, Kreativität, Kultiviertheit, Intelligenz und Warmherzigkeit. Diese Attribute schreibt sich Frau Raben allesamt auch selbst zu und sieht hierin auch die Begründung dafür, dass sie im Vergleich zu ihren ‚attraktiven' Freundinnen über sehr substanzielle persönliche Beziehungen verfügt. Ihre Freundinnen beklagen sich dagegen häufig bei ihr über eher oberflächliche zwischenmenschliche Kontakte. Der Coach gibt hier den Hinweis: *„Äußerlich attraktive Menschen können der Aufmerksamkeit häufig gar nicht entgehen. Sie stehen immer im Mittelpunkt, ob sie es nun wollen oder nicht."* Die Klientin stellt daraufhin fest: *„Das würde ich nicht wollen. Es hat also wohl doch auch Vorteile, nicht immer dem gängigen Schönheitsideal zu folgen. So habe ich das noch nie betrachtet."*

„Attraktive Menschen haben es doch viel leichter im Leben."

Der Coach entwickelt u. a. die folgenden Hypothesen:

▶ Mit ihrem Schönheitsideal legt sich Frau Raben selber eine Messlatte, die sie nach eigenem Bekunden nie erreicht. Dieses ‚Versagen' in den eigenen Augen überträgt sie auch auf die vermutete Fremdwahrnehmung, den Blick auf sie durch andere. Sie fühlt sich dadurch häufig verunsichert.

▸ Der Mangel an ‚Selbstliebe' und ‚Selbst-Wertschätzung' korrespondiert mit dem Mangel an Fürsorge in eigener Sache.

▸ Frau Raben erlebt darüber hinaus verschiedene Diskrepanzen in der Selbst- und Fremdwahrnehmung, die sie sich zum Teil nicht erklären kann. Es entsteht für sie der Eindruck, dass auch vertraute Außenstehende ihre Entwicklungen der letzten Jahre nicht nachvollzogen haben. Auch diese Situation führt zu Zweifeln und Verunsicherung bei Frau Raben.

Zur Überprüfung dieser Hypothesen stellt der Coach die Frage: *„Wofür werden Sie von anderen bewundert?"* Die Klientin nennt daraufhin ausschließlich berufliche Gründe und Erfolge. Erst nachdem der Coach ihr diese ‚Einseitigkeit' spiegelt, fallen ihr auch private Themen ein, für die sie gelobt und bewundert wird. Im weiteren Verlauf der Sitzung stellt Frau Raben außerdem fest, dass sie sich noch nie richtig belohnt hat.

„Mein Kind bekommt Gummibärchen, wenn es etwas besonders gut gemacht hat. An mich selbst denke ich so nie."

Sie habe nie einen wirklichen Grund gesehen, auf etwas, das sie geleistet hat, stolz zu sein. Nach einigem Nachdenken erkennt Frau Raben allerdings: *„Dabei habe ich mir doch so viel erkämpfen müssen."* Der Coach gewinnt hier den Eindruck, dass sich die Klientin weiter vertrauensvoll öffnet und sich mehr und mehr dem ‚Anliegen hinter dem Anliegen' stellt: *„Ich muss endlich auch etwas für mich tun."* Als nächsten konkreten Schritt plant Frau Raben, sich für das Führen eines anstehenden kritischen Mitarbeitergesprächs mit einem gemeinsamen entspannten Abend mit ihrem Mann zu belohnen.

„Ich werde versuchen, mich künftig mehr um mich selbst zu kümmern und auch auf mich zu schauen!"

Um ein besseres Gespür für die Fremdwahrnehmung ihrer Person und ihrer Entwicklung in den letzten Jahren zu erhalten, regt der Coach nun ein systematisches Feedback an: Frau Raben soll bis zur nächsten Sitzung Menschen benennen, die sie aus möglichst unterschiedlichen Lebensbereichen und zu verschiedenen Zeitpunkten ihres bisherigen Lebens kennengelernt hat. Die heterogene Zusammensetzung der Feedbackgeber ermöglicht die Sammlung vieler Facetten der Fremdwahrnehmung und kann zur Klärung beitragen, wo sich ‚rote Fäden' zum Beispiel im beruflichen wie privaten Kontext erkennen lassen, die auf ein stabiles Persönlichkeitsmerkmal bzw. Verhaltensmuster hinweisen.

Weiterhin lassen sich auf diese Weise Spuren dafür finden, wo es eher ‚Brüche' gibt und wo es Entwicklungen und Veränderungen – zum Beispiel im vermittelten Werteverständnis – in den letzten Jahren gegeben hat. Ihren Feedbackgebern wird Frau Raben schriftlich offene Fragen stellen. Die inhaltliche Analyse und Auswertung der schriftlichen Feedbacks soll dann im Rahmen einer gemeinsamen Sitzung mit dem Coach erfolgen.

Vierte Sitzung

▶ **Ziel:** Ermittlung des eigenen Wertemaßstabs, Vorbereitung des Feedbackplans

Die Klientin hat ‚schlecht geschlafen'. Sie macht sich Sorgen wegen eines sehr kritischen Gesprächs mit ihrem Vorgesetzten am Vorabend. Nach anfänglicher Zustimmung zu der von ihr vorgeschlagenen Vorgehensweise, zieht sich der Vorgesetzte nun zurück und verfolgt seine ‚eigene politische Agenda'. Frau Raben realisiert auf Nachfragen, dass sie trotz ihrer Ängstlichkeit, das gute Verhältnis mit ihrem Chef zu gefährden, bereits ihre Entscheidung ‚gegen ihn' getroffen hat. Sie erkennt dabei ihren eigenen Entwicklungsschritt der letzten Wochen hin zu einem größeren Bewusstsein hinsichtlich ihres eigenen Wertesystems und einer zunehmenden Berücksichtigung ihrer eigenen Bedürfnisse. Trotzdem sagt sie: *„Ich bin immer noch zu bescheiden, wenn es um meine ganz persönlichen Belange geht."*

Die Klientin hat Schwierigkeiten, die eigene Meinung genauso wichtig zu nehmen, wie die der anderen (hier die ihres Vorgesetzten). Sie führt diesen Sachverhalt auf ihren Wert ‚Bescheidenheit' zurück, der ihr sehr am Herzen liegt. Sie fürchtet sich vor einem ‚übertriebenen Selbstauftritt' und möchte, dass die Zustimmung anderer auf ihre besondere fachliche Kompetenz zurückzuführen ist und ‚von selbst' kommt.

Für den Coach ergibt sich aus den Ausführungen der Klientin folgende Hypothese:

▶ Frau Raben sorgt sich, als ‚marktschreierisch' wahrgenommen zu werden. In der Konsequenz verfolgt sie Themen, die ihre eigene Person betreffen, nicht offensiv genug. Ein gesundes ‚Selbstmarketing' findet nicht statt und so schwächt Frau Raben ihre Position im beruflichen Umfeld.

Um Frau Raben die Angst vor einem zu ‚großspurigen Auftritt' in eigener Sache zu nehmen, regt der Coach die Klientin an, die ‚Schwestertugend' zum Wert Bescheidenheit zu suchen und erläutert das Wertequadrat von Schulz von Thun[1]. Die Klientin findet folgende Begriffe:

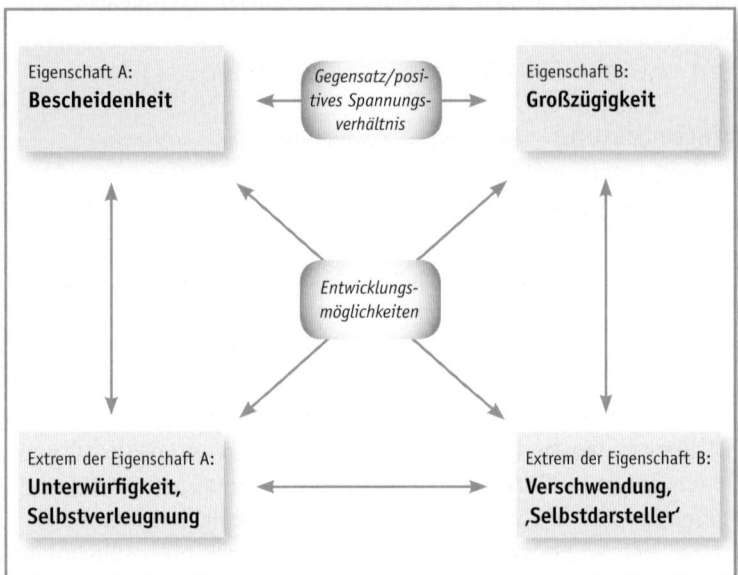

Abb. 13: Wertequadrat zum Wert ‚Bescheidenheit' von Frau Raben

Bei der Arbeit mit dem Wertequadrat stellt Frau Raben fest: „Ich bin viel zu schüchtern. Obwohl das andere von außen gar nicht so merken."

Die Klientin realisiert, dass sie im Zusammenhang mit den anstehenden Veränderungen im Unternehmen weiter für ihre Vorgesetztenrolle kämpfen und sich gegen Konkurrenz behaupten muss. Sie erkennt außerdem, dass es deshalb notwendig wird, ihre persönlichen ‚Mentoren' und wichtigen Netzwerkkontakte innerhalb des Unternehmens aktiv für die eigene Sache zu gewinnen und zu ‚Promotoren' zu machen. Die Klientin erarbeitet erste einleitende Sätze für die noch ungewohnte Gesprächssituation ‚Aktive Bitte um Unterstützung in eigener Sache'. Im Anschluss wählt sie einige enge Vertraute im Unternehmen aus, mit denen sie in den nächsten Tagen entsprechende Gespräche führen möchte.

Im weiteren Verlauf der Sitzung stellt Frau Raben nun die von ihr ausgewählten Menschen vor, die sie um ein schriftliches Feedback bitten möchte. Sie entscheidet sich dann für folgende Vorgehensweise:

Leitfragen Feedback

Die Feedbackgeber werden brieflich gebeten, zu den folgenden Punkten in ihren eigenen Worten möglichst klar und ehrlich Stellung zu nehmen:

1. Welchen Wert gebe ich Ihrem/Deinem Leben und Ihrer/Deiner Welt?
2. Bei welchen speziellen Gelegenheiten habe ich Ihnen/Dir etwas bedeutet?
3. Welche charakteristischen Qualitäten/Eigenschaften beobachten Sie/beobachtest Du in meinem Leben?
4. Wie würden Sie/würdest Du mein Leben zusammenfassend beschreiben? Wie sehen und erleben Sie/siehst und erlebst Du mich generell?

Die Bitte um Feedback sowie die Beantwortung sollte möglichst (auch) schriftlich erfolgen, um unterschiedliche Feedbacks später miteinander vergleichen zu können, oder auch zum Beispiel bei einer späteren Durchsicht Entwicklungen ableiten zu können.

Bei den Antworten der Feedbackgeber gibt es keine ‚richtigen' oder ‚falschen' Antworten! Die jeweils individuelle Sicht des anderen ergänzt und bereichert vielmehr die eigene Selbstwahrnehmung, eröffnet gegebenenfalls neue Perspektiven und zeigt Gefahren, aber auch Potenziale für die weitere, eigene Entwicklung.

Sie formuliert folgendes Ziel: *„Ich möchte mehr Klarheit über meine Wirkung. Die hat sich offenbar in den letzten Berufsjahren verändert."* Unter Einbezug auch privater Feedbackgeber will sie außerdem prüfen, ob es lebensbereichübergreifende Themen gibt, die mit dem eigenen Wertesystem und -erleben korrespondieren. Frau Raben äußert hierzu: *„Manche Bekannte halten mich für die toughe Managerin und wundern sich über meine fürsorgliche Seite."*

Im Anschluss bittet der Coach die Klientin, einmal das Buch ‚Fellinis Faces'[2] zu betrachten und das ‚Schöne' in jedem Gesicht zu entdecken. Frau Raben erkennt bei dieser Übung nochmals, dass

sie ein eher einseitiges Schönheitsideal hat. Offenbar gibt es einen bestimmten Glaubenssatz, nämlich ‚schöne Frauen haben ebenmäßige Gesichter, große Augen, volle Lippen, lange Haare usw.', dem sie sehr konsequent folgt und der es ihr erschwert, auch andere als rein äußerliche bzw. sehr weibliche Attribute als attraktiv anzuerkennen. Es stellt sich nun die Frage, wann und wie dieser Glaubenssatz bei der Klientin ‚installiert' wurde. Die Bearbeitung dieses Aspekts wird aus Zeitgründen auf eine der nächsten Sitzungen vertagt. Als Anregung zur Beschäftigung zwischen den Sitzungen gibt der Coach Frau Raben noch folgende Fragen an die Hand:

- ▶ Wie entwickelt sich das Verhältnis zu Ihrem Kind, wenn es äußerlich ihre Züge entwickelt?
- ▶ Können Sie vollends ausschließen, dass die anderen Menschen Sie nicht attraktiv finden?
- ▶ Was gewinnen Sie, wenn Sie sich selbst wertschätzen?

Zum Abschluss stellt der Coach das Gedankenexperiment ‚Götterparty'* vor und beschreibt es als eine Methode, um eigene Ressourcen zu erkennen. Frau Raben ist neugierig und freut sich auf das ‚Experiment' in der nächsten Sitzung.

Fünfte Sitzung
▶ **Ziel:** Erkennen eigener Ressourcen

Die Klientin ist erholt und ruhig. Sie schildert ihre Schwierigkeiten, die Gespräche ‚in eigener Sache' zu führen. *„Es hat mich wirklich Überwindung gekostet, aber ich habe mich durchgerungen und zwei meiner wichtigen Mentoren angesprochen und um Hilfe gebeten."*

Besonders interessant waren für Frau Raben dabei die Reaktionen ihrer Gesprächspartner. Eine frühere Chefin sagte zu ihr: *„Kann ich mir gar nicht vorstellen, dass Sie sich nicht trauen, Ihr Netzwerk systematisch für Ihre Karriere zu nutzen."* Der zweite Gesprächspartner, ein früherer Mentor, formulierte noch deutlicher: *„Denken Sie endlich an sich selbst und Ihre eigene Karriere."* Die Klientin schlussfolgert aus diesen Erlebnissen: *„Selbst wenn ich aktiv und*

---

* Anm.: Die Götterparty wurde im Rahmen eines Kongresses von Frau Barbara Brink, Institut für Familientherapie, Weinheim, vorgestellt. Sie gehört zum Interventionsrepertoire im Rahmen der Ausbildung zum Werte- und Sinncoach, CoachPro®-Silentium.

in eigener Sache Menschen anspreche, komme ich nicht als unbescheiden bei ihnen an. Im Gegenteil, ich sollte wohl wirklich etwas ‚forscher' werden."

Neben diesen Gesprächen hat Frau Raben außerdem die Briefe an ihre Feedbackgeber verschickt und erwartet nun die ‚aufschlussreichen' Antworten.

Im weiteren Verlauf der Sitzung nimmt der Coach nun Bezug zum Frankl'schen Gedankengut und schildert seine in These 10: ‚Verlierbarer Nutzen – unverlierbarer Wert' (vgl. Kapitel 3.5, S. 121) zusammengefassten Ausführungen: Über den sozialen Nutzwert hinaus, so formuliert es Frankl, besitzt der Mensch vor allem seine personale Würde. Diese wiederum betrachtet er als ‚nicht verlierbaren Wert'.

Die Klientin ist dann bereit für die ‚Götterparty' und formuliert als übergeordnetes Thema die Frage „Was bin ich mir wert?" Sie wird vom Coach gebeten, sich die Situation als Gastgeberin eines imaginären Festes vorzustellen und erhält folgende Instruktion:

„Bitte schließen Sie die Augen und fühlen Sie sich in folgende Situation ein. Sie sitzen erhöht auf einem Thron in einem großen Spiegelsaal eines Schlosses (die Räumlichkeit wird detailliert beschrieben). Ihre Party beginnt mit der Ankunft Ihrer Gäste, der Götter, die ich Ihnen als Ihr Hofmarschall nun einzeln in der Reihenfolge ihres Erscheinens vorstellen werde. Bitte begrüßen Sie in Ihrer Vorstellung jeden Gast sehr herzlich und überlegen Sie, was Sie für Begrüßungsworte wählen. Nach der Begrüßung werden sich Ihre Gäste im Festsaal verteilen. Achten Sie doch einmal darauf, wer sich zu wem gesellt, wer sich mit wem unterhält und um welche Themen sich die Gespräche drehen. In der Mitte des Raumes vor Ihrem Thron steht ein großer goldener Gabentisch. Alle Ihre Götter-Gäste haben Ihnen ein Geschenk mitgebracht, das mehr oder weniger mit Ihrer Fragestellung zu tun hat. Wenn alle Götter und vielleicht auch noch andere Gäste im Raum sind, werden wir uns gemeinsam einmal die ganze Gesellschaft anschauen und ich werde Ihnen dazu ein paar Fragen stellen. Jetzt aber begrüßen Sie bitte erst einmal Ihre Gäste, allen voran Zeus, den Vater aller Götter ..."

Die Tabelle auf den folgenden beiden Seiten gibt eine Zusammenfassung der verbalen Beschreibungen von Frau Raben.

Götter	Symbol für	Aussehen	Begrüßung	Ort im Raum	Geschenk
Zeus	Wissen, Weisheit, Festigkeit	Wärme, Geborgenheit, Bauch wie ein weiches Kissen, helle Augen, Bart	Umarmung	links, Büffet	Stein
Hera	Freundschaft, Ehe, Geburt, Neuanfang	kurze Haare, grüne Augen, schlank, energisch	Umarmung, „Wir sehen besseren Zeiten entgegen!"	entfernt, Tanzfläche	Orakel, rot-samtenes Kästchen, Mysterium, „Welche Priorität soll ich leben?", „Soll ich das Land regieren oder ein Kind bekommen?"
Athene	Helden, Erfolg, Beschützerin der Heimat, Verstand	dynamisch, steif, starr, energisch, bestimmend	„Das ist ein tolles Fest!" (gekünstelt), „Schön, dass Du da bist. Amüsier' Dich gut!"	links, Bar	Selbstverteidigungskurs
Apollon	Schöne Künste, Ordnung, Klarheit, Licht, Glaube	schlank, helle Augen, weich, zarte Hände, lange Finger, groß, attraktiv, braune Haut	feste Umarmung, „Ich hab' Dich vermisst! Schade, dass wir uns so selten sehen."	rechts nah bei der Gastgeberin und mit ihr im Gespräch	Baum mit heilenden Blättern, die abends leichte Töne von sich geben. Sie begleiten das Einschlafen wie ein sanftes Konzert.
Artemis	Jagd, Jungfräulichkeit, Tugend, Einsamkeit, Ruhe	lange braune Haare, klein, gebärfreudiges Becken, braune Augen, gebräunt	freudige Umarmung, „Ich freu' mich riesig, dich zu sehen!"	rechts bei Apollon	Halskette, die innere Ruhe verleiht. Die Kette leuchtet, wenn Menschen gegen die Tugenden der Gastgeberin handeln. Sie warnt vor Schwindlern.
Hermes	Reise, Schlaf, Traum, Redekunst, Veränderungen, erste Schritte	Bart, groß, dunkle Augen, drahtig, zielgerichtet, selbstbewusst, freudig	Umarmung und Küsse rechts und links, „Schön, dass Du Zeit gefunden hast bei all' Deinen Reisen!"	geht zu Zeus	eigenes Gedicht, eine sehr persönliche Eröffnungsrede zu den Werten und Eigenschaften der Gastgeberin, persönlich vorgetragen
Poseidon	Meer, Dynamik, Kraft, Kampfeswille	jähzornig, kraftvoll, kann viel zerstören. *„Ist mir zu gewalttätig, zu kräftig!"*	Schlag auf die Schulter „Hallo alter Kumpel! Toll, dass Du da bist."	geht zu Athene	große Muschel, bei der man das Meeresrauschen hört. Sie hilft, Kraft aufzutanken, ist nicht zerstörerisch, sondern besänftigend. *„Ich weiß gar nicht, wo ich die hinstellen soll!"*

kursiv = Bewertungen durch die Klientin während der Sitzung

Wertecoaching in der Praxis

Götter	Symbol für	Aussehen	Begrüßung	Ort im Raum	Geschenk
Aphrodite	Liebe, Schönheit, Fruchtbarkeit, Ästhetik	wunderschön, gold gelockt, braune Augen, ebenes Gesicht, zarte Gliedmaßen	Umarmung, „Ich bin glücklich, auf Deinem Fest zu sein! Lass' uns eine tolle Party feiern!" – „Ich bin glücklich, dass Du da bist. Ich kann es kaum erwarten, mit dir zu tanzen!"	links, nah bei der Gastgeberin	Wundercreme, die verzaubert. Sie führt zu strahlender Schönheit, verleiht Selbstbewusstsein und macht mit sich selbst zufrieden. *„Es bleibt offen, ob die Creme nur einmalig oder anhaltend wirkt."*
Hephaistos	Schmieden, Feuer, Leidenschaft, Härte	groß, kräftig, Bodybuilder, kurze Haare, fleischig	Umarmung „Willkommen, schön, dass Du da bist!"	geht zu Poseidon und Athene	kleiner Eisenstift, der Kraft gibt, einen Neuanfang zu gestalten. Wie ein Talisman, um den richtigen Weg zu beschreiten.
Ares	Krieg, Waffen, Stolz, Herrschaft, Macht, Autorität	Däne, Wikinger, groß, blond, langhaarig, drahtig, fliegende Klamotten, weißes Hemd, Jeans	„Hallo altes Haus!" – „Hallo alter Kampfgeselle!"	geht zu Zeus und Hermes	Schutzschild zur Abwehr von Bösartigkeiten und Verletzungen. Er hat die Macht, Angriffe und Bosheiten in ihr Gegenteil zu verkehren.
Amor	Liebe	Bruce Willis, weich und hart, verschmitztes Lächeln	herzliche Umarmung, „Meine Liebe, leider wurde ich aufgehalten!" *„Er war zu beschäftigt, ich hab' ihn vermisst!"*	links nah bei der Gastgeberin, flirtet mit Aphrodite	kleines Kästchen mit blauer Flüssigkeit. Die Flüssigkeit wechselt die Farbe, wird rot, wenn der richtige Mensch gefunden ist.
Kassandra	Weissagung	kastanienbraunes Haar, gelockt, vollbusig, roter, sinnlicher Mund	Umarmung *„Wir umarmen uns ohne Worte. Wir verstehen uns auch so."*	links nah bei der Gastgeberin, geht zu Amor und Aphrodite	Einen Wunsch. In einer schwierigen Situation meines Lebens, darf ich sie um Hilfe bitten.
Helena	Mütterlichkeit	ordentlich, adrett, attraktiv, weich, mütterlich, sorgend, etwas älter	herzliche Umarmung „Du hast mir gefehlt, wo warst Du so lange?"	geht zu Zeus, Ares und Hermes	ein Buch zum Thema „mütterliche Weisheit", um die Ruhe im Leben zu bewahren und das Wichtige zu erkennen.
Ehemann & Kind	Familie, Glück	strahlen glücklich	offene Arme, das Kind begrüßt die Mutter zuerst, springt auf ihren Arm und ruft „Mama, Mama!" und der Mann küsst seine Frau und fragt „Schatz, sind das nicht zu viele Gäste?"	bleiben nah bei der Gastgeberin. Das Kind rechts auf dem Arm, der Ehemann steht vis-à-vis.	vielleicht Mädchen oder Zwillinge.

Tab. 3: Die ‚Götterparty' von Frau Raben

Während der ‚Aufstellung', die der Coach mit Spielfiguren visualisiert, vergibt die Klientin mit geschlossenen Augen ihren ‚Göttern' folgende Positionen im Raum:

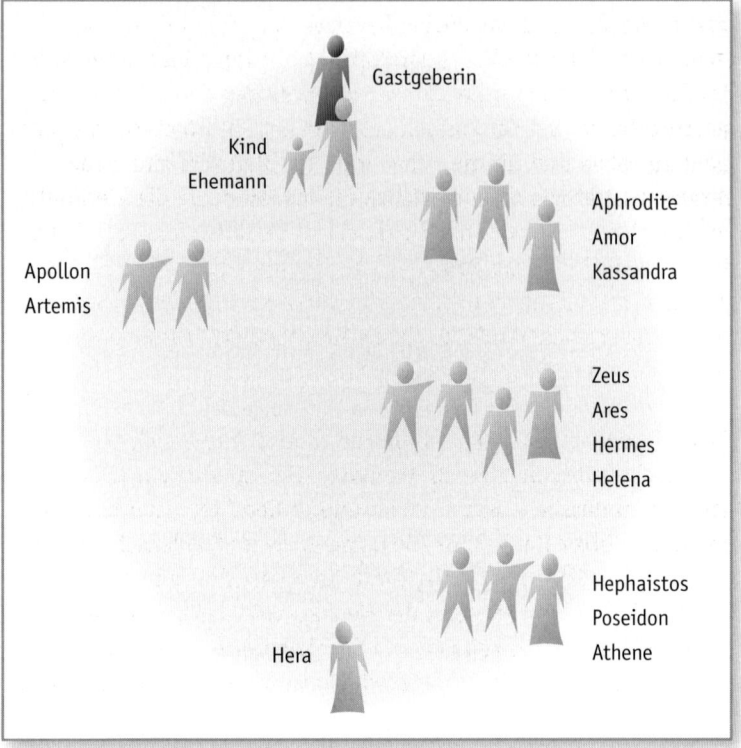

Abb. 14: Aufstellung der imaginierten Götterparty

Alle Götter blicken in Richtung der Gastgeberin. Nachdem sie alle Gäste begrüßt hat, beschreibt Frau Raben das Verhalten der Götter: *„Nach der Begrüßung mischen sich die Gäste, Hermes hält die mitgebrachte rührende und sehr persönliche Eröffnungsrede für mich. Dann wird das Büffet eröffnet und wir tanzen ausgelassen. Es gibt viele gute Gespräche, und es ist ein wunderbares Fest."*

Frau Raben fühlt sich nach der Session wohl und schildert, dass sie sehr schnell in die ‚Szenerie' hineingefunden hat und in ihr viele Bilder aufgetaucht sind. Es hat ihr Spaß gemacht und sie hat die Situation als angenehm und sehr interessant empfunden.

Als ‚Hausaufgabe' für die nächste Sitzung nimmt die Klientin die Frage mit: Wie helfen mir die ‚Geschenke' der Götter?

Sechste Sitzung
▶ **Ziel:** Review des Coachingprozesses

Die Klientin beschreibt sich erschöpft von den Ereignissen der letzten Wochen und hat Rückenbeschwerden. Sie berichtet von einem aktuell stark eskalierten Konflikt mit ihrer Teamleiterin. Der Konflikt wird zunächst bearbeitet, wobei es der Klientin gelingt, gelernte Muster bei der Zusammenarbeit mit Mitarbeitern in neuem Licht zu sehen und für die ‚schwierige Teamleiterin' eine neue Verhaltensstrategie zu entwickeln, die insbesondere die ‚Herkunft' der Mitarbeiterin sowie ihre Situation im Team berücksichtigt. Bei dieser Arbeit hilft Frau Raben die Rückbesinnung auf ihre Werte. Sie sucht nach ähnlichen Werten bei ihrer Mitarbeiterin und findet neue ‚Gemeinsamkeiten', die sie als Ansatzpunkte für eine Konfliktlösung ausprobieren möchte.

Nach Klärung der aktuellen Situation nimmt Frau Raben Bezug auf ihre ‚Nachbearbeitung' der ‚Götterparty'. Sie hat für sich erkannt, dass ihre verlässliche Basis, ‚mein innerer Kern' repräsentiert wird durch die Götter Hephaistos (Schmieden/Feuer/Leidenschaft/Härte), Poseidon (Meer/Dynamik/Kraft/Kampfeswille) und Athene (Helden/Erfolg/Beschützerin der Heimat/Verstand). Frau Raben hat diesen Göttern Werte zugeordnet, die sie bereits in der Werteanalyse-Arbeit für sich als gegenwärtig wesentlich ermittelt hat:

„Ich habe verstanden, dass ich da etwas anders machen muss. Wir haben durchaus eine verbindende Basis von Werten."

▶ **Hephaistos:** Abenteuer, Kreativität, Eifer, Enthusiasmus
▶ **Poseidon:** Kampfgeist, Leistung, Antrieb, Ehrgeiz, Kraft
▶ **Athene:** Fürsorge, Anerkennung, Gerechtigkeit, Erfolg, Loyalität, Bildung

Sie erwähnt das ‚Bojen-Gleichnis' und bezeichnet diese Werte als ihre persönliche Verankerung auf dem ‚Meeresgrund', ihre Schatzkiste. *„Das ist meine sichere Bank, das passt zu mir und ist meine Leidenschaft."*

Die durch Zeus, Ares, Hermes und Helena verkörperten Themen beschreibt sie als die ‚bewegliche Kette der Einstellungen': *„Sie geben mir Sicherheit, sind ständiger Lebensquell. Sie erneuern sich stetig und sind für mich wie ein Elixir, lebensspeisend."*

Aphrodite, Amor und Kassandra repräsentieren für Frau Raben nun eher ‚Traumbilder', die sie stark anziehen, aber auch etwas verunsichern. Sie beschreibt diesen Themenkomplex der Liebe und Ästhetik als ‚unerreichbares Ziel', der jedoch nicht unangenehm, sondern vielmehr ein ‚spiritueller' Kontrapunkt zu ihrem sonst dominanten Realismus ist.

„Ich sehe jetzt meine Ressourcen."

Die Göttergeschenke empfindet sie alle als Gaben, die ihrem persönlichen Seelenheil dienen. In diesem Zusammenhang spielt die ‚Schnelligkeit', mit der die Geschenke ihr Entspannung oder Erkenntnis bringen eine große Rolle. Im Dialog mit dem Coach wird thematisiert, ob die Schnelligkeit und bloße Ergebnisorientierung im Zusammenhang mit der eigenen Entwicklung wirklich eine Qualität darstellt. Die Klientin geht in ihrer Erinnerung zurück und schildert die Situation mit einem sehr wichtigen Partner aus der Jugendzeit, von dem sie sich auch nach der offiziellen Trennung erst sehr langsam löste, dabei jedoch einen deutlichen Erkenntnisprozess bezüglich der eigenen (beruflichen) Fähigkeiten durchmachte. *„Es war, als ob ein Fenster aufgeht und ich auf einmal klarer blicken konnte."*

Der Coach regt an, die Übung ‚Wort/Unwort des Jahres'* durchzuführen, um einerseits festzustellen, wo sich in den letzten Jahren immer wieder Fenster für die Klientin geöffnet haben und wie lange die Prozesse jeweils gedauert haben.

Auf die Frage der Götterparty „Was bin ich mir wert?" findet die Klientin jetzt die Antwort: *„Ich muss mich mit mir selber beschäftigen, ob ich dass nun will oder nicht. Sonst komme ich nicht weiter. Ich weiß, dass ich hier lange nicht hinsehen wollte, aber ich sehe ein, dass es für meine Entwicklung von großer Bedeutung ist, Platz für mich zu schaffen, mich selbst wertzuschätzen, zu erkennen, auf was ich stolz sein kann, mich selbst zu belohnen, mich zu mögen."*

---

* Anm.: Hierbei handelt es sich um eine Tabelle mit folgenden ‚Rubriken': Jahr (chronologisch)/Unwort des Jahres/Wort des Jahres/Bewertung (+++/---)

Der Coach stellt an diesem Prozesspunkt fest:

- Frau Raben entwickelte über die einzelnen Sitzungen hinweg ein tiefes Verständnis für ihr eigenes inneres Wertesystem, dessen Konfliktpotenzial und auch Entwicklungsmöglichkeiten.

- Über die Beschäftigung mit den eigenen Werten wurde es Frau Raben möglich, ihre Wirkungen im beruflichen, aber auch im privaten Kontext in einen neuen Bezugsrahmen zu setzen.

- Ihr Coachinganliegen hat sich im Verlaufe der Sitzungen verändert. Die anfänglich eher verhaltensorientierte Sicht hat einem sehr tief greifenden Verstehens- und Veränderungswunsch in ‚eigener Sache' Platz gemacht, der in der Konsequenz auch bereits zu ersten Vergrößerungen des eigenen Verhaltensradius führte. Sich selber ‚wertzuschätzen' sieht die Klientin nun als eine Möglichkeit, Sinn zu entdecken, ihre Arbeitszufriedenheit zurückzugewinnen und neue Kraft zu schöpfen.

- Das Wertecoaching führte die Klientin in tiefere Überlegungen, kratzte nicht nur an der Oberfläche, sondern half der Klientin, unbewusst vollzogene Entwicklungsschritte der letzten Jahre zu reflektieren und einzuordnen.

Die Beschäftigung mit dem Wertesystem und die Suche nach dem persönlichen Sinn erfordert mehr Zeit als ursprünglich vorgesehen. So steht zum einen die Analyse des Feedbackplans noch aus, ebenso wie die Beschäftigung mit dem Glaubenssatz zu den Begriffen ‚Attraktivität' bzw. ‚Schönheit' und die Prüfung des Ergebnisses der Übung ‚Wort/Unwort des Jahres'. Klientin und Coach beschließen daher, hierfür zwei weitere Sitzungen zu planen.

Feedback der Klientin

Zusammenfassend beschreibt Frau Raben: „Die Arbeit an und mit den eigenen Werten hat sehr viel für mich in Gang gesetzt." Sie stellt fest, dass sie ein größeres Bewusstsein, ein besseres ‚sich selbst kennen' erlebt. Die Klientin bezeichnet die Arbeit auch als ‚mühevoll' und ‚langwieriger als gedacht.' Sie plant, die Anregungen der vergangenen Sitzungen nun ‚wirken zu lassen', die bewussten Gedanken loszulassen und das Gehirn einmal ‚informell' weiterarbeiten zu lassen. Nach einer ca. vierwöchigen Pause will sie erneut mit dem Coach in die Reflexion gehen.

„Wenn Du Dich klein machst, dienst Du nicht der Welt. Es hat nichts mit Erleuchtung zu tun, wenn Du Dich einkringelst, damit andere um Dich herum sich nicht verunsichert fühlen. Du wurdest geboren, um die Ehre Gottes zu verwirklichen, die in uns ist. Sie ist nicht nur in einigen von uns – sie ist in jedem Menschen. Und wenn wir Licht erstrahlen lassen, geben wir unbewusst den Menschen die Erlaubnis, dasselbe zu tun. Wenn wir uns von unserer Angst befreit haben, wird unsere Gegenwart ohne unser Zutun andere befreien."

Nelson Mandela

Fußnoten:

1) vgl. Schulz von Thun 1989, S. 39
2) vgl. Fellini 1981, S. 11ff.

Wertecoaching in der Praxis

4.4

Man lebt ja nur einmal

Ralph Schlieper-Damrich

Zusammenfassung

Seit vielen Jahren arbeitet Frau Ecke als Medien-Profi. Sie nähert sich dabei Themen, die sich nicht jeder Journalist oder jede Journalistin zutraut. Es geht um menschliche Tabus, um gesellschaftspolitisch heikle Themen, um Themen mit einem Anspruch an Deutlichkeit und Profil. Trauer, Trennung, Gewalt, interkulturelle Spannungen – es sind solche Arbeitsfelder, die an der Seele zehren, aufseiten der Klientin und aufseiten ihrer Gesprächspartner. Der Verantwortungsbereich von Frau Ecke umfasst sowohl inhaltliche, prozessuale als auch wirtschaftliche Aspekte. Sie hat Erfolg, aber sie steht trotzdem nicht im Einklang mit sich selbst. Lange Zeit hat sie in ihrem Leben bekommen, was sie ‚wollte' – nun möchte sie bekommen, was sie ‚braucht'. Etwas soll anders werden, und dieses Etwas hat sowohl mit Respekt als auch mit Respektlosigkeit zu tun. Respekt wird von Frau Ecke gefordert, wenn sie erkennen möchte, was die Menschen ihr gegenüber individuell auszeichnet. Die Herausforderung besteht vor allem im Umgang mit den vielfältigen Lebensmodellen ihrer Gesprächspartner, die sie anderen nachvollziehbar, erlebbar vermitteln möchte. Gleichzeitig verlangt ihre Tätigkeit ein bestimmtes Maß an Respektlosigkeit von Frau Ecke. So zum Beispiel, wenn sie mittels einer konfrontativen Interviewtechnik zum ‚inneren Kern' ihres Gesprächspartners vordringen möchte. Diese zunehmende Ambivalenz führt bei Frau Ecke zum Impuls, ein Wertecoaching durchzuführen.

Vorbemerkung

Der folgende Ausschnitt des Coachingprozesses beabsichtigt aufzuzeigen, wie bei der Klientin eine neue Erkenntnis über die von ihr wahrgenommene Ambivalenz entsteht. Das für diesen Buchbeitrag stark reduziert dokumentierte Wertecoaching umfasste insgesamt fünf Sitzungen, in denen über die hier beschriebenen Arbeitsschritte hinaus verschiedene Hypothesen mit Interventionen wie ‚Werteanalyse', ‚Wertebiografie', ‚Wertequadrat', ‚Sokratischer Dialog', ‚Cross-Impact-Methode' und ‚Zeitmanagement-Matrix Dringend/Wichtig' adressiert wurden (Informationen dazu auf der Website zum Buch).

Der Coachingprozess

„Ich muss Menschen mehr Respekt entgegenbringen."

„Ich muss Menschen mehr Respekt entgegenbringen." Mit diesem Satz markiert Frau Ecke ihren Entwicklungswunsch. Die Frage, warum sie an dieser Frage im Rahmen eines Coachingprozesses arbeiten möchte, kommentiert sie knapp: *„Man lebt ja nur einmal."* Fürwahr, eine etwas ungewöhnliche Antwort – spürt man in sie tiefer hinein, werden Empfindungen des Coachs:

▶ Da bedauert ein Mensch die Konsequenzen seines Verhaltens;
▶ Da gibt es aus dem Umfeld der Klientin einen erheblichen, vielleicht ultimativen Druck bezüglich von ihr erwarteter Verhaltensanpassungen;
▶ Da gibt es Angst vor dem Rückzug geschätzter, aber verletzter Menschen

vielleicht nachvollziehbar.

Frau Ecke wirkt lebhaft, quirlig, ihr Blick ist etwas unstet, ihr Auftreten spontan und zugewandt. Hier sitzt eine lebendige Frau, 40 Jahre alt, Mutter zweier Kinder, Journalistin und Regisseurin, beruflich stark engagiert in der Medienwelt. Sie arbeitet redaktionell an heiklen und anspruchsvollen Themen, ihre Tätigkeit ist zeitlich eng getaktet: *„Ich strenge mich sehr an, um den Erwartungen von außen gerecht zu werden."*

Coach: *„Ist es dann für Sie ein Ziel für diesen Coachingprozess, mit diesen Erwartungen besser klarzukommen?"*

Frau Ecke macht einen verdutzten Eindruck: *„Nein, ich möchte auf keinen Fall auf ein Ziel hinarbeiten. Für mich kommt das Leben um die Ecke, da gibt es für mich nichts Planbares, nichts Fertiges."*

▶ Anmerkung: Neben ihren beruflichen Aufgaben strebt Frau Ecke die selbstständige Umsetzung eines von ihr entwickelten Filmprojektes an, mit dem sie – parallel zum Coaching – in verschiedenen

Beratungskontexten steht. Im Folgenden wird dieses Projekt ausgeblendet; es an dieser Stelle zu benennen würde Frau Ecke ‚sichtbar' machen und die vereinbarte Diskretion aufheben. ◢

Frau Ecke weiter: „Mir scheint, als würde nun eine Phase mit neuen Chancen beginnen. Ich spüre, ich muss verantwortlicher und respektvoller werden – mir und meiner Gesundheit gegenüber, mir und meiner Familie gegenüber und auch gegenüber anderen Menschen. Wissen Sie, für mich ist Chaos etwas sehr Wichtiges, für mich ist es passend, nichts zu planen, dem Zufall einen großen Raum einzuräumen und ich nehme mich selbst nicht so wichtig. Ich merke, dass ich mit dieser Haltung aber oft missverstanden werde."

Es folgen weitere, die vereinbarte Diskretion wahrenden, Auszüge aus dem Dialog.

Coach: „In meiner Wahrnehmung moderieren Sie gerade einen gedanklichen Prozess – das wirkt auf mich aufgeräumt und klar."

Frau Ecke: „Ja, das klingt wohl recht strukturiert, aber eigentlich wehre ich mich gegen den Einfluss, den das ‚Respekt zeigen müssen' auf mich hat, gegen die damit verbundene Veränderung, gegen Anpassung."

Coach: „Auf einer Skala von 0 (keine Erwartung an Veränderung) bis 10 (extreme Erwartung): wie stark ist diese Erwartung an Sie?"

Frau Ecke: „Das ist eher in der Mitte – es ist zumindest ebenso eine Erwartung, die ich an mich selbst habe. Aber ich lasse auch vieles auf mich nicht zukommen – ließe ich da alles zu, dann wären die Erwartungen sicher sehr hoch."

Coach: „Können Sie sich vorstellen, dass einige Wertmaßstäbe von Ihnen einen Beitrag dazu leisten, dass Sie in der Lage sind, die Erwartungen von außen auf ein handhabbares Maß zu justieren?"

Frau Ecke: „Ja, ich denke, Normalität ist mir dabei wichtig, ich schätze es nicht, wenn andere Menschen sich überhöhen, und ich selbst neige auch nicht dazu. Wenn ich die Dinge in die Normalität rücke, dann kann ich Erwartungen gut zurechtstutzen. Ich habe den Eindruck, dass von außen die Anforderung gesetzt wird, alles zu perfektionieren: die eigene Gesundheit, den eigenen Körper, die ei-

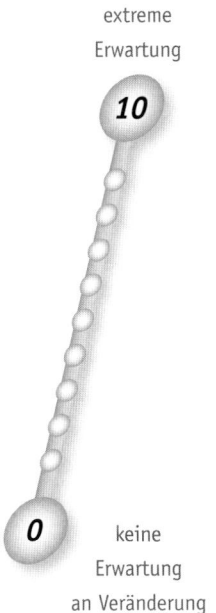

extreme Erwartung

10

0   keine Erwartung an Veränderung

gene Leistung. Und genau das finde ich eher nicht normal. Für mich ist normal, dass das alles eher chaotisch ist, das man einiges nicht hinbekommt ..."

Coach: „Wenn Sie Ihren Satz, der Ihre Motivation für das Coaching kennzeichnet: ‚Man lebt ja nur einmal' – wenn Sie diesen Satz als eine Figur oder Skulptur beschreiben würden, wie sähe diese Figur dann aus?"

Frau Ecke: „Die wäre rund, ja, mit vielen Rundungen, an keiner Stelle irgendwie extrem."

Coach: „Und angenommen, diese Skulptur stünde nun hier im Raum, würden Sie sagen, dass sie ‚einmal gelebt hätte'?"

Frau Ecke: „Nein, das glaube ich nicht."

Coach: „Was würde fehlen, damit ‚sie einmal gelebt haben könnte'?"

Frau Ecke: „Ihr würden die Ecken und Kanten fehlen."

Coach: „Ist es für Sie so, dass man nur mit Ecken und Kanten einmal gelebt haben wird?"

Frau Ecke: „Ja!"

▼ These 6 aus dem Kapitel Wertecoaching beschreibt den Sinn, angesichts der Endlichkeit des Lebens das verantwortet zu tun, was sich vielleicht einst als einmalige, genützte Gelegenheit erweisen wird (vgl. S. 114 f.). Frau Ecke wirkt in dieser Phase des Gesprächs nachdenklich und bestimmt zugleich. Es steht für sie außer Frage, dass eine scharfe, konturierte, kantige Arbeitsweise zum Beispiel in den Interviews, die sie im Beruf durchführt, mehr erzeugt als Weichzeichner-‚Getüdel'. Dieser Stil ist mehr als nur zweckdienlich, für Frau Ecke ist er ‚sinn'-‚voll'. ◢

Coach: „Wie würde der Satz denn lauten, wenn die Ecken und Kanten fehlen würden?"

Frau Ecke: „Man lebt für immer."

Coach: *„Wenn es nur rund ist, nicht extrem, ganz harmonisch ist, dann lautet der Satz: ‚Man lebt für immer'?"*

Frau Ecke: *„Ja! Ich finde, Ecken und Kanten gehören dazu, dann ist man der, der man ist und nicht der, den sich andere vorstellen."*

Coach: *„Sind Sie einverstanden mit dem Gedanken: ‚Wenn jemand Überwindungsfähigkeit besitzt, dann kann er eines Tages zu sich sagen: Anstatt für immer leben zu müssen, habe ich nur einmal gelebt.'"*

Frau Ecke: *„Ja. Diese Überwindungsfähigkeit habe ich gut ausgeprägt. Ich kenne existenziellen Druck. Ich kenne Verzicht. Ich kenne auch Beziehungen, die ich wider besseren Empfindens aufrechterhalten musste. Und außerdem heißt für mich Überwindung auch, dass ich nicht einfach irgendwie aufhöre."*

▶ Diese Aussage erinnert im Sinn der Wertekategorien Frankls an die nicht kompensierbaren Einstellungswerte. Sie zu verwirklichen, bedeutet ‚Haltung vor dem Leben einzunehmen.' (vgl. Kapitel 1.4) ◀

Die Wertebiografie

Um Frau Ecke dabei zu unterstützen, ihre persönlichen Fähigkeiten zu entdecken, die ihr ‚Ecken und Kanten' in ihrem Leben verliehen, erhält sie ein Tableau mit Jahreszahlen von ihrem Geburtsjahr bis zum laufenden Jahr, zu denen sie die für sie erinnerungsfähigen ‚förderlichen Ereignisse des jeweiligen Jahres' und die ‚hinderlichen Ereignisse des jeweiligen Jahres' notiert.

Abb. 15: Arbeitsblatt für eine Wertebiografie (Download: www.wertecoaching.biz)

"Besonders wichtig geworden ist mir der Wert der ‚Distanz'."

Sie beginnt das Tableau auszufüllen (und wird dies zu Hause dann komplettieren) und erhält anschließend die Frage: *"Wenn Sie auf Ihre Lebensjahre zurückblicken, welche Wertvorstellungen, meinen Sie, haben Sie dann aufgrund einzelner Ereignisse entwickelt?"*
Frau Ecke: *"Da sind einige, aber besonders wichtig geworden ist mir der Wert der ‚Distanz'."*

Frau Ecke beschreibt einige Schlüsselsituationen ihres Lebens, in deren Folge sich die Entwicklung größerer Distanz zu Personen oder Themen empfahl.

Coach: *"Wie zeigt sich dieser Wert heute in Ihrer Lebenspraxis?"*
Frau Ecke: *"Ich lasse es nicht mehr zu, dass man sich in meine Sachen einmischt. Ich halte Abstand zu Personen. Das geht so weit, dass ich so wirke, als würde mich das, was andere brauchen, nicht interessieren. Das meine ich ja auch damit, wenn ich sage, dass ich denke, anderen Menschen mehr Respekt entgegenbringen zu müssen."*

▼ Der Bezug zwischen Distanz (Wert) und Respekt (Schwestertugend als Entwicklungsfeld) könnte so hergestellt werden: Die Klientin hält ‚Distanz' für ihr Leben als ein wesentliches Persönlichkeitsmerkmal. Wird dieser Wert überdehnt, so kann dies im Umfeld als ‚Interesselosigkeit, Arroganz, Ablehnung' gedeutet werden.

Dies ist nicht das Bestreben der Klientin – im Gegenteil: Sie ist sehr an den Lebensformen anderer Menschen interessiert und ‚sich zu überhöhen' liegt ihr fern. Als Schwestertugend, als Entwicklungsthema sieht sie einen Bedarf an ‚mehr Respekt zeigen'. Würde sie dies entwickelt haben und den Respekt ‚überdehnen', dann wäre die Folge eventuell ‚Konturenlosigkeit, Ja-Sagerei oder Selbstaufgabe' – dies jedoch vermag der bereits entwickelte Wert der Distanz bereits heute schon zu verhindern. ◂

In einer der folgenden Sitzungen beschreibt Frau Ecke vergnügt, wie sie, einer vereinbarten ‚Hausaufgabe' folgend, einem bestimmten Personenkreis ‚respektvoll nah gekommen ist'. Sie schildert, dass es in ihrem beruflichen Umfeld meist üblich ist, sich ‚französisch' zu begrüßen, also mit Küssen auf beide Wangen. Dieses Ritual hat Frau Ecke nie als besonders notwendig angesehen und ihre eigenen Begrüßungen daher eher freundlich-formal gestaltet. Nun aber hat sie sich ‚überwunden' und der Effekt ist positiv.

„Die Kollegen/innen brauchen viel Aufmerksamkeit. Ich finde, dass ich mehr Achtung anderen gegenüber erbringen sollte, und dazu war es eine erste gute Übung."

Frau Ecke reflektiert einige ihrer Gedanken zu den Themen Achtung und Respekt: *„An vielen Stellen in Beziehungen bin ich da überhaupt nicht ehrlich. Ich bin manchmal sogar recht rüde. Manche Beziehungen zu Menschen, auch in meinem familiären Umfeld, habe ich ‚verpackt' und ich halte so Distanz. Bei anderen wiederum finde ich, sollte ich lernen, deutlicher zu sagen, dass etwas meiner Art einfach nicht entspricht. Anpassung ist immer noch ein Teil meines Naturells. Und andere zu respektieren ist für mich auch wie eine Anpassung. Ich wäre gerne ein extremer Mensch geworden, aber ich glaube, dazu fehlt mir etwas. Eine meiner Freundinnen hat etwas von diesem Extremen, sie ist radikal, klar und rücksichtslos. Das finde ich schon gut, auch wenn ich weiß, dass man so nicht durchs Leben kommt. Bei meiner Freundin war es letztlich so, dass sie sich hat unterdrücken lassen von Menschen, die noch rücksichtsloser waren als sie selbst. Das ist nicht mein Weg."*

Coach: *„Wenn Sie nun erkennen, dass Ihnen Distanz wesentlich ist, dass Sie Formen des Respekts entwickeln wollen und dass Sie auf eine für Sie gute Art und Weise ‚radikaler' sein möchten: Wie würde dann der Titel eines Drehbuchs lauten, in dem Sie eine neue Hauptrolle spielen?"*

„Ich will das Leben verstehen."

Frau Ecke: *„Ich will das Leben verstehen."*

Coach: *„Und wie wäre der Titel des ersten Kapitels?"*

Frau Ecke: *„‚Neugierig fragen.' Viele Fragen, die ich zu stellen lerne, wollte ich früher nie so stellen. Ich finde jetzt Gefallen daran, respektlose Fragen zu stellen. Zum Beispiel Fragen an Interviewpartner wie: ‚Mögen Sie diesen Menschen überhaupt?' Ich nehme dabei wahr, dass nur wenige Menschen solchen Fragen ausweichen. Diese Fähigkeit, so fragen zu können, tut mir gut. Ich glaube, rücksichtslos brauche ich nicht zu sein, eher provokativ. Das trifft es besser. Wenn ich provoziere, dann kommt etwas aus Gesprächen heraus – oder aber, wenn die Provokation nicht zündet, dann entsteht nichts."*

Coach: *„Könnten Sie dem Satz: ‚Ich leiste einen Beitrag dafür, dass alles oder nichts entsteht' zustimmen?"*

Frau Ecke: „Ja, den Satz finde ich ganz lustig, er passt zu mir. Ich kann mir nichts anderes vorstellen. Wenn ich Fragen stelle, die auch durchaus kompromittierend wirken können, dann reduzieren solche Fragen zu viel ‚Ehrlichkeit' bei meinem Gegenüber. Ehrlichkeit, die in ihrer Folge vieles rosiger darstellt als es ist, ist für mich eine Form des Egoismus. Mir geht es aber um Offenheit, um eine Neutralität, um eine simple, aufgeklärte Haltung ohne Empörung. Dabei habe ich kein Interesse daran, meine Meinung zu sagen. Mir liegt mehr daran, Unterschiede zu erklären, dabei hinzuschauen und auszuhalten, ohne Empörung. Einen Kommentar meinerseits braucht es dabei nicht."

Coach: „Frau Ecke, Sie sagten zu Beginn des Coachingprozesses: ‚Damit ich einmal gelebt haben werde, brauche ich Ecken und Kanten.' Ihr Anliegen bestand darin, mehr Respekt zeigen zu wollen. Auf diesem Weg haben Sie einige Lernerfahrungen in Ihrem beruflichen Umfeld initiiert, haben berichtet, größere Klarheit in Ihren Wertmaßstäben gewonnen und die Wirkung respektvolleren Verhaltens in Ihrem Sinne einige Male erlebt zu haben. Ihr Anliegen galt jedoch nicht nur anderen Menschen, sondern ging auch in Richtung Ihrer eigenen Person. Was haben Sie nun in den vergangenen Wochen unternommen, um Ihr Anliegen, sich selbst gegenüber verantwortlicher und respektierender zu werden, zu lösen?"

Die Klientin füllt hierzu ein ‚Resümee-Blatt' aus mit den Spalten:

Was ich getan habe	Welche Wirkung es hatte	besser/schlechter als zuvor
▶ Realistischere Zeiträume bzgl. der Umsetzung von Aufgaben angegeben	▶ bin nicht mehr so oft überfordert ▶ habe meine Außenkontakte reduziert	das ist besser das ist schlechter
▶ Liebevollerer Umgang mit meinen Kindern ▶ Klarer, akzeptierter Bezug zur Mutterrolle ▶ Ich zeige weniger Genussverhalten	▶ nehme meine Kinder besser wahr ▶ ich bin ruhiger geworden ▶ ich habe weniger von der mir vertrauten Entspannung	das ist besser das ist besser das ist trauriger
▶ Extreme werden seltener ▶ Bin ab und zu „ehrlicher" geworden ▶ Familienfeiern durchgeführt	▶ Harmonie pur mit meinem Mann ▶ habe weniger ‚Gefallen' getan ▶ größere Innigkeit	das ist okay das ist besser das ist besser

Abb. 16: Zwischenevaluation durch Frau Ecke

Frau Ecke: *„Ich habe schon das Gefühl, nun verantwortlicher zu mir zu sein. Ich gehe entspannter mit mir und durchaus schon etwas respektvoller mit anderen Menschen um. In einem weiteren Schritt stelle ich mir vor, getroffene Absprachen besser einzuhalten und dies auch von meinem Umfeld einzufordern. Was mir für mich natürlicherweise noch schwer fällt, ist die Dosierung meiner Außenkontakte. Meine eigenen Aufträge kommen gerade von ‚innen' und im Beruf bekomme ich meine Aufträge von ‚außen'. Beidem gerecht zu werden, ist mir nun wichtig, aber es ist nicht einfach."*

Resümee der Klientin

„Es ist ganz wichtig für mich, zum Nachdenken gekommen zu sein. Das ist bisher zu kurz gekommen. Das Nachdenken setzt so viel frei, was bereits da ist. Wenn ich auf meine Werte schaue, die ich im Rahmen des Coachings analysiert habe, dann ist mir jetzt klar, dass ja auch diese Werte schon längst da waren. Aber ich musste sie neu entdecken. Das ist mir wie Schuppen von den Augen gefallen. Dieses tiefe Nachdenken tut mir gut. Meine Intuition wird nicht verschwinden, mein Tempo im Beruf erfordert das ja auch, sonst komme ich mit dem, was zu tun ist, auch nicht zurecht. Es fällt mir nun aber leichter, das für mich richtige Maß zu finden.

An meinem Wertehaus werde ich weiterbauen. Ich habe einen Anspruch an eine vitale und feste Basis. Das Fundament ist die Beständigkeit, eine Wand ist für mich die Offenheit – für mich entwickelt sich Offenheit auf Beständigkeit. Und Freude und Vertrauen und Sicherheit sind auch tragende Wände. Das ist für mich ein guter Beginn."

„Wir verlangen, das Leben müsse einen Sinn haben – aber es hat nur ganz genau so viel Sinn, als wir selber ihm zu geben imstande sind."
Hermann Hesse

4.5

Auf dem Weg zu sinnvollem Erfolg

Malu Salzig

Zusammenfassung

Herr Blau kam zunächst mit dem Anliegen ‚in der Akquise besser zu werden' in das Coaching. Was zunächst wie eine ‚Auftragskrise' aussah, verdichtete sich immer mehr zu einer Sinnkrise, zu der Überlegung ‚was mache ich eigentlich mit meiner Arbeit?'.

Das konkrete Anliegen zu finden, bedurfte zuerst eines längeren Anlaufes, da der Klient von seiner Existenzangst geleitet wurde. Im laufenden Coachingprozess verstärkte sich für ihn immer mehr die Frage nach dem Sinn in seinem, insbesondere beruflichen, Leben. Kreativität quasi wie eine ‚Fließbandleistung' erbringen zu müssen, um überleben zu können, steht im starken Widerspruch zu dem Wunsch des Klienten, mit der Kreativität sich selbst und dem was ‚ich bin', Ausdruck zu verleihen.

Die Selbstreflexion des Klienten auf seine Erfahrungen, seine Lebenshintergründe, die bestehenden Glaubenssätze, seinen hohen Werteanspruch führten dazu, dass sich hinter dem Vorhaben, die Akquise zu verbessern, das eigentliche Thema der Sinnfindung auftat.

Es wurde im Prozess wichtig, zuerst die Sinn-Erfahrungen des Klienten zu beleuchten und diesen Erfahrungen dann eine andere ‚Blickrichtung' anzubieten. Dabei wurde mit kreativen Elementen gearbeitet, um Flexibilität ins Denken zu bringen und über diesen Weg die eigene Kreativität für eine gute Lösung wieder bereitstellen zu können.

Die existenzielle Frustration, das Sinnlosigkeitsgefühl, drückt sich im Fall meines Klienten besonders in der beruflichen Situation aus, zeigt aber auch Auswirkungen auf seine Privatsphäre. Beruflich führt es zur Blockade der kreativen Entfaltung, zur Selbstabwertung der eigenen Arbeit und zur Unfähigkeit, sich aus der negativen Gedankenwelt zu lösen. Besonders das Festhalten an negativen Gedankenmustern führt zu einer vermehrten Fixierung auf das im ‚existenziellen Vakuum' dahinvegetierende eigene Bild des Ichs.

So zielen dann auch die Interventionen im Coaching darauf ab, den Sinn-Raum zu öffnen, Verschüttungen freizulegen, und neuer Sinnhaftigkeit erste Impulse zu geben.

Ausgangssituation

Herr Blau ist Fotograf und Webdesigner, er ist seit mehr als 20 Jahren selbstständig. Zusammen mit seiner Exfrau hat er eine Agentur aufgebaut, seit der Scheidung arbeitet er alleine. In den letzten Jahren hat sich die finanzielle Situation für ihn verschärft. Das liegt zu einem daran, dass für Fotos in der Werbebranche zunehmend weniger gezahlt wird, der Aufwand für die Fotos aber der gleiche bleibt und der Anspruch der Kunden an die Ausrüstung immer höher wird. Zum anderen liegt ein Grund dafür, dass sich Herr Blau mit der Akquise für seine Arbeit immer schwerer tut, darin, dass er *„vor den Agenturen nicht schauspielern möchte"* und zunehmend das Gefühl hat, dass seine Arbeit nicht ausreichend wertgeschätzt wird.

Herr Blau hat eine Familie mit zwei Kindern, für die er sorgt. Die finanzielle Situation führt dazu, dass er unter Druck dazu neigt, Aufträge anzunehmen, die er eigentlich nicht akzeptieren möchte. *„Ich habe das Gefühl, etwas nicht leben zu können."*

„Ich habe das Gefühl, etwas nicht leben zu können."

Obwohl ihm seine Arbeit Spaß macht, hat er gleichzeitig aber auch das Gefühl, durch die Arbeit und dem Druck, damit Geld verdienen zu müssen, nicht ausreichend Zeit für Dinge zu haben, die ihm wichtig sind. Ihn überfällt sofort ein schlechtes Gewissen, wenn er etwas für sich tut, er hat Angst andere mit ‚seinem Egoismus' zu verletzen. Dieses Gefühl hat er im privaten und im beruflichen Bereich. Das Gefühl des schlechten Gewissens ‚lebt ihn', ohne dass er sich des Auslösers bewusst ist.

„Andere bestimmen über mein Leben" – mit dieser Feststellung beginnt das Erstgespräch. Auf die Frage „Woran machen Sie das fest?" berichtet Herr Blau, dass er dieses Gefühl schon in der Grundschule

Erstgespräch: „Ich weiß nicht was ich will, dafür weiß ich, was die anderen wollen ..."

hatte, als eine Lehrerin zu ihm sagte „Blau, deine Arbeit ist sechs und so siehst Du auch aus". Er berichtet, seine Eltern hätten es gut mit ihm gemeint und viel getan. Allerdings waren damit auch Erwartungen verbunden: *„Über meinem Bettchen stand: Du wirst Arzt."*

Die von den Eltern finanzierten Berufsberatungen, in die auch die Analyse der Hobbys einfloss, führten zunächst zu einem Schiffsmaschinenbau-Studium, das nach einem halben Jahr von ihm abgebrochen wurde. *„Ich wäre gerne zur See gefahren, aber dafür zu studieren, das wollte ich nicht, es hat einfach keinen Sinn gemacht, ich wollte einfach nur so zur See fahren."* Diesem Studienversuch folgte ein BWL-Studium, das er nach sechs Semestern abbrach. Schließlich erfolgte eine Ausbildung zum Fotograf.

„Alles machte für mich keinen Sinn, und ich wurde mir immer mehr meiner eigenen Orientierungslosigkeit bewusst." Die große Leidenschaft war aber immer die Seefahrt. Herr Blau stellt fest *„in meinem Werdeprozess habe ich immer Rücksicht auf die Wünsche und Erwartungen der anderen genommen, zuerst auf den Wunsch meiner Eltern, dann auf meine Frau, meine Kinder. Wenn ich mein Leben rückwirkend betrachte, hat es dazu geführt, dass ich sehr vorsichtig geworden bin. Ich merke deutlich, dass ich mich und meine Interessen ganz stark zurücknehme, um niemanden zu verletzen. Ich bin von mir nicht überzeugt. Es fällt mir schwer, mich und meine Arbeit anzupreisen. Meine Bedürfnisse werte ich immer wieder ab. Mit der Rücksichtnahme auf andere versuche ich zu vermeiden, dass mir jemand etwas vorwerfen kann."*

Aus dieser Reflexion formuliert Herr Blau seine Absichten, über die er im Coaching zu einer Lösung seines Anliegens, besser in der Akquise zu werden, gelangen will:

„Ich möchte den Umgang mit mir selbst verändern, d.h., ich möchte meine Betrachtungswinkel verändern, mehr ausprobieren, mutiger werden, mir gegenüber aufmerksamer werden.

Ich möchte den Umgang mit meiner Umwelt verändern, mich selbst besser verkaufen (beruflicher Aspekt), *ich möchte flexibler mit meiner Umwelt umgehen können."*

Aus seinen ersten Erzählungen und Erinnerungen leite ich für die weitere Arbeit in dieser ersten Sitzung einige Hypothesen ab.

Erste Arbeitshypothesen

▶ Herr Blau ‚muss' vieles tun. Diese Haltung blockiert ihn, und er ist immer weniger in der Lage, seinen Bedürfnissen entsprechend zu handeln.

▶ Er sagt oft ‚ja' wenn er eigentlich ‚nein' sagen möchte, das führt bei ihm zu Stress.

▶ Durch die ständige Rücksichtnahme auf andere weiß er immer weniger, was er selbst eigentlich möchte.

▶ Er ist sich der ‚Ver-Antwortung', die er für seine eigenen Bedürfnisse hat, nicht bewusst.

In der Folge beschreibt Herr Blau seinen Werdeprozess. Seinen damit verbundenen Äußerungen über Handlungen, Entscheidungen und damit entstehenden Emotionen wird von mir eine uneingeschränkte, akzeptierende Aufmerksamkeit entgegengebracht. Es war mir im ersten Kontakt wichtig, dass Herr Blau erkennt, dass es kein ‚richtig' oder ‚falsch' gibt, sondern ein ‚passend' oder ein ‚weniger hilfreich', und er sich dadurch vertrauensvoll im Coaching vorwagen kann.

Da Herr Blau viele seiner Erinnerungen negativ beschreibt, habe ich als erste Intervention einen bewertenden *Rückblick auf das von ihm bisher Erlebte* eingeleitet. Dazu habe ich die Kategorien ‚was war gut /hilfreich' und ‚was war weniger gut/weniger hilfreich' gewählt. Diese kleine Strukturhilfe ermöglicht dem Klienten, neben dem ihm bekannten Blick ins Negative auch das wieder zu erinnern, was unverrückbar gut und hilfreich in seinem Leben längst auch einen Platz gefunden hat. Herr Blau fasst zusammen:

Was war gut/hilfreich	Was war weniger gut/weniger hilfreich
Ich als Fotograf: ▶ bin handwerklich und visuell gut. **Ich als Vater:** ▶ bin ein guter Förderer. ▶ bereite meine Kinder gut auf das Leben vor. ▶ bin für sie da. ▶ bin fürsorglich und liebevoll. **Ich als Genießer:** ▶ Wenn ich alleine bin, kann ich genießen. ▶ Ich kann manchmal genießen, wenn ich mit Freunden zusammen bin, das geht am besten mit zwei oder drei Freunden. **Ich als Sportler:** ▶ mache individuelle Sportarten.	**Ich als Partner:** ▶ Ich habe manchmal eine mangelnde Aufmerksamkeit gegenüber meiner Partnerin. ▶ Ich sollte mal was schenken. ▶ Ich sollte im Gespräch aufmerksamer sein. **Ich als Verkäufer meiner Leistung:** ▶ Es fällt mir schwer, mich anzupreisen. ▶ Ich bin von mir selbst nicht überzeugt. ▶ Ich werte mich immer wieder ab. Als **Genießer** hindert mich am Genuss: ▶ Rücksichtnahme auf andere ▶ Kunden ▶ Familie/Partner/gesellschaftliche Verpflichtungen

Abb. 17: Strukturhilfe ‚gut/hilfreich' und ‚weniger gut/weniger hilfreich'

Resümee der ersten Sitzung

Zu Beginn seines Berufsweges entstand eine große Orientierungslosigkeit – ähnliche Gefühle haben ihn dazu bewogen, ins Coaching zu kommen. Herr Blau möchte etwas an seiner beruflichen Situation verändern, er weiß aber noch nicht was und infolgedessen auch nicht, wie er etwas ändern könnte. Ihm sind die Leidenschaft und Kreativität, die ihm für die Ausübung seines Berufes wichtig sind, abhanden gekommen. Der Rückblick auf das bisher Erlebte ermöglichte ihm, nicht nur die von ihm kritisch und negativ bewerteten Situationen zu erinnern, sondern vermochte auch, die guten wieder ins Bewusstsein zu rücken. Das als positiv Erlebte gab ihm einen wichtigen Impuls für die zukünftige Entwicklungsrichtung. Auf dieser Basis konnte eine Auftragsklärung vorgenommen werden.

Die zweite Sitzung

Herr Blau kommt erwartungsvoll in das zweite Gespräch. Er fragt sich, ‚ob nur ich das so sehe', ein schlechtes Gewissen damit zu haben, wenn man etwas für sich tut. Dann wird er konkret: Er habe Angst, andere mit seinem Egoismus zu verletzen. Dabei gäbe es sogar Situationen, in denen er sich als egoistisch empfindet, von seiner Lebensgefährtin jedoch das klare Signal kommt ‚das kannst Du ruhig so machen'.

Auf sein Umfeld Rücksicht zu nehmen und sich schlecht zu fühlen, wenn er dies aus seiner Sicht nicht ausreichend tut, dies ist für ihn ein Regelkreis, ein Normalzustand, der ihn zunehmend belastet. Ich spiegele ihm mein Empfinden, dass er Situationen interpretiert, ohne nachzufragen, ob der Grad seiner Rücksichtnahme von anderen Menschen ebenso eingeschätzt wird wie von ihm. Dass er über sein Verhalten in Situationen grübelt und sich über den Auslöser für seine Verhaltensmuster nicht im Klaren ist. Dass er zwischen Zuversicht und Zweifel schwankt und nun der Zweifel meist die Oberhand gewinnt und damit der Kampf ‚im Kopf' schon verloren ist.

Ich erlebe Herrn Blau als eine Persönlichkeit, die auf ihr schlechtes Gewissen reagiert, ohne zu hinterfragen, warum sie es gerade jetzt hat. Das schlechte Gewissen gehört fast schon zum Alltag, über es zu sprechen, wird schon zur Selbstverständlichkeit. Eine Wirkung zeigt sich dabei in der Schnelligkeit, in der Herr Blau seine Gedanken vorträgt.

Ich finde es daher wichtig, den Prozess zu verlangsamen und die Momente, über die er in meiner Wahrnehmung eher flüchtig berichtet, deutlicher zu hinterfragen und dabei auf das, was er in jenen Momenten gefühlt hat, den Fokus zu lenken. Die Fragen in dieser Sitzung dienen dazu, dass Herr Blau mehr ins *bewusste Wahrnehmen* kommt. Ein Beispiel:

Herr Blau: *„... schon bevor ich dort angerufen habe, hatte ich bereits ein schlechtes Gewissen."*

Coach: *„Wie war das vor dem Anruf? Was genau ist da in Ihnen vorgegangen? Was haben Sie gespürt, was ist da in Ihnen passiert?"*

Herr Blau berichtet, dass er sich schon oft im Vorfeld vorstellt, wie die Reaktion des Gegenübers ausfallen könnte (Ihr Anruf kommt uns ungelegen, wir haben gerade Zeitdruck; Ihr Anruf ist unpassend, wir haben zur Zeit keine Aufträge für Sie ...), und dass er dann schon ein schlechtes Gewissen hat, ohne überhaupt mit seinem Gegenüber gesprochen zu haben. Er erkennt nun, welche Gefühle durch welche Gedanken erzeugt werden und welche Wirkung diese auf ihn haben.

Die ‚Hausaufgabe' für ihn wird, dann, wenn sein schlechtes Gewissen ‚ihn wieder denkt', innezuhalten und zu überlegen, welcher unmittelbar zuvor gedachte Gedanke zu diesem Gewissensempfinden geführt hat.

Resümee

Das schlechte Gewissen hat sich bei Herrn Blau verfestigt, es ist quasi schon ‚abgespeichert' und wird von ihm dadurch auch nicht mehr hinterfragt. Was konkret zu diesen Empfindungen führt, ist ihm anfangs nicht bewusst. Durch das Nachspüren solcher Situationen und das Fokussieren darauf, was in solchen Momenten genau stattfindet, ist er in der Lage zu reflektieren, welche Form von Gedanken zu welcher Form von Reaktion und Wirkung führt.

Die dritte Sitzung

„Es fällt mir schwer, mich richtig zu freuen."

„Es fällt mir schwer, mich richtig zu freuen. Das negative Schema hat sich im Laufe meines Lebens verselbstständigt. Ich habe nichts gefunden, um diesem ehrlich etwas entgegenzusetzen. Ich bin meist im Kopf, ein logischer Mensch, und die negativen Bilder entstehen fast von selbst."

Herr Blau berichtet weiter, dass es eine sehr positive Erfahrung war, seine jetzige Lebensgefährtin getroffen zu haben, *„als wäre ein Schalter umgelegt worden, einfach toll."* Positiv erlebt er das Zusammenleben mit seinen Kindern und die Freundschaft mit seinem besten Freund, der für ihn wie ein Bruder ist. Ich erlebe Herrn Blau erstmals intensiv im Kontakt mit seinen positiven Gefühlen, seine Mimik und Gestik sind sehr lebendig, und er strahlt.

Unmittelbar danach wird er melancholisch und meint: *„Ich denke, ich bin nicht gut genug, ich bin von mir nicht überzeugt. Ich kann unheimlich viel, aber eben nur mittelmäßig."*

Erweiterte Hypothese und Interventionswahl

Mir fällt auf, dass sich das Muster
- ‚Hyperreflexion ▶ Grübeln ▶ Abwertung ▶ schlechtes Gefühl' und
- ‚Fühlen ▶ Freuen ▶ Aufwertung ▶ gutes Gefühl'

erneut zeigt. Hieraus ergibt sich für mich eine entsprechende Erweiterung der Arbeitshypothesen.

Herr Blau gerät, sobald er über etwas nachdenkt, ins Grübeln, in einen negativen Gedankenstrudel, in seine eigene Abwehr. Hingegen, wenn er mit seinen Gefühlen in Kontakt ist, wirkt er lebendig und humorvoll. Um dies zu unterstützen, wähle ich eine Intervention, die ihn in stärkeren Kontakt mit sich und seinen Gefühlen bringt: die Foto-Intervention.

Foto-Intervention

Ich lege zahllose Fotos aus verschiedenen Bereichen auf dem Boden aus. Ich weiß, ich habe einen Klienten vor mir, dem der Wert Perfektion viel bedeutet. Als wir beginnen, mit den Fotos zu arbeiten, bestätigt er dies auch gleich durch seine erste Reaktion. *„Das habe ich auch schon fotografiert", „Das hätte ich anders gemacht", „Das ist dem Fotografen besser gelungen als mir"* usw. Ich bitte ihn, ebendiese Bilder aus seiner Auswahl herauszunehmen, die er mit seinen persönlichen Qualitätsmaßstäben in Verbindung bringt, um den weiteren Prozess nicht mit dem Wert ‚Perfektion' zu überlagern. Er sortiert zwei Dutzend Fotos aus. Mit den übrigen gut einhundert Bildern arbeiten wir weiter.

„Bitte wählen Sie die zehn Bilder aus, die Sie emotional besonders ansprechen und bringen Sie diese in eine Reihenfolge, so dass das erste Bild Ihr Lieblingsbild zeigt usw." Herr Blau nimmt sich viel Zeit, dieser Zugang tut ihm sichtlich gut. Der ‚Weg zum Gefühl' verläuft langsam und ruhig. *„Was empfinden Sie, wenn Sie die einzelnen Bilder betrachten?"*

Seine erste Wahl fällt auf zwei blaue Bilder. *„Das symbolisiert für mich Ruhe, Entspannung, Wasser, Leben, Weite, Meer, Delfine, Zuhause."*

Das nächste Bild zeigt ein Paar, die beiden folgenden Fotos Szenen mit Wasser und Steinen und Wasser mit Spiegelungen. *„Wenn ich ohne Wasser bin, dann bin ich zu nichts zu gebrauchen! Selbst in die Berge fahre ich, um dort in Seen tauchen zu gehen."* Er spürt in den Bildern Gefahr, Geborgenheit, Herausforderungen, das Fließen, Schwerelosigkeit, sehr viel Kraft, Leben und Genuss.

Eine Gruppe von vier Bildern zeigt Leuchtturm, Golfplatz und Golfball, und Herr Blau hält inne: Keltisch, Nähe, Wasser, Dünenlandschaft, fließende Hügel, Gastfreundschaft, Konzentration, Entspannung. *„Wissen Sie, ich kann über Konzentration Entspannung erreichen. Etwas mit den Augen abzugrasen, ist für mich Entspannung."*

Das letzte Bild zeigt den Einfluss des Windes: *„Das ist sehr positiv für mich besetzt, die Kraft, die im Wind ist, finde ich faszinierend"*, Symbol für Selbstüberschätzung, Demut vor der Natur, fächelnde Kühle.

Herr Blau reagiert stark auf diese Assoziationen. Ihm wird jetzt bewusst, dass alles, was ihm etwas bedeutet, mit Ausnahme der Konzentration beim Fotografieren, nicht in seiner beruflichen Arbeit vorhanden ist. Er weint.

Wir fassen zusammen:

▶ Vieles, was in Ihnen Begeisterung und Zustimmung auslöst, finden Sie in Ihrem Job derzeit nicht wieder.

▶ Die Begeisterung für Dinge ist zwar ein Wesensmerkmal der Fotografie, jedoch wirkt der Druck, mit diesem Beruf Ihren Lebensunterhalt finanzieren zu müssen auf Sie einengend.

▶ Sie arbeiten mit einem hohen Perfektionsanspruch. Darunter verstehen Sie, möglichst immer eine fehlerfreie Höchstleistung zu vollbringen, auch wenn es nicht nötig oder vielleicht auch nicht möglich ist.

▶ Die vorauseilende Vorstellung, dem eigenen Anspruch oder den Ansprüchen der Kunden oder Agentur nicht zu genügen, führt zu negativen Gefühlen, Selbstvorwürfen, Angst und auch Ärger.

▶ Ein Gewinn ist auch dann nicht möglich, wenn der Auftrag hervorragend gelaufen ist, da der Preis für den eingesetzten Aufwand an Zeit nicht bezahlt wird.

▼ Ist Ihnen, lieber Leser, das Festhalten an Perfektion auch vertraut? Und fragen Sie sich manchmal, warum das so ist? Bei Herrn Blau ist sie über lange Zeit ständig eingeübt worden.

‚Gesunde' Perfektion kann einen Beitrag leisten, Ängste wie ‚ich bin nicht gut genug', ‚ich werde mit meiner Arbeit nicht ernst genommen', ‚andere sind besser als ich', ‚andere haben bessere, aktuellere Mappen' zu steuern, indem sie einen Antrieb für die tägliche Anstrengung ‚es doch noch perfekt hinzukriegen' bildet.

Wird der Wert der Perfektion überdehnt, führt sie in eine eher zwangvolle Selbstabwertung, dann ist etwas nie und nimmer gut genug.

Menschen, die dem inneren Antreiber ‚sei perfekt' folgen, neigen dazu, immer alles gründlich machen zu wollen. Ihre Aufgaben meist ‚über'zuerfüllen. Sie setzen Perfektion ohne Rücksicht auf den Zeitaufwand stets an die erste Stelle. Sie streben nach Anerkennung und absolut fehlerfreier Leistung. ◢

Zwar könnte an dieser Stelle mit dem Anspruch an Perfektion weitergearbeitet werden, aber das würde Herrn Blau möglicherweise wieder in seine Hyperreflexion der Gedanken führen. Ich entscheide mich daher dazu, weiterhin die Ebene der Gefühle zu adressieren. Die Reaktion des Klienten auf die Bilder und die damit verbundenen Assoziationen, auf das Fehlende im Beruf und die dadurch ausgelösten Blockaden sind für mich starke Eindrücke. Und eine nebenbei abgegebene Erklärung von Herrn Blau lässt mich zudem aufhorchen *„bis auf meine Kinder und meine Lebensgefährtin gibt alles für mich keinen Sinn"*.

„Bis auf meine Kinder und meine Lebensgefährtin gibt alles für mich keinen Sinn."

Ich frage: *„Was von dem, was Ihnen in Ihrem privaten Leben sinnvoll erscheint und Ihnen gut tut, könnten Sie auf ihre berufliche Situation übertragen?"*

Herr Blau bemerkt, dass neben vielen freudvollen privaten Situationen auch die, die für ihn schmerzlich und chaotisch waren, durchaus auch rückblickend einen Sinn ergeben haben. *„Ich war dann am ehesten in der Lage, neue Sichtweisen auszuprobieren oder unkonventionell zu arbeiten, wenn die Lebenssituationen konfus bis grenzwertig waren."*

Diese Schilderung erstaunt mich. War nicht die Rede von Perfektion und Anspruch, von Sorge um Defizite, die andere an ihm wohl wahrnehmen würden? Und nun erkennt Herr Blau, dass gerade Unkonventionelles, was der Perfektion nicht selten diametral gegenübersteht, für ihn neue Sinnwirklichkeiten erzeugt?

▶ Aus existenzanalytischer Sicht setzt das Empfinden von Sinn Werte-Erkenntnis und Werte-Empfinden voraus. Sinn eröffnet sich dem Menschen dadurch, dass er bestimmte Lebensmöglichkeiten als Wert, als Herausforderung erkennt, diesen zustimmt und sie zu verwirklichen versucht. Die wichtigste psychische Fähigkeit zu einer sinnvollen Lebensführung ist es daher, bewusst empfinden, spüren, wahrnehmen zu können. ◢

Meine nächste Intervention richtet sich von daher auf die Wahrnehmung der eigenen Werte. Meine Vermutung ist – in Anlehnung an die ersten Arbeitshypothesen –, dass einige der von Herrn Blau ‚hoch gehaltenen Werte' nicht mit dem, was er leben möchte im Einklang stehen und er sich oft von diesen Werten überfordert fühlt. Deshalb halte ich es für wichtig, ‚seine' Werte zu identifizieren. Ich wähle dazu die Arbeit mit der LebensWerte-Kartenbox (Hinweise dazu finden sich auf der Website zu diesem Buch unter www.wertecoaching.biz).

Die vierte Sitzung

Die Analyse seines Wertesystems bekräftigt Herrn Blau in seiner Erkenntnis, *„mir ist es wichtig, mit Sorgfalt zu arbeiten. Für mich spielen auch Fairness, Rücksichtnahme und Verantwortung eine sehr große Rolle."* Und, mit Blick auf seinen Wertekanon, der insgesamt gut 70 Werte umfasst, sagt er: *„Viele davon habe ich schon mein Leben lang. Und mit mancher Widersprüchlichkeit, die zwischen ihnen ist, fühle ich mich oft überfordert."*

Auch die Masse der von ihm identifizierten Werte wirkt auf ihn beschwerend. Also bietet es sich an, zu erkunden, ob es eine Hierarchie der Werte bei ihm gibt. Her Blau wählt zwölf für ihn derzeit herausragende Werte aus und bringt sie in eine Rangfolge:

1. Achtung
2. Freiheit
3. Liebe
4. Verantwortung
5. Rücksichtnahme, Fairness
6. Respekt, Würde
7. Sehnsucht, Vergnügen
8. Anspruch, Qualität

Er ist sehr erstaunt, dass die Werte Fairness, Rücksichtnahme, Verantwortung, die aus seiner Sicht sonst immer an der Spitze standen, hier zurückstehen.

Wir sprechen über die Bedeutung der Wertebegriffe, und ich höre, dass Herr Blau manche Werte wiederum mit anderen Werten zu interpretieren versucht – ein Phänomen, das überdies oft wahrzunehmen ist und eine tiefere Klärung des Werteverständnisses im Sinne eines ‚der Wert hinter dem Wert' förmlich herausfordert.

So zeigt sich auch bei Herrn Blau, dass in der Beschreibung der Werte andere, wesentlichere Werte zum Vorschein kommen und sich damit auch die Rangfolge für ihn ändert:

- Verantwortung wird zum Wert Verbindlichkeit,
- Achtung und Respekt werden zum Wert Akzeptanz,
- Sehnsucht und Vergnügen verändern sich in den Wert Begeisterung,
- Qualität wird zur Sorgfalt.

Der Wert Begeisterung löst in Herrn Blau sehr viel aus. Sofort nimmt er in der Rangliste den ersten Stellen-‚Wert' ein. Er stellt fest, dass er sehr viel mit großer Begeisterung tut, dass er jedoch diesen Wert vor allen Dingen im privaten und bei seinen vielfältigen Freizeitinteressen auslebt, so zum Beispiel auch, wenn er privat fotografiert. In der beruflichen Fotografie jedoch, kann er diesen Wert nicht verwirklichen. Dazu fehle es ihm an Unbefangenheit.

Ich frage ihn: *„Fehlt dieser Wert noch in der Reihenfolge?"* Herr Blau bejaht und sagt: *„Unbefangenheit ist für mich ganz wichtig! Das spüre ich."* Ich schreibe den Wert ‚Unbefangenheit' auf und lege ihn neben die Karte ‚Begeisterung". Als er diesen Wert dort liegen sieht, meint er: *„Unbefangenheit würde mir erlauben, unkonventionell und experimentell zu arbeiten."* Und: Unbefangenheit, gepaart mit Begeisterung, würde ihm auch helfen, bei Agenturen anders aufzutreten. Die neue Reihenfolge stellt sich nun wie folgt dar:

1. Begeisterung, Idealismus (der für Herrn Blau sehr eng mit ‚Begeisterung' verknüpft ist), Unbefangenheit
2. Freiheit
3. Akzeptanz, Würde
4. Sorgfalt
5. Verbindlichkeit, Verpflichtung

▶ Überforderung durch Werte? Die Frage, die sich mir stellt ist, welches ‚Gefühlsgewicht' hat eigentlich ein Wert, der mir zwar wichtig und lebenswert erscheint und trotzdem für mich zur Last wird?

Woher kommt diese Last? Ich meine, wir Menschen richten unser Leben jederzeit nach bestimmten Werten aus, und wir ‚beweisen' diese Werte durch unsere Handlungen. Aber sind es immer die eigenen ‚Handlungen'? Werden Werte dann zur Last für uns, wenn es nicht unsere eigenen sind, wenn wir sie nur übernommen haben? Müsste es dann nicht zu einer ‚Ent-Lastung' kommen, wenn wir unsere eigenen Werte entdecken und uns an ihnen orientieren? Muss man sich von seinen Werten alles gefallen lassen? Ich meine, nein. ◢

„Herr Blau, einmal angenommen, diese Werte würden jetzt mit Ihnen in den Dialog treten, sie wären eine Art innerer Coach für Sie. Was würden sie Ihnen zum Beispiel in einem Akquisegespräch sagen?"

Zu Beginn dieser Intervention ist Herr Blau sofort wieder in seinem negativen Schema, die Werte geben zunächst nur negative Botschaften, sie zeigen auf, was er alles nicht kann, nicht tut: *„Mir fehlt einfach die Begeisterung!"* Ich spiegele ihm mit einer Negativ-Spirale seine für mich wahrzunehmenden Gedankengänge (siehe Abbildung 18).

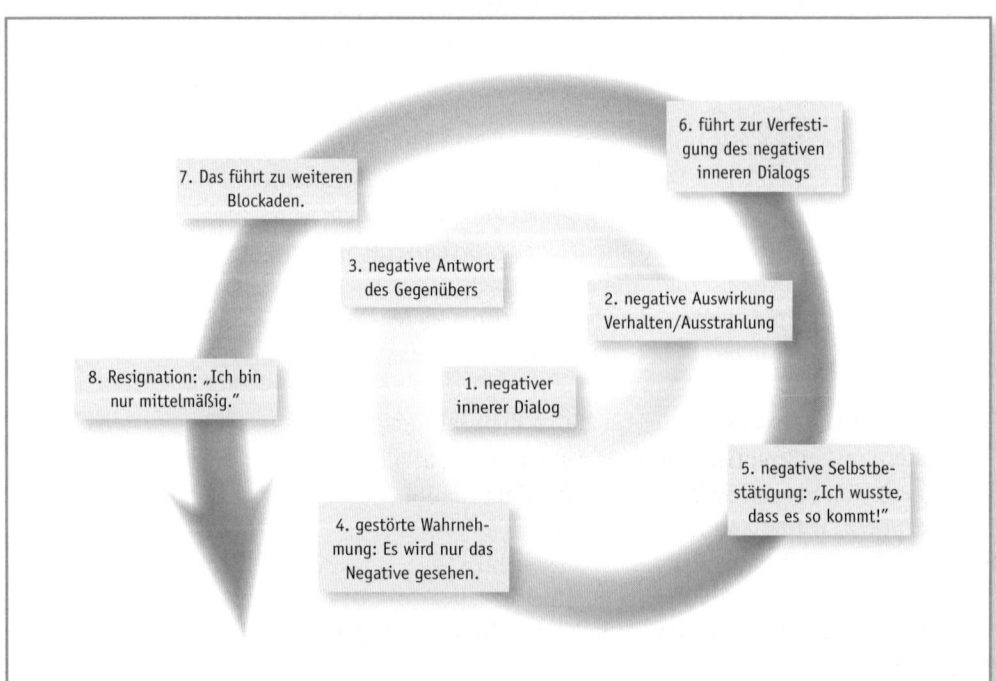

Abb. 18: Negativ-Spirale der Gedanken von Herrn Blau

Herr Blau: *„Ja, das ist mir voll vertraut, genau da bin ich immer drin, so ticke ich."*

Wir erarbeiten gemeinsam eine positive Gedankenspirale, danach beginnt er den Dialog mit den Werten noch einmal (siehe Abbildung 19), dazu nutzt er die Werte nicht in der oben angegebenen Reihenfolge, sondern setzt sie auf die Situation bezogen ein. In seiner Reflexion merkt er, dass ‚Vergnügen' einen eigenen Stellenwert für ihn hat und er diesen Wert in den Dialog gerne integrieren möchte.

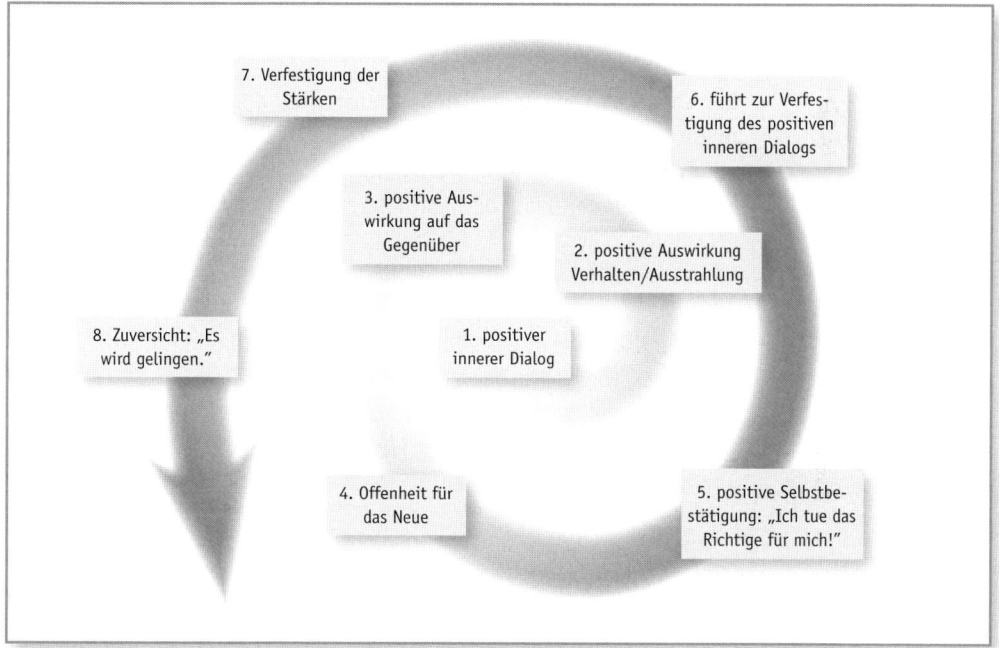

Abb. 19: Positiv-Spirale der Gedanken von Herrn Blau

- ‚Begeisterung': „Integriere mich endlich in Deine Arbeit."
- ‚Akzeptanz': „Akzeptiere Deine Fähigkeiten und Stärken."
- ‚Freiheit': „Du brauchst Deine Freiheit, nimm sie Dir. Nimm Dir auch die Freiheit, mal mittelmäßig zu sein."
- ‚Liebe': „Es ist schön geliebt zu werden, fang damit an, Dich zu lieben."
- ‚Verbindlichkeit': „Entwickle Deine Fähigkeiten kontinuierlich weiter."
- ‚Rücksichtnahme': „Nimm auf Deine Gefühle Rücksicht."
- ‚Fairness': „Sei nicht nur fair zu anderen, sondern auch zu Dir."

- ‚Würde': „Geh mit Würde unter. Mach Dich nicht zum Sklaven Deiner Kunden. Halte den Kopf oben."
- ‚Vergnügen': „Gib mir Raum in Deinem Alltag."
- ‚Anspruch': „Vergiss mich nicht, aber halte mich nicht immer so hoch."
- ‚Sorgfalt': „Mach weiter so, Du arbeitest sorgfältig."

Herr Blau stellt durch die Intervention der negativen/positiven Gedankenspirale und dem, was die Werte dann sagen, fest, dass der erste Schritt in eine andere Richtung der wäre, gütiger und gnädiger mit sich selbst zu sein. *„Mein Pessimismus ist meine Tendenz, mir immer wieder selbst den Wind aus den Segeln zu nehmen."*

Ich bitte ihn, sich gedanklich vorzustellen, gerade jetzt rufe eine Agentur an und wolle einen Kontakt herstellen. *„Was sagen Sie sich dann in Ihrem Inneren?"* Herr Blau: *„Soll ich da überhaupt hingehen? Die können mich eh nicht leiden."*

Ich frage ihn: *„Was würde nun passieren, wenn Sie die positiven Aussagen Ihrer ‚inneren Werte-Coachs' in einer solchen Situation leben und umsetzen würden?"* Den gesamten Dialog gibt die nachstehende Tabelle 4 wieder.

Innerer Dialog	Werte	Werte-Botschaft
Soll ich da überhaupt hingehen?	Freiheit Idealismus Begeisterung	▶ Ich habe die Freiheit, da nicht hinzugehen. ▶ Ich habe die Freiheit mitzuentscheiden wie das Gespräch läuft. ▶ Ich nehme meinen Idealismus und meine Begeisterung mit in diesen Kontakt. ▶ Ich freue mich über die Aufträge, schaue mir das Angebot an, und ich entscheide was ich will. ▶ Ich werde eine Erfahrung machen, die ich für mich auswerten kann – ich werde auf jeden Fall etwas lernen!
Die können mich eh nicht leiden. Ich passe nicht in deren Klischee (Fotografen).	Freiheit	▶ Ich mag die nicht leiden und übertrage das auf mich. ▶ Die müssen mich nicht leiden können. ▶ Die sind in der Regel unfreier als ich – die haben in/durch die Szene „einen Nagel im Kopf".
Die wollen wieder etwas Unmögliches für wenig Geld.	Anspruch	▶ Das bekommt Ihr von mir nicht. ▶ Ich biete an, etwas für wenig Geld zu machen (was diesen Preis wert ist). ▶ Oder ich mache das Unmögliche (was einen anderen Preis wert ist). ▶ Ich bin mir der Sorgfalt meiner Arbeit und dem Preis dafür ab sofort bewusst.

Wertecoaching in der Praxis

Innerer Dialog	Werte	Werte-Botschaft
Ich kann das nicht. Meine Kollegen bekämen das hin.	Akzeptanz Würde	▶ Ich akzeptiere meine Fähigkeiten und Stärken. ▶ Ich zeige meine Fähigkeiten und Stärken. ▶ Ich lebe würdevoll meine Kompetenzen und zeige sie.
Ich erfahre die Komplexität wieder nicht sofort und habe hinterher die Probleme.	Sorgfalt	▶ Ich nehme die Sorgfalt mit in die Auftragsklärung. ▶ Und ich berechne daraus das Auftragsvolumen (und damit den Preis).
Ich habe mich und meine Arbeit in den letzten Jahren nicht weiterentwickelt. Ich habe keine aktuelle attraktive Mappe.	Verbindlichkeit Verpflichtung	▶ Ich habe mich weiterentwickelt und dies bisher nur noch nicht verkauft. ▶ Ich will mich weiterentwickeln und werde Schwerpunkte setzen. ▶ Ich entwickle meine Fähigkeiten kontinuierlich weiter.

Tab. 4: Innerer Dialog mit Werte-Coachs

Herr Blau: *„Das fühlt sich total gut an. Wenn ich gütiger auf meine Arbeit schaue, dann kann ich sehen, dass ich mich weiterentwickelt habe, ich habe kontinuierlich meine fotografischen Fähigkeiten erweitert. Ich bin nur nicht in der Lage, das zu verkaufen."*

In diesem Dialog wird ihm deutlich, dass die Werte ‚Rücksichtnahme' und ‚Fairness' ihm zwar sehr wichtig, aber im Kontakt mit Agenturen eher hinderlich sind. Er glaubt, wenn er diese dort leben würde, käme er wieder in die Situation, sich ausgenutzt zu fühlen. Wichtig für ihn ist es zu erkennen, dass er sich mit seiner negativen Gedankenspirale immer wieder selbst blockiert. Er ist dann darin gefangen, dreht sich nur um das, was er *nicht* kann, was alles *nicht* funktioniert, was er *nicht* vorzuweisen hat. Dann nimmt er kaum noch wahr, was er an Positivem leistet.

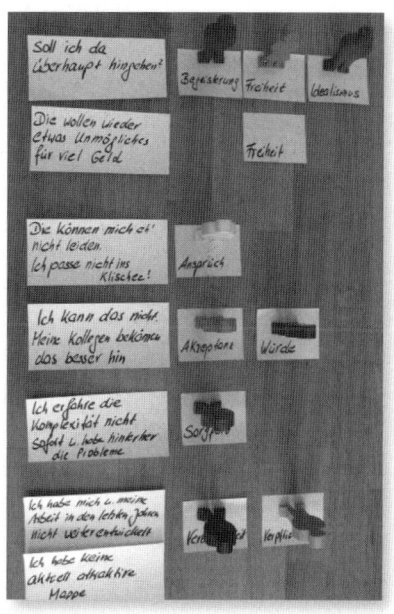

‚Innere Werte-Coachs' von Herrn Blau

Während der Arbeit mit den ‚inneren Werte-Coachs' kommt er mit sich selbst in Kontakt, ist berührt, teilweise auch amüsiert. Er lacht über sich selbst und kann mit einer Selbstdistanzierung wahrnehmen, dass einiges nicht so gut funktioniert, dass vieles gut funktioniert und dass er zwischen den beiden Anteilen unterscheiden kann.

▼ Viele Veränderungsversuche werden durch internalisierte Glaubenssätze torpediert, da sie vom Klienten als eine Realität wahrgenommen werden. Sie führen, je nachdem ob der Inhalt positiv oder negativ ist, zu einer Bereicherung oder wie im Fall von Herrn Blau, zu einer Einschränkung des Denk- und Verhaltensrepertoires. Die dauernde negative ‚Selbst-Suggestion' zeigt bei ihm eine ‚Kettenreaktion': Zunächst wird etwas beobachtet, dann wird die Beobachtung negativ interpretiert, es erfolgt eine Abwertung, dies führt zu einer Überzeugung und dann letztendlich zu einer Nicht-Handlung.

Der Schlüssel zur Veränderung der negativen Gedankenkette liegt darin, die selbstbeschränkenden Überzeugungen zu identifizieren und aufzulösen oder zumindest stark zu reduzieren. Dazu ist es nötig, den negativen Gedanken auf den Grund zu gehen und zu überprüfen, ob sie eine Berechtigung haben oder vielmehr eine Interpretation einer Beobachtung sind. Die Erkenntnis, dass Gedanken sich aus individuellen Überzeugungen ergeben, ist ein wichtiger Schritt, um eine Veränderung zu ermöglichen. ◢

Die ‚Hausaufgabe' für Herrn Blau ist es daher zu schauen, wie er die positiven Aussagen der ‚inneren Werte-Coachs' in relevanten Situationen nutzen kann.

Die fünfte Sitzung

Zwischen der letzten und der jetzigen Sitzung liegen drei Monate. Herr Blau musste sich um seine kranke Mutter kümmern und ist danach in einen längeren Urlaub gefahren. Er berichtet über seinen Urlaub, er hat ihn zusammen mit seiner Lebensgefährtin gemacht und die gemeinsame Zeit sehr genossen. Er wirkt glücklich und von dem Erlebten begeistert. Über seine Hausaufgabe aus der letzten Sitzung hat er im Urlaub viel nachgedacht und will sich anstrengen, nun positiver eingestellt in Gespräche zu gehen.

„Morgens sage ich zu mir, jetzt gehst Du los und machst Fotos, aber das geht überhaupt nicht, es geht einfach nicht!"

Er erzählt, wie stolz er auf seine beiden Kinder ist, ganz besonders stolz ist er auch auf ihre Kreativität. Während er das erzählt, wird er ganz traurig und sagt: „So war ich auch einmal, wo ist bloß mein Potenzial geblieben? Ich frage mich oft, warum gehst Du nicht einfach in die Akquise? Dann kommt sofort der Gedanke: ‚Du hast nichts vorzuweisen, Du hast eine alte Mappe'. Morgens sage ich zu mir, jetzt gehst Du los und machst Fotos, aber das geht überhaupt nicht, es geht einfach nicht!"

Herr Blau hat ein kleines Buch mitgebracht, das er für seine Lebensgefährtin gemacht hat und auf das er sehr stolz ist. Die Fotos wirken wie Gemälde, sie haben eine hohe Farbintensität und sind aus ungewöhnlichen Perspektiven aufgenommen.

„Können Sie mir sagen, was Sie gerade empfinden, wenn Sie dieses Buch in der Hand haben?"

Da seit der letzten Sitzung ein längerer Zeitraum vergangen ist stelle ich diese Frage, um herauszufinden, welches Thema für den heutigen Tag relevant ist. Es wird deutlich, dass Herr Blau glaubt, er sei nicht mehr kreativ und darunter sehr leidet.

Kreativität verbindet er mit freier Entfaltung, mit Begeisterung – fotografieren ohne Druck. Während der Gedanke, dies tun zu müssen, um davon leben zu können, ihn lähmt.

Er berichtet, dass ein Freund ihm geraten habe, seine ‚Dachrinnen-Fotos' auszustellen. Das kann er sich im Moment aber noch nicht vorstellen. Dachrinnen zu fotografieren ist eine seiner privaten Leidenschaften. Er erzählt ganz aufgeregt davon, welche Vielfalt in Dachrinnen steckt.

„Was ist an Dachrinnen anders?"

Herr Blau: *„Sie sind faszinierend, auch das dazugehörige Umfeld, es ist trocken, es ist nass, sie sind zerbrochen, sie sind sauber, sie sind verstopft, in ihnen bewegt sich etwas."*

Ich nutze diesen „positiven Trance-Moment", um ihn im inneren Erleben und Fühlen zu lassen, indem ich die beschriebenen Eigenschaften der Dachrinnen aufgreife und sie mir von ihm konkreter erklären lasse:

▶ **nass:** es glänzt, es ist geschmeidig, beweglich, schillerndes Licht, Reflexion, es ist auch vergänglich – es trocknet wieder
▶ **trocken:** ausgetrocknet, unkreativ, unflexibel, Routine – Routine ist das Schlimmste, es ist wie, dass ich verdorre – meine Fähigkeiten verkümmern

- **zerbrochen:** alt, aber interessant, überlastet
- **sauber:** scheinbar neu, relativ uninteressant, es lebt nicht
- **verstopft:** toll, wie das Wasser darin steht, sich das Licht spiegelt, manchmal sieht man dadurch auch etwas nicht

„Was hat das, was Sie da beschrieben haben, mit Ihrer Arbeit zu tun?"

Herr Blau: *„Alles! Dies zeigt die Vielschichtigkeit meiner Arbeit, es ist immer ein Sowohl-als-auch. Ich denke seit unserem letzten Treffen besonders darüber nach, was ich alternativ machen kann. Ich bin auf der Suche, etwas anderes zu machen, auch vor dem Hintergrund der wirtschaftlichen Schwierigkeiten. Allerdings ist meine Kreativität weg, sie ist einfach raus."*

„Und was wäre, wenn das, was Ihnen gerade zu den Dachrinnen auffällt und wichtig erscheint, wenn also das, was dazu genau jetzt in Ihrem Bewusstsein ist, die Information enthält, die eine gute Lösung möglich macht ..."

Herr Blau: *„Ja, dann würde ich entdecken, unbekanntes Terrain betreten, suchen und finden, da wäre Unbefangenheit, da wäre Leidenschaft."*

„Wenn Sie das nehmen und auf Ihre Arbeit übertragen, auf eine Arbeit die für Sie sinnvoll ist – welche Möglichkeiten würden sich dann für Sie erschließen?"

„Mein Gott, die Summe von allem ist Kreativität. Ich frage mich, ist der Sinn meines Lebens bloße Kreativität?"

Herr Blau trägt zusammen:

- **entdecken und forschen** = ich könnte für eine Bildagentur Fotos machen oder eine eigene Bildagentur gründen
- **unbekanntes Terrain betreten** = an Ausstellungen teilnehmen, ich könnte auch einen Bildband machen
- **suchen und finden** = neue Motive, ich könnte neue Sichtweisen ausprobieren
- **Unbefangenheit** = ich könnte einfach an Motive rangehen
- **Leidenschaft** = ich könnte meine Leidenschaft mit der beruflichen Fotografie koppeln

„Mein Gott, die Summe von allem ist Kreativität. Ich frage mich, ist der Sinn meines Lebens bloße Kreativität? Das wäre für mich der Hammer. Das ist unglaublich positiv. Wenn der Sinn des Lebens tatsächlich für mich Kreativität ist, dann fühle ich mich darin oft

eingeschränkt. Ich fühle mich bei Kundenaufträgen eingeschränkt, es nimmt mir den Spaß an meiner Arbeit, denn dort muss ich Klischees bedienen."

Das Bild mit den Eigenschaften der Dachrinnen habe ich benutzt, um eine Distanz zum Problem ‚meine Kreativität ist weg' zu schaffen. Es ging mir darum, von der Problemsicht ins lösungsfixierte Arbeiten zu kommen. Die kreative Assoziation über die Eigenschaft der Dachrinnen hat dazu geführt, dass die Schwarz-Weiß-Sicht und die verzerrte Wahrnehmung, die für den Klienten in diesem Moment seine Realität darstellt, ihm eine andere Sichtweise eröffnet. Diese neue Sichtweise ermöglicht es, in andere Wahrnehmungen und Interpretationen zu kommen, und damit wird Veränderung möglich.

In der nächsten Sitzung möchte ich die veränderte Wahrnehmung nutzen, den Blick auf die eigenen Stärken zu lenken, damit diese wieder wahrgenommen und genutzt werden können.

Herr Blau bekommt per E-Mail einen Test – den ‚Personal Indicator®' (mehr Information dazu auf der Website zum Buch) – zugesandt. Dieser Test baut auf zwölf Stärkenfeldern auf: Initiative, Bewahren, Verhandeln, emotionale Intelligenz, Autonomie, Organisation, Realitätssinn, Diplomatie, Wachstum, Struktur, Querdenken, Ganzheitlichkeit.

Das Ausfüllen des Fragebogens nimmt ca. 30 Minuten in Anspruch. Der Klient formuliert dabei zuerst sein Anliegen. In dem Test werden dann, auf der Basis einer Selbsteinschätzung, die persönlichen Stärken analysiert.

Die sechste Sitzung

Der ausgewertete Test liegt vor, und wir beginnen damit zu arbeiten. Die ausgeprägten Stärken sind: Bewahren, emotionale Intelligenz und Realitätssinn.

Bewahren: Es fällt mir leicht …
- mich an dem Motto ‚gut Ding braucht Weile' zu orientieren
- mit vorhandenen Ressourcen (finanzielle Mittel, Personal, Infrastruktur) gut auszukommen

- Risiko zu vermeiden
- auf Sicherheit zu achten
- zu planen, bevor ich etwas beginne
- die schönen Seiten des Lebens mit allen Sinnen zu genießen
- auf Harmonie zu achten
- eher konservativ als progressiv zu denken und zu handeln
- praktisch und pragmatisch an Aufgaben heranzugehen
- im Team zu arbeiten
- das, was ich tue, solide zu erledigen
- zu sammeln
- mich in Teams gut zu integrieren
- beständig zu sein

Emotionale Intelligenz: Es fällt mir leicht ...
- mich in andere Personen einzufühlen
- andere zu unterstützen
- Entscheidungen eher aus dem Bauch zu treffen
- die richtigen Worte zu finden
- ein offenes Ohr für die Anliegen anderer zu zeigen
- auf Emotionen anderer sensibel zu reagieren
- gut zuzuhören
- das Vertrauen anderer zu gewinnen
- in Auseinandersetzungen eher zurückhaltend zu bleiben
- mich auf Stimmungen (Musik, Filme, Natur) einzulassen
- über meine Gefühle zu sprechen
- anderen den ersten Schritt zu überlassen
- Kontakte und langjährige Freundschaften dauerhaft aufrechtzuerhalten
- mich von dem Motto ‚man sieht nur mit dem Herzen gut' leiten zu lassen

Realitätssinn: Es fällt mir leicht ...
- Fleiß zu entwickeln
- ökonomisch zu arbeiten
- mich an Zahlen, Daten, Fakten zu orientieren
- getreu dem Motto ‚Vorsicht ist die Mutter der Porzellankiste' vorzugehen
- einen Plan ‚B' zu entwickeln
- gut zu beobachten
- in der zweiten Reihe zu stehen
- auf Details zu achten
- analytisch zu denken

- Dienstleister zu sein
- anderen etwas beizubringen
- sparsam zu sein
- Situationen realistisch einzuschätzen
- auf Ursache-Wirkungs-Zusammenhänge zu achten

Viele dieser analysierten Stärken sind Herrn Blau vertraut, jedoch nicht immer bewusst für ihn verfügbar. Dadurch, dass er sich überwiegend an seinen Defiziten orientiert, hat er teilweise seine Stärken aus dem Blick verloren.

Der Fokus auf die vorhandenen ausgeprägten Stärken ist wichtig, da besondere Leistungen gut gelingen, wenn die vorhandenen Stärken genutzt und weiter ausgebaut werden, hingegen das Vermindern von Defiziten nicht dieselbe positive Wirkung zeigt. Herrn Blau wird deutlich, dass viele seiner Fähigkeiten in seinem Job und in seinem Privatleben nützlich und hilfreich sind. Ihm fällt es aber schwer, diese Stärken als die seinen anzusehen und er neigt dazu, sie herunterzuspielen.

Wir arbeiten mit den drei ausgeprägten Stärken: Bewahren, emotionale Intelligenz, Realitätssinn und daran, wie sie Herrn Blau bei seinem Vorhaben, verstärkt in die Akquise zu gehen, unterstützen können.

Bewahren:
- bestehende Kunden verstärkt wieder ansprechen
- Kontakte halten und pflegen
- alte ehemalige Kunden wieder ansprechen
- Plan zur Kundengewinnung entwickeln: Kundendatenbank anlegen, Newsletter regelmäßig verschicken, pro Monat mindestens zwei ‚alte' Kunden anrufen, pro Monat Kontakt mit zwei vorhandenen Kunden pflegen, einen neuen Kunden anrufen

Emotionale Intelligenz:
- konzeptionelle beraterische Tätigkeit: Bildsprache entwickeln, kostengünstige Lösungen finden, mich einfühlen in die Sicht des Kunden
- den Kunden mehr erforschen, mehr Hintergründe von ihm kennen, mehr nach seinen Bedürfnissen fragen. Herausfinden, wo sich der potenzielle Kunde bisher nicht verstanden gefühlt hat, wo er unzufrieden ist

- Lösungsansätze finden und dem Kunden anbieten, Fokus auf konzeptionelle Beratung statt auf fotografische Umsetzung

Realitätssinn:
- „Ich verlasse mein negatives Denken. Ich habe jetzt zum ersten Mal mit einem neuen Ausstellungsformat gearbeitet. Dadurch, dass ich das jetzt tue, wirkt das Bild ganz anders."
- „Ab sofort arbeite ich mit diesem Format weiter. Je größer das Bild ist, umso mehr zeige ich mich!"
- „Die Sequenz ‚ich zeige mich' will ich fortsetzen, zum Beispiel in Galerien meine Fotos zeigen, Fotobände machen, eventuell auch Postkarten oder Kalender."
- neue, verschiedene Perspektiven einnehmen: Hintergründe, Nähe, Weite, Blenden, Licht

... das Coaching ist noch nicht beendet

Herr Blau wird das Coaching fortsetzen und an seinen Themen weiterarbeiten. Er hat mir in einem Zwischenbericht mitgeteilt, dass er die ‚Dachrinnen' auf einem Foto zusammengestellt und vergrößert hat. Sie hängen jetzt in seiner Atelier-Wohnung *„zwischen den Bildern von Künstlern. Ich kann sie dort hängen lassen, mit einem sehr guten Gefühl, und ohne dass ich mir dabei noch klein vorkomme."*

Die Arbeit mit den ‚Werte-Coachs' und der Fokus auf seine Stärken haben bewirkt, dass er seine Arbeit aus einer anderen Perspektive betrachten kann und den künstlerischen Aspekt in den Vordergrund rückt. Er hat damit begonnen, seine Bilder zu kategorisieren, in Bilder, die dem Markt unbegrenzt zur Verfügung gestellt werden können und in Bilder, die einmalig sind und damit auch ‚wertvoll' für ihn und in der Preisgestaltung. Er wird in diesem Jahr seine erste Ausstellung geben – die Bedingungen dafür sind ausgehandelt und verbindlich.

Die Haltung Frankls, dass der Mensch sich generell als ein vom Leben Befragter verstehen soll, war für dieses Wertecoaching eine hilfreiche Leitplanke. Herr Blau trägt die Antworten in sich, und es ist spannend wie berührend zugleich, einen Menschen seinen Sinn finden zu sehen.

Einige der im Kapitel 3 dieses Buches beschriebenen Thesen waren mir gute Impulsgeber im Verlauf des Coachings mit Herrn Blau:

These 1: Ver-Antwortung

Bei Herrn Blau habe ich eine Erleichterung gespürt, sich auf die Frage ausrichten zu können, was das Leben von ihm jetzt und in seiner aktuellen Tätigkeit erwartet. So, wie Frankl in seiner therapeutischen Arbeit den Schwerpunkt darauf legte, seine Patienten auf das ‚jetzt Gesollte' anzusprechen und Analyseschleifen in die Vergangenheit so weit es ging zu vermeiden, so war dieses Coaching darauf gerichtet, was konkret eine erfolgreiche Akquise erleichtert und die damit verbundenen Entscheidungen und Handlungen dann auch zu verantworten.

These 3: Werte-Ordnung

Durch die große Bandbreite in seinem Wertesystem sah Herr Blau eine Chance darin, eine Werte-Ordnung zu schaffen, die aus einer früheren Überforderung durch sich widerstreitende Wertmaßstäbe nun eine klare Hinwendung zur ‚Begeisterung mit Unbefangenheit' leistet. Er sah, dass manche Werte überschätzt wurden und andere, die in Wirklichkeit wichtig waren, viel zu kurz kamen. Den Werten eine Ordnung zu geben, hat zu einer Entlastung im hohen Anspruchsdenken geführt. Durch eine mutige Distanzierung von einst als zentral angenommenen Werten, wurde es möglich, eine neue Werteordnung mit Sinnpotenzial zu schaffen.

These 4: Trotzmacht des Geistes

Für Herrn Blau war es wichtig zu erkennen, dass vieles von dem, was er als gegeben ansieht, in Wirklichkeit seiner inneren Einstellung entspringt. Er konnte erkennen, dass die negativen Denkweisen und Glaubenssätze ihn behindern und dass er die Möglichkeit hat, daran zu arbeiten und etwas zu ändern. Es war für ihn wichtig zu erkennen, dass die Veränderung nicht von außen, sondern von ihm selbst kommen kann und dass er ‚sich nicht alles von sich selbst gefallen lassen muss'. Dazu gehört auch die Erkenntnis, dass die Gepflogenheiten, die in Agenturen gelebt werden, ihm nicht gefallen und zum Teil auch seiner Persönlichkeit erheblich widersprechen. Gleichzeitig konnte er aus der distanzierten Betrachtung und mit Unterstützung seiner Werte eine neue Sichtweise gewinnen, die es ihm zukünftig ermöglicht zu entscheiden, wie er mit dem Thema Agentur umgehen will.

These 7: Tragischer Optimismus

Die wesentliche Aussage dieser These, die an die Trotzmacht des Geistes anknüpft, deutet auf die Erhöhung der eigenen Frustrationstoleranz. Indem Herr Blau die Dinge nun anders betrachtet, die in ihm eine leidvolle Erfahrung ausgelöst haben, erkennt er, dass er gerade in schmerzlichen Situationen ein hohes Kreativitätspotenzial freisetzen kann. Damit hat die leidvolle Situation an neuem Gehalt gewonnen – ‚das Gute im Schlechten' enthält wichtige Hinweise dazu, was er in Zukunft gerne in seiner beruflichen Tätigkeit wieder aufnehmen und leben möchte.

▼ Ich bin mir sicher, dass auch im weiteren Verlauf des Coachings die in den blauen Bildern wahrgenommenen Qualitäten in ihrem Stellenwert weiter ausgebaut werden. Herr Blau wird mit ihnen zu der Kreativität finden, die er braucht, um in allem, was er künftig tut, seinen ureigenen Sinn zu finden. ◢

Und was sagt der Klient zum bisherigen Verlauf?

Liebe Frau Salzig,

wenn ich auf die bisherige Zeit unseres Coachings zurückblicke, ist es schon beeindruckend, was sich in dieser Zeit alles ereignet und entwickelt hat.

Ein wichtiger Punkt bei unserer Arbeit ist sicherlich die Tatsache, dass es mir aufgrund des sich schnell einstellenden Vertrauensverhältnisses sehr leicht fiel, mich Ihnen zu öffnen.

Der Nachdrücklichkeit und Unverdrossenheit, mit der Sie mich immer wieder aus meiner mir eigenen pessimistischen, negativen Betrachtungsweise herausgeführt haben und mir die Funktionalität meiner Reaktionsmuster verdeutlicht und bewusst gemacht haben, ist es zu verdanken, dass ich mittlerweile tatsächlich oft in der Lage bin den ‚Schalter' zu finden.

Ebenso erstaunt kann ich bei mir beobachten, mit welchem steigenden Selbstbewusstsein ich meine eigenen Arbeiten betrachte.

Zu Beginn unserer Sitzungen hatte ich zunächst etwas Mühe, eine Richtung in den gemeinsamen Gesprächen und Arbeiten zu erkennen. Die Verwendung des sehr anschaulichen Materials, die praktischen Aufgaben und die teils ungewöhnlichen Hilfsmittel haben mir hierbei sehr geholfen, trotzdem zu den Ergebnissen zu gelangen, die uns weiterbrachten. Ich glaube, ich bin ein Mensch, der besonders auf optische Reize reagiert und dem es daher auch viel leichter fällt, mit entsprechenden Materialien zu arbeiten als mit theoretischen Schriften, Erörterungen oder Analysen.

Erstaunlich ist für mich die Wendung während des Coachings. Zunächst suchte ich nach einer Erklärung für meinen beruflichen Misserfolg, als wir plötzlich zur Wertefindung übergingen. Das hat meine Welt einerseits auf den Kopf gestellt, andererseits hat es mir ein unglaublich beruhigendes Gefühl gegeben, da ich meine Werteausrichtung nun kenne und mir dadurch viele Gedanken, Gefühle und Reaktionen verständlich werden und ich sie bewusst erleben und akzeptieren beziehungsweise lenken kann. Ich lasse mich auch nicht mehr von ‚fremden' Werten überfordern.

Ich finde langsam wieder einen Sinn in meiner Arbeit und die Perspektive, dadurch meine künstlerischen Arbeiten finanzieren zu können, ist ein echter Antrieb.

Die Arbeit mit Ihnen macht mir großen Spaß, und ich sehe inzwischen auch eine Richtung, wo die Entwicklung hingeht und das macht mich sehr zufrieden, auch wenn es eine ganz andere ist, als ich anfangs dachte.

Vielen Dank dafür.

Herr Blau

4.6

Sein und sollen

Ralph Schlieper-Damrich

Zusammenfassung

Frau Helfi geht es schlecht – eine dumpfe, schwache Stimme am Telefon erklärt, dass seit Wochen das Arbeitsverhältnis zum Vorgesetzten aus unerfindlichen Gründen derart verschlechtert sei, dass es nahe läge anzunehmen, man wolle sie von ihrem Arbeitsplatz bewusst verdrängen. Sie habe über das Internet recherchiert und gespürt, dass die Spezialisierung des Coachs auf das Thema Wertecoaching für sie das Passende sei.

Frau Helfi ist 46 Jahre alt, verheiratet, sie ist seit vier Jahren in ihrem Unternehmen beschäftigt, ihr Status lautet: Abteilungsleiterin Vorstandssupport. Sie ist als Führungskraft außertariflich eingruppiert.

Die Klientin leitet seit vier Jahren die Stabsstelle Vorstandsbüro und -assistenz. Sie führt zehn Damen, allesamt ausgebildete Fremdsprachenkorrespondentinnen, Managementassistentinnen und Chefsekretärinnen. Sie selbst berichtet ausschließlich an ein Vorstandsmitglied, der seinerseits zusätzliche Geschäftsführungs- und Aufsichtsratsmandate innehat. Die ihr unterstellten Mitarbeiterinnen arbeiten vornehmlich entweder für mehrere Vorstände oder in speziellen Projektaufträgen. Frau Helfi sieht sich mit einer Situation konfrontiert, in der sie keinerlei Orientierung und Sinn mehr erkennt. Und sie sagt: „Hätte ich nicht Verantwortung für meine Mitarbeiterinnen, die ich alle sehr schätze und wäre mir das Unternehmen und seine Ausstrahlung egal, dann wäre ich wohl schon längst dem Rat vieler Freunde und Bekannten gefolgt und hätte eine Trennung vollzogen. Aber vielleicht sollte ich Ihnen etwas mehr über meine Situation schreiben, damit Sie für unser erstes Treffen bereits einen tieferen Eindruck erhalten."

Da die Entfernung zwischen Wohn- und Arbeitsort der Klientin und den Räumen des Coachs über 500 Kilometer beträgt, werden zwei erste Halbtagessitzungen aufeinander folgend (Nachmittag des ersten Tages und Vormittag des zweiten Tages) vereinbart. Zudem avisiert die Klientin eine – die folgende – Informationsmail:

Von: m.helfi@vorstandfirma.de **An:** ralph schlieper-damrich
Betreff: aktuelle Arbeitssituation

Sehr geehrter Herr Schlieper-Damrich,

es gibt Zeiten im Leben, die erlebt ein Mensch nicht als Lebenszeit, vielmehr als Quälzeit. In einer solchen Quälzeit befinde ich mich, und meine Kräfte nehmen ab. Ich habe das Empfinden, dass in meinem Unternehmen etwas sehr Subtiles mit mir geschieht. Die Ursache dafür sind Verhaltensweisen meines Vorgesetzten, die sich mir seit Monaten nicht mehr erschließen.

Mein Vorgesetzter ist die letzten beiden Jahre der Sprecher der Geschäftsführung gewesen und nun zum Ende des Quartals zurückgetreten. Mit diesem Schritt sind auch weitere Positionen verbunden, einzig die Geschäftsführung in einer Auslandsorganisation behält er bei. In den vergangenen Wochen, in denen nicht er, sondern die Gerüchteküche darüber informierte, hatte ich ihn immer wieder auf das Thema angesprochen, jedoch ausweichende Antworten erhalten. Erst nach der entscheidenden Sitzung des Aufsichtsrats kam er beim Gang in sein Büro an mir vorbei und sagte, er sei zurückgetreten. Unter einer vertrauensvollen Zusammenarbeit stelle ich mir nun wahrlich anderes vor, und es verletzte mich schon sehr, dass die Stimmen 'hinter seinem und meinem Rücken' in eine Richtung gingen wie, ich wüsste wohl nicht, was los sei.

Am Tage der Entscheidung sprach ich ihn nachmittags an und fragte ihn, ob ich etwas für ihn tun könne, denn sicher gäbe es doch nun einige Informationen zu erteilen. Er aber gab mir nur unwirsch ein 'nein, danke' und bat darum, ihn nicht zu stören. Ich habe in meinen über 20 Berufsjahren schon einige Situationen im Management erlebt, in denen der Grad an Verschwiegenheit und Isolation groß war und mancher vielleicht sogar beleidigt gewesen wäre, dass er nicht involviert wurde. Die früheren Situationen konnte ich aber gut zuordnen, weil mir stets solche heiklen Momente derart angekündigt wurden, dass ich sie richtig einordnen und politisch auch wirkungsvoll flankieren konnte. Diese nun aber hat mich völlig verunsichert und traurig gemacht, und ich frage mich, ob ich denn irgendeine Schuld trage, die meinen Vorgesetzten zu einer solchen Haltung veranlasst hat. Überdies irritieren mich Verhaltensweisen, die, alleine für sich genommen, vermutlich keine besondere Auffälligkeit aufweisen – wenn ich aber nun selbst lese, was ich alles erinnere, dann bin ich doch sehr sorgenvoll.

Seit Wochen nehme ich einen Menschen wahr, der fahrig und hektisch wirkt, plötzlich und unerwartet sein Büro verlässt, um mit seinem Sportwagen für meist eine Stunde in die Schnelligkeit zu verschwinden und dabei einige Male von Mitarbeitern unseres Unternehmens gesehen wurde. Ich habe zudem bereits einige Verwarnungsgelder für seine Übertritte bearbeiten dürfen. Von produktiver, geschweige denn kooperativer Arbeit ist seit mehreren Wochen immer weniger zu spüren. Seine Impulse reduzieren sich darauf, in Meetings hineinzuplatzen, dort Botschaften zu lancieren und die Diskussion über diese Botschaften dann abzubrechen mit Sätzen wie ‚Sie werden sich dazu sicher geeignete Schritte einfallen lassen.'

Habe ich meinen Vorgesetzten von Anbeginn nicht als besonders der Ordnung verpflichtet in Erinnerung, so nimmt dieses Chaos nun seit geraumer Zeit für mich ärgerliche Dimensionen an. Anfragen an ihn beantwortet er nicht oder er schreibt ‚to do' auf die Seiten und gibt sie mir zurück.

Seine Zeitplansysteme werden von ihm ohne Aufmerksamkeit genutzt, so tauchen in meinem Büro Personen auf, die vehement angeben, Termine bei ihm zu haben, sich dann jedoch herausstellt, dass diese Termine zwar vergeben, aber an falscher Stelle durch ihn eingetragen wurden. Die Position meines Vorgesetzten ist vermutlich der Grund dafür, dass die Besucher den jeweiligen Lapsus verzeihen und sich dann von mir vereinbarte Termine zuteilen lassen. Aber auch hier ist es schon vorgekommen, dass ein solcher Termin von seiner Seite dann schlicht nicht wahrgenommen wurde und der Gast zum zweiten Mal ohne Resultat unser Unternehmen wieder verließ.

Mir sind solche Situationen zutiefst peinlich, und ihn darauf angesprochen, erhalte ich Antworten wie: ‚Es gibt Schlimmeres als einmal umsonst auf dem Parkplatz unserer Firma verweilt zu haben.'

Ich habe viel zu tun, aber es wundert mich, dass dabei die Anteile meiner Aufgaben, die unmittelbar mit dem Verantwortungsbereich meines Vorgesetzten verbunden sind, in den vergangenen Monaten kontinuierlich abgenommen haben. Ich erhalte signifikant weniger Anrufe oder Mails an ihn, Vorbereitungen auf Meetings mit seinen Direct Reports fallen spärlich aus, und früher häufige Einladungen zu irgendwelchen Events bleiben zunehmend aus.

Nach wie vor bereite ich ihm seinen sündhaft teuren Kaffee, den er auf einer Dienstreise einst für sich entdeckte, um ihn dann abends wieder zu entsorgen, ohne dass er auch nur eine Tasse genossen hätte. Natürlich erhalte ich die Antwort, dass der Kaffee nach wie vor gewünscht wird.

Die Unachtsamkeiten, die er in Sachen notwendiger eigener Insulingabe, Sitz der Kleidung oder Weitergabe vertraulicher Schriftstücke an Unbefugte zeigt, korrigiere ich, so gut ich sie wahrnehme. Äußerlichkeiten, die sich in seiner Körpersprache oder in Auffälligkeiten wie Blut an den von ihm genutzten Handtüchern zeigen, machen mir wirklich Sorge.

Die Anläufe ihm zu helfen, kann ich bald nicht mehr zählen. Ich fühle mich fast wie ein Spürhund, der seit vielen Wochen schon darauf wartet, dass wieder etwas geschieht, was zu korrigieren oder wo ihm zu helfen ist. Aber ich fühle auch, dass es so nicht mehr weitergeht. Meine Partnerschaft leidet, meine Beziehungen zu Freunden leiden, weil sich meine vorgetragenen Themen zwar spannend und schräg zugleich anhören, ich aber am Schönen des Tages kaum mehr teilhabe oder ich mich radikal aufraffen muss, um mich von dem Erlebten und Erwarteten zu lösen. Mein Mann meint, seit Monaten würde bei uns die Musik immer lauter, und er meint auch, ich solle mir helfen lassen. Ich merke, dass mein Akku nicht mehr lange aushält.

Viele Grüße
M. Helfi

Die Klientin erscheint am Nachmittag des vereinbarten Tages pünktlich, in einem grauen Hosenanzug, einem roten Tuch und einer dezenten Aktenmappe. Ihr Gang ist aufrecht, der Blick wirkt leicht melancholisch. Wie bereits am Telefon spricht sie in elegantem Deutsch, die Begrüßung erfolgt herzlich und die Erleichterung, nun an ihrem Anliegen arbeiten zu können, ist ihr anzusehen.

Zum Beginn der Sequenz berichtet Frau Helfi, dass ihr Mann derzeit im Ausland sei. Er arbeitet als Exportmanager für ein japanisches Unternehmen. Das Paar hat keine Kinder, die finanzielle Situation ist eher gut und ohne Risiken, *„selbst dann, wenn ich morgen ginge"*. Der Freundes- und Bekanntenkreis ist stabil, die beiden Katzen wachen tagsüber über den Besitz des Paares *„in dem wir eine Vielzahl schöner und auch seltener Antiquitäten zusammengetragen haben. Mir aber vorzustellen, ich sitze da nun in meinem Haus herum, warte auf meinen Mann und auf Briefe der Arbeitsagentur, die mir mitteilen, ich sei aufgrund meiner Erfahrungen zu teuer, aufgrund meines Alters zu alt und aufgrund meines Status zu schwierig zu integrieren – das kann ich nun gewiss nicht."*

Coach: *„Sie sagten am Telefon, die Situation sei für Sie aus unerfindlichen Gründen eskaliert. Wenn Sie einmal ‚Erfinderin' spielen: Was alles könnten für Sie Erklärungen für das sein, was Sie seit einigen Wochen wahrnehmen?"*

Mit dieser Frage wird eine Phase des so genannten Ermöglichungscoachings begonnen, in der methodisch die Klientin darin unterstützt wird, sich über die Bildung diverser szenarischer Hypothesen die Grundlage für alternierende Wege zur Lösung ihres Anliegens zu erarbeiten. Frau Helfi notiert ...

Hypothesensammlung der Klientin

- ▶ Mein Vorgesetzter kommt mit der Veränderung nicht klar.
- ▶ Mein Vorgesetzter hat Schwierigkeiten in seiner Ehe.
- ▶ Mein Vorgesetzter hat einen Konflikt mit mir.
- ▶ Mein Vorgesetzter ist im Aufsichtsrat in Ungnade gefallen.
- ▶ Mein Vorgesetzter will das Unternehmen verlassen.
- ▶ Mein Vorgesetzter steht in starkem Stress.
- ▶ Mein Vorgesetzter vertraut mir nicht.
- ▶ Mein Vorgesetzter ist mit meiner Leistung nicht zufrieden.
- ▶ Mein Vorgesetzter wurde seiner Aufgaben entbunden.

Frau Helfi schaut auf ihre Liste und meint: *„Meine Güte, wenn davon einige Ideen zutreffen, dann ist es möglich, dass mein Chef ja selbst ganz schön leidet. Aber trotzdem muss er sich doch dann nicht so verhalten und mich verletzen, oder?"*

Coach: *„Bevor wir diesen Gedankengang und Ihre Gefühle dazu vertiefen, möchte ich Sie zu einer Erweiterung Ihres Besitzes an möglichen Ursachen für die Situation einladen – einverstanden?"*

Frau Helfi stimmt zu und erhält eine Übersicht über Hypothesen, die der Coach auf der Basis der Vorab-Mail herausdestilliert hat.

▶ Die Hypothesenbildung erfolgt dabei in der Weise, dass alle nahe und fern liegenden Annahmen über die Entstehung der Situation zusammengetragen werden. Der Szenarienraum gibt dem Coach eine erste gute Arbeitsbasis – je nachdem, wie sich ein Klient zu seinem Anliegen vertieft und durch Fragen des Coachs geleitet äußert, verjüngt oder erweitert sich das Spektrum der Hypothesen im Verlauf des Coachings. In der Vorbereitung auf ein Coaching kann dem Coach eine solche Hypothesenbandbreite bei seiner Interventionsplanung eine große Hilfe sein und ihn selbst zu mehr Flexibilität in der Gestaltung der Interventionen führen. ◢

Hypothesensammlung des Coachs
- Ich erhalte nicht die Anerkennung, die ich brauche.
- Ich fühle mich ausgenutzt.
- Ich bin Auslöser für das Verhalten meines Chefs.
- Ich stehe in einem Konfliktfeld unterschiedlicher Wertvorstellungen.
- Ich finde, wenn ‚er' sich anders verhalten würde, dann ginge es ‚mir' besser.
- Ich nehme einen massiven Kompetenzverlust wahr.
- Ich werde nicht meinem Status gemäß geführt.
- Ich habe irgendetwas von Bedeutung nicht wahrgenommen, und seither gibt es Probleme.
- Ich belaste meine Ehe mit dieser Situation.
- Ich habe Angst davor, dass sich durch die Veränderungen bei meinem Chef auch in meinem Arbeitsbereich Veränderungen ergeben werden.
- Ich bin damit überfordert, eine in meiner beruflichen Laufbahn noch nicht erlebte Erfahrung zu machen.

▶ Ich frage mich, welchen Preis bezahle ich bereits und welchen bin ich noch bereit zu zahlen?
▶ In meinem Umfeld wird gegen mich intrigiert.
▶ Ich möchte mich von diesen negativen Einflüssen trennen.
▶ Ich verachte das Verhalten meines Vorgesetzten.
▶ Ich bin in meinen Vorgesetzten verliebt.

„Wollen Sie mir einreden, ich sei das Problem?"

Verblüfft meint Frau Helfi nach ihrem Blick auf diese ‚Ich'-Liste: *„Wollen Sie mir einreden, ich sei das Problem? Das ist doch aberwitzig. Ich habe mir nichts vorzuwerfen, habe doch nur mein Bestes gegeben und seine Belange im Fokus gehabt."* Frau Helfi weint und schaut, als suche sie schon seit Langem nach einer menschlichen Umarmung, einem freundlichen Wort, einer Geste der Dankbarkeit.

Coach: *„Es liegt mir fern, eine Wahrheit zu beanspruchen. Im Gegenteil, ich mag Sie gerne fragen, ob Sie vollends davon überzeugt sind, dass wir bereits eine Ihrer eigenen zahlreich erarbeiteten Annahmen als Ursache für die Situation ansehen können?"*

Frau Helfi schaut über ihre Liste und meint, nein – denn, wenn das so klar wäre, dann wäre ihr ja schon viel wohler. Mit Blick auf die Hypothesenliste des Coachs: *„Wenn ich das alles lese, was Sie als Möglichkeit annehmen, dann fühle ich, dass ich auch viele dieser Annahmen nicht ganz ausschließen kann – sehe ich einmal von den letzten drei ab –, aber – nein, das kann doch nicht sein. Oder doch? Ich habe den Eindruck, mir gleitet alles aus der Hand, es ist ja zum Verzweifeln."*

Coach: *„Ich nehme wahr, dass Sie nach einer für Sie plausiblen Wahrheit suchen. Ich nehme auch wahr, dass für Sie das, was von uns bereits als ‚Möglichkeiten' zusammengetragen wurde, noch keine Erkenntnis darstellt. Im Grunde finden Sie in dem Ganzen keinen Sinn, die Situation ist für Sie wie aus dem Nichts entstanden, die Vielzahl der denkbaren Einflussgrößen verwirrt Sie, die Klarheit für Entscheidungen und Handlungen ist ein Stück weit abhanden gekommen."*

„Ja, das stimmt. Es ist halt alles wirklich ‚unerfindlich'."

Coach: *„Nun, wenn es also im Moment nicht möglich ist, dem Kind einen genauen Namen zu geben, wenn wir es also eher mit einer Gemengelage zu tun haben, dann halten wir die Hypothesensamm-*

lung für eine Weile im Hinterkopf und schauen, wozu es dann für Sie gut sein kann, dass Sie heute hier sind? Dass Sie 500 Kilometer gefahren sind – wenn das Ganze für Sie keinen Sinn hat und die Klarheit fehlt?"

Frau Helfi überlegt eine Weile und sagt schließlich: „Mir fällt nichts Besseres ein als dass mir nun etwas in meinem Leben etwas zum Lernen aufgetragen hat. Wissen Sie, ich habe mich selbst schon gefragt, warum ich eigentlich noch nicht die ganzen Brocken hingeworfen habe. Ich fühle, irgendwie wäre dann alles einfacher, aber nicht wirklich leichter. Ich weiß im Moment nur eins: Ich bin zermürbt, freudlos, und mein Akku hat nur noch wenig Reserve. Wenn Sie mir auch nicht helfen können, dann weiß ich auch nicht mehr weiter."

Coach: „Vielleicht ist es an dieser Stelle eine gute Idee, dass wir uns einmal die Auswertung des Fragebogens anschauen, den ich Ihnen im Vorfeld unseres heutigen Treffens zugeschickt hatte. Wie ich Ihnen am Telefon sagte, beleuchtet das Process Communication Model® (PCM) (Informationen zu diesem Verfahren auf der Website zum Buch) die Kommunikationsbedürfnisse eines Menschen. Werden diese Bedürfnisse dauerhaft nicht erfüllt, eskaliert die Situation in Form eines belastenden Stresses, dem Dystress. Im Dystress wiederum zeigt der Mensch kommunikatives Verhalten, das er üblicherweise nicht zeigt und auch nicht zeigen will. Dadurch, dass er sich derart verhält, besteht das Risiko, dass er seinerseits sein Umfeld derart in Belastungsstress versetzt, dass sich hieraus ein Teufelskreis ergibt, den es als Muster zu unterbrechen gilt.

In unserem Gespräch hatte ich den Eindruck, dass Ihnen die Situation sehr zu Herzen geht, ich hörte Worte wie ‚helfen', ‚mögen', ‚Spannung', ‚Nähe', ‚sorgen', ‚jemanden schätzen'; ‚Rücken stärken', ‚schmerzhaft', ‚demütigend', ‚haltlos', ‚unglücklich', ‚bitter', ‚ratlos', ‚verstört' usw., und auch Ihre Mail zeigt viele ‚fühlende' Worte.

Mein erster Impuls war daher zu schauen, ob die Art und Weise Ihrer Sprachwahl Ihrem Kommunikationsbedürfnis entspricht. Wenn wir das Ergebnis anschauen, dann sehen Sie, dass Sie nach PCM im Modus der ‚Empathikerin' kommunizieren. Der Empathiker wünscht sich die Anerkennung als geschätzte Person, zu der eine enge und persönliche Beziehung gepflegt wird. Für Empathiker ist es wichtig, dass sie mit Menschen zusammen sind, die sie mögen und denen etwas an ihnen liegt.

Das Fatale ist, dass in massiven Stresssituationen der Empathiker zuerst versucht, es allen im Umfeld recht zu machen, also noch mehr Empathie einbringt. Das führt dazu, dass Empathiker in ihren Entscheidungen zu unbestimmt werden und nicht sagen, was sie brauchen. Sie erleben sich möglicherweise als Opfer, kommen zunehmend in Selbstzweifel, werden ängstlich und fühlen sich schuldig an der Entwicklung."

Frau Helfi nickt – diese Beschreibung zeigt ihr, dass wir ‚im richtigen Film' miteinander arbeiten.

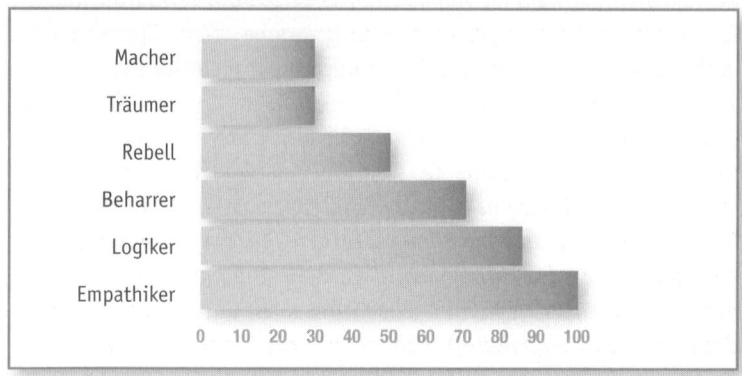

Abb. 20: Auszug der PCM-Auswertung für Frau Helfi

Coach: *„Wie Sie sehen, zeigen Sie in Ihrem Kommunikationsprofil zudem auch starke Anteile im Kommunikationsbedürfnis des Logikers (dem, der sich zu Situationen seine Gedanken macht und diese äußert) und des Beharrers (dem, der sich zu Situationen eine Meinung bildet und diese äußert). Der stärker ausgeprägte Logiker mag einen Beitrag in der Weise leisten, dass Sie versuchen, sich die Situation rational zu erklären, um sich damit zu entlasten.*

Es scheint, als versuchten Sie zum einen, die Gefühle, die Sie haben und die Ihnen in den vergangenen Wochen in dieser Intensität erstmals entstanden und nicht gut taten, mit Logik zu erklären. Irgendwie muss man doch dahinterkommen, warum das alles so ist. Nun hat sich die Situation so entwickelt, dass Sie immer noch die Sie belastenden Gefühle haben und Sie sich zudem die Ursache für sie nicht erklären können."

Frau Helfi ergänzt zustimmend: *„Ja, und nicht nur ich kann mir das nicht erklären, auch mein Mann und meine Freunde nicht. Auch* die haben sich schon den Kopf zerbrochen und mir auch empfohlen, ich solle doch das Gespräch mit meinem Vorgesetzten suchen und um eine Klärung bitten. Und ich habe ihn ja auch mehrfach gefragt, was denn los sei. Ich habe ihm gesagt, dass ich ihn anders als früher erlebe und dass ich ihm gerne helfen würde. Aber er sagte nur, es sei alles in Ordnung und wenn ich meine Aufgaben einfach weiterhin so erledigen würde wie bisher, dann sei für ihn alles gut."

Coach: „Sie sagen, Sie haben Ihren Vorgesetzten früher anders erlebt. Wie denn?"

Frau Helfi: „Wir haben früher unsere Morgenbesprechung durchgeführt, er war dann meist in Meetings eingebunden. Wenn er dann wieder ins Büro kam, dann informierte er mich über neue Sachlagen und stimmte mit mir erforderliche Schritte ab. Auch private Themen wie Urlaubsbuchungen oder auch den ein oder anderen Einkauf hat er mir übertragen. Ich fand das immer gut, weil ich gerne meinen Chefs den Rücken freihalte. Ich denke, das ist auch meine Rolle. Bis mir auffiel, dass das anders wurde, verging eine gute Weile – ich habe mit der Führung meiner Mitarbeiterinnen und der Koordination der Geschäftsbereiche keinen Mangel an Arbeit. Aber nun ist es so, dass ich an sich nichts anderes mehr wahrnehme als diese ‚Nicht-Beziehung'."

Coach: „Wie lange arbeiten Sie denn schon mit Ihrem Vorgesetzten zusammen?"

„Seit zwei Jahren."

Coach: „Aber in Ihrem Unternehmen sind Sie bereits seit vier Jahren. Wie war das denn in den ersten beiden Jahren?"

„Da hatte ich einen anderen Chef. Der war eine Seele von Mensch. Wir haben wunderbar harmoniert, ich war wirklich seine rechte Hand, und ich habe mich unter seiner Führung schnell eingearbeitet und zügig meinen Verantwortungsbereich zu dem gemacht, was er heute ist. Er hat mir voll vertraut. Und es war für mich ein rechter Schock als bekannt wurde, dass er im Urlaub mit seinem Segelschiff verunglückte und starb."

Coach: „Und dann wurde Ihr Arbeitsbereich personell neu besetzt."

„Genau, mein jetziger Vorgesetzter hatte früher einen anderen Vorstandsbereich geleitet und wechselte dann nach Benennung durch den Aufsichtsrat in die Sprecherrolle. Seine frühere Funktion wurde durch einen erfahrenen Bereichsdirektor besetzt. Das Ganze verlief recht reibungslos und für meinen Vorgesetzten war die Benennung sicher auch eine Anerkennung für seine bisherigen Leistungen."

Coach: „Für Sie aber war es eine neue Situation. Wie haben Sie sich denn darauf eingestellt?"

„Ich kümmerte mich um sein Wohl, so wie ich es immer tat."

Frau Helfi beschreibt die Anfangszeit, in der sie ihren Vorgesetzten über die laufenden Prozesse und Projekte informierte, eine Vielzahl mit der Veränderung erforderlichen Umstellungen korrekt abwickelte und „ich kümmerte mich um sein Wohl, so wie ich es immer tat".

Coach: „Wenn Sie sagen, Sie kümmern sich um sein Wohl, wie Sie es immer taten, dann meinen Sie damit auch den Vorgesetzten vor Ihrem aktuellen!? Würden Sie sagen, das Kümmern, fürsorglich zu sein, Hilfsbereitschaft zu zeigen zu den Wertmaßstäben zählen, die Sie grundsätzlich schätzen?"

„Unbedingt, ja. Nach meiner Ausbildung, also als ich so um die Mitte 20 Jahre war, begann ich in einem Großunternehmen als Sekretärin und Fremdsprachenkorrespondentin bei einem Abteilungsleiter. Dieser war über die Jahre so erfolgreich, dass er zuerst mehr Projektverantwortung bekam, dann Bereichsleiter wurde und in seinen letzten Jahren bis zum Ruhestand Vorstand war. Ich habe fast 20 Jahre mit ihm gearbeitet, und ich kann mich nicht entsinnen, dass es je Probleme seinerseits mit meiner Unterstützung gab. Im Gegenteil, oft sagte er: ‚Frau Helfi, was wäre ich nur ohne Sie.' Oder: ‚Sie achten schon auf mich.' Dieser Mann war für mich schon ein Vorbild, und ihm zu helfen, dass er seine Sachen gut machen konnte, war für mich selbstverständlich. Mit seiner Frau verstand ich mich auch prima, einmal meinte sie, dass Sie mir danken möchte, weil sie wohl schon sieht, dass durch meine Arbeit ihr Mann recht ausgeglichen nach Hause käme und auch Zeiten größerer Anspannung nicht zu einem Problem in ihrer Partnerschaft führen würden.

Als dieser Vorgesetzte dann in den Ruhestand verabschiedet wurde, dachte ich daran, mit der Arbeit aufzuhören. Wie sollte ich wohl jemanden finden, der ähnliche Qualitäten besaß. Er hat das wohl gemerkt und fragte mich dann auch, wie ich mir denn meine Zukunft

vorstellen würde und ob er wohl einen Bekannten in einem anderen Unternehmen ansprechen solle, der gerade eine Fachkraft wie mich suchen würde und so ähnlich ‚gestrickt' sei wie er selbst. Dazu habe ich gerne ja gesagt, denn mit Anfang 40 fühlte ich mich auch noch durchaus fit für eine weitere Herausforderung. Als der Kontakt dann hergestellt war und ich merkte, dass die Wellenlänge in der Tat eine gute war und ich zudem auch noch eine aktive Führungsrolle angeboten bekam, war ich sehr froh und glücklich."

Coach: „Verstehe, wenn Sie sich nun einmal einen schönen, stabilen Korb vorstellen würden, in den Sie goldene Kugeln hineinlegen, auf denen jeweils ein Wert geschrieben steht, dann hätten wir nun bereits die goldene Wertekugel der ‚Fürsorglichkeit'. Welche liegen noch in Ihrem Korb?"

Frau Helfi überlegt kurz und nennt dann Herzenswärme, Nähe, Klarheit, Leistung, Loyalität, Zuverlässigkeit, Wendigkeit, Schutz und Liebe. „So bin ich ja auch aufgewachsen. Ich hatte nämlich vier Mütter. Meine Mutter und meine drei älteren Schwestern. Ich bin die Jüngste in unserer Familie und bin wohl behütet aufgewachsen. Für meine berufstätige Mutter war es gut, dass meine Schwestern ihr etwas von der Arbeit abnahmen und ich hatte es natürlich auch gut – für Abwechslung war gesorgt und als meine Schwestern älter wurden, habe ich als Nesthäkchen immer fragen können und meistens drei verschiedene Antworten bekommen."

„So bin ich aufgewachsen. Ich hatte nämlich vier Mütter."

Bei dieser Schilderung lacht sie, und auf Nachfrage, was denn Gutes an drei verschiedenen Antworten sei, meint Frau Helfi, dass sie so immer eine Vielfalt an Perspektiven und Ideen bekommen hätte. Das hätte ihr selbst zum Beispiel bei ihren eigenen Handlungen und Entscheidungen geholfen. Nur leider wäre es nun so, dass sowohl ihr erster Chef als auch ihre Familie eindringlich dazu raten, dass sie sich vom Unternehmen trennt. Frau Helfi sieht das als Flucht an – sich dieser schwierigen Situation zu stellen, wäre ein Frage ihres *Gewissens*.

Das Gewissen – im Verständnis Viktor E. Frankls das ‚Sinn-Organ' des Menschen – gibt der Klientin einen ‚Anruf'. Es ist etwas unerledigt, es gilt etwas zu bewirken. Aber was?

Coach: „Einmal angenommen, Sie haben sich der schwierigen Situation gestellt, und Sie fühlen die Wirkung Ihres guten Gewissens. Was genau fühlen Sie nun, was Sie nicht zuvor auch schon fühlten?"

Frau Helfi spontan: *"Offenheit. Ich hätte mit meinem Vorgesetzten ein solches Verhältnis wie ich es seit jeher kenne und wie es bislang allen gut tat."*

Coach: *"Ich schlage dazu ein kleines Experiment vor. Ich nehme einmal den Platz Ihres Vorgesetzten ein und setze mich dazu einmal auf diesen Stuhl dort. Sie sollen wissen, dass ich das als Ihr Vorgesetzter gerne tue, damit Sie ‚Offenheit' fühlen können. Bitte nehmen Sie nun einen anderen Stuhl und stellen ihn dorthin, wo Sie meinen, dass an dieser Stelle für Sie die Offenheit, die Sie brauchen, für Sie fühlbar wird."*

Frau Helfi nimmt sich einen Stuhl und stellt ihn so auf, dass sie in einem Winkel von etwa 120 Grad zum ‚Vorgesetzten-Stuhl' steht. Zwischen den Knien sind knapp 20 cm Platz. Wir können einander ansehen. Frau Helfi bestätigt, dass der Platz ihr guttut.

Coach: *"Nun einmal angenommen, Ihr Vorgesetzter säße wirklich auf diesem Stuhl und er möchte einen für ihn guten Beitrag leisten, dass Sie als seine Mitarbeiterin ‚Offenheit' fühlen können. Was würde er tun?"*

Frau Helfi zögert keinen Moment: *"Er würde zuerst einen Meter zurückrutschen."*

Coach: *"Hätten Sie – wenn er dies täte – einen Zweifel daran, dass er es mit der ‚Offenheit' zu Ihnen nicht ernst meinte?"*

Frau Helfi: *"Das würde ich so nicht sagen, aber dafür, dass ich Offenheit fühlen kann, brauche ich Nähe."*

Coach: *"Und was bietet er?"*

"Eher Distanz."

Coach – mit seinem Stuhl gut einen Meter zurückweichend: *"Und dennoch können Sie nicht vollends ausschließen, dass er Sie Offenheit fühlen lassen will?"*

"Das ist richtig. Kann das denn sein, das ein Mensch auf Distanz geht und sich dennoch öffnet?"

Coach: *„Ich bitte Sie nun, einen ersten Perspektivenwechsel vorzunehmen. Ich stelle meinen Stuhl nun noch einmal an die Stelle, auf dem er zuerst stand. Bitte nehmen Sie hier einmal Platz."*

Frau Helfi setzt sich auf den ‚Vorgesetzten-Stuhl'.

Coach: *„Bitte spüren Sie in sich hinein und nehmen einmal genau wahr, was in Ihrem Umfeld ist. Und wenn Sie alles wahrgenommen haben, dann nehmen Sie bitte den Stuhl und gehen mit ihm einen guten Meter zurück. Was ist nun anders?"*

Frau Helfi lässt sich Zeit. Es ist ihr anzusehen, wie schwer es ihr fällt, den Stuhl zurückzunehmen. Aus der ‚Entfernung' sagt sie, an dieser Stelle würde sie mehr wahrnehmen können, sie wäre nicht so fixiert.

Coach: *„Müssen Sie lauter sprechen, damit ich Sie verstehen kann?"*

„Nein."

Coach: *„Ist etwas anderes aus Ihrer Sicht dort drüben erforderlich, das Sie tun müssen, was Sie in der Nähe nicht tun müssten, um die Offenheit zu fühlen, die Sie brauchen?"*

Frau Helfi: *„Ich müsste mich von hier aus stärker konzentrieren, um mich nicht ablenken zu lassen."*

Coach: *„Wenn Sie an die verschiedenen Formen der Ablenkung denken, die Sie kennen, gibt es dann eine bestimmte Form, die Sie besonders ablehnen?"*

Frau Helfi wird nun sichtbar nervös, ihr Hals errötet und sie hat Mühe, den Blickkontakt zu halten. In sich gesunken, erklärt sie, dass sie sich schon seit Jahren Vorwürfe mache, am Todestag ihrer Mutter nicht bei ihr gewesen zu sein. Regelmäßig wäre sie bei ihr gewesen, sie habe ihr an vielen Tagen beigestanden, aber eben an jenem Tag sei sie nicht da gewesen. Im Büro hätte es ein dringendes Treffen gegeben, und anders als von ihr geplant, hätte sie beschlossen, diesem Treffen beizuwohnen. *„Es hing viel von diesem Termin ab, aber was ist das alles schon, wenn man dann, wenn man nah bei einem Menschen sein sollte, sich um etwas anderes kümmert? – Ich habe mich ablenken lassen, und das war nicht gut."*

▼ Anmerkung: In einer späteren logotherapeutischen Bearbeitung dieses im weiteren Verlauf des Coachings ausgeblendeten Themas aus dem privaten Kontext gelang es, dass sich die Patientin von ihren Schuldgefühlen distanzieren konnte und auf der Basis einer für sie neuen Verzeihensbereitschaft eine Balance zwischen Nähe und Distanz herstellte. ◢

Mit den weiteren Reflexionen der Klientin über das Thema ‚Ablenkung als Makel' werden Wertmaßstäbe hörbar wie ‚Konzentration auf etwas Wesentliches im Jetzt', ‚Effizienz und Genauigkeit', ‚Sorgfalt im Detail', ‚Zielgerichtetheit', ‚Aufmerksamkeit, Hilfe und Treue'.

Coach: *„Ich frage mich, wie es wäre, wenn Sie neben Ihren Werten, die Ihnen in Ihrem Leben bereits so oft eine gute Basis waren, noch einige hinzufügen könnten, die Ihnen eine größere Handlungs- und Entscheidungsbandbreite böten. Ob das wohl günstig wäre?"*

Frau Helfi meint, das wäre wert angeschaut zu werden und macht so im nächsten Schritt Bekanntschaft mit dem ‚Wertequadrat', das auf die Arbeit von Prof. Dr. F. Schulz von Thun zurückgeht.
An dieser Stelle wird beispielhaft der Wert ‚Treue' der Klientin bearbeitet (im Coaching wurden alle Werte auf diese Art und Weise betrachtet).

Coach: *„Wie ist das, wenn Sie immer und überall und jederzeit einem Menschen oder einem Thema gegenüber ‚Treue' zeigen. Wie kann das bei Ihrem Gegenüber wirken?"*

Frau Helfi: *„Das kann den Eindruck erwecken, ich sei abhängig. Im Extremfall ist es so viel wie eine Selbstaufgabe."*

Coach: *„Wenn Sie also den Wert der Treue zwar beibehalten wollen, jedoch nicht Gefahr laufen mögen, als von jemandem oder etwas ‚abhängig' angesehen zu werden – welche zusätzliche Verhaltensweise würde verhindern helfen, dass dieser Eindruck entsteht?"*

Frau Helfi: *„Wenn ich eigenen Interessen genug Raum geben würde, wenn ich stärker ‚nein' sagen könnte, wenn ich mich ohne schlechtes Gewissen zurückziehen könnte. An sich wäre es ganz gut, könnte ich das etwas mehr leben, aber ich weiß nicht, wie ich das bei meinem Vorgesetzten und der aktuellen Situation umsetzen soll."*

Die Coachingsequenz endet mit der Erkenntnis, dass Distanzaufbau ein Prozessschritt sei, der der Klientin in ihrer belasteten Situation guttäte, die konkrete Umsetzungsmöglichkeit jedoch noch diffus sei. Es wird vereinbart, dann wieder zusammenzukommen, wenn sich ein Gespräch über erste Gelegenheiten in dieser Entwicklungsrichtung anbietet.

Nach drei Wochen bittet Frau Helfi um einen Termin und kommt sichtlich entspannt ins Gespräch. Sie sagt, etwas Erstaunliches sei geschehen und sie wüsste bis jetzt nicht, was sie da ‚geritten' habe.

Sie erzählt, sie sei ja unter anderem auch verantwortlich für den Kauf frischer Blumen für die Vorstandsbüros. Am vergangenen Montag sei der Florist wie üblich erschienen und hätte jedoch nicht die Blumen liefern können, die ihr Vorgesetzter mag und die sie immer für ihn bestellt. In dieser Situation habe sie den Floristen gefragt, ob er wohl auch schöne Trockensträuße hätte. Nach einiger Zeit hatte der Florist aus seinem Geschäft eines dieser Strohblumengebinde geliefert, und Frau Helfi machte sich daran, diesen Strauß im Büro ihres Vorgesetzten zu ‚drapieren'. „Sie wissen ja, bei solchen Blumen bröselt es schon beim Hinsehen. Für mich war das schon eine Überwindung."

Der Impuls zur Lösung der Situation: ein Bund Strohblumen

Und sie berichtet weiter: „Kurze Zeit später traf mein Chef dann auch ein, ging wie nun zumeist üblich mit einem gemurmelten Gruß an mir vorbei in sein Büro, warf die Türe so zu, dass sie mit einem knappen Spalt geöffnet blieb und ich hören konnte, wie er sich zuerst hinsetzte, die Gasfeder seines Bürostuhls die bekannten Zischlaute von sich gab, um nach kurzer Zeit mit dem gleichen Zischen des Stuhls wieder aufzustehen, zur Türe zu kommen, seinen Kopf zu mir herauszustrecken und mich zu fragen: ‚Sagen Sie, haben wir beide etwas zu besprechen?'"

Frau Helfi weiter: „Mir fiel in diesem Moment fast mein Herz in die Hose, und trotzdem sagte ich, dass das wohl gut sein könne. Und er meinte: ‚Dann kommen Sie bitte herein.'"

Die Klientin erzählt aufgeregt: „Zum ersten Mal ließ mich mein Chef vorangehen und bot mir den Stuhl an, der seinem Schreibtisch gegenüberstand. Kaum saß ich, überraschte er mich völlig mit dem Satz: ‚Sagen Sie, Frau Helfi, woher wissen Sie so gut, wie ich mich fühle?' Bei diesem Satz deutete er auf die Trockenblumen."

Frau Helfi weiter: *„Ich war total erstaunt, konnte dann aber erwidern: ‚Wieso Sie? So wie den Blumen, so geht es doch mir!' Darauf meinte der Vorgesetzte: ‚Dann scheinen wir ja jetzt über eine Gemeinsamkeit zu sprechen.'"*

Was dann folgte, war für Frau Helfi wie eine Offenbarung. Ihr Chef berichtete, er habe vor einigen Wochen eine Diagnose von seinem Arzt erhalten, die für ihn eine extreme körperliche wie seelische Belastung bedeute. Zudem habe er seinen Pflichten gemäß den Aufsichtsrat über die eingetretene Situation informiert, wonach dieser ihn kurzerhand weitgehend seiner operativen Geschäfte enthoben habe. Vorgesetzter: *„Mir wurde es als ‚zu meinem Wohl' erklärt, dabei hatte ich schon erwartet, dass ich die Form meines Rückzugs selbst hätte gestalten können."* Frau Helfi hörte erstmals, wie schwer die Lebenslage ihres Vorgesetzten war und konnte sich nun die Verhaltensmuster der Vergangenheit gut erklären.

Vorgesetzter: *„Aber, warum fühlen Sie sich denn auch so mies?"* Frau Helfi erzählt, wie manche Situation auf sie gewirkt hat, wie sie versucht hat, mit Unklarheit und Ablehnung umzugehen. Der Vorgesetzte zeigt seine Bestürzung – das sei nicht seine Absicht gewesen, er sei ihr gegenüber wohlgesinnt, habe aber sicher einen Lebensstil, der nicht so viel auf Unterstützung durch andere Menschen Wert legt – vielmehr seien ihm insbesondere Autonomie und Loyalität wichtig. Beides sei ihm in seiner aktuellen Situation von seinen ‚Aufsehern' nicht entgegengebracht worden und dass Frau Helfi manches als Ablehnung aufgefasst habe, wäre nun, wo er ihr zugehört habe, gut nachvollziehbar.

Dass Frau Helfi ihn so wahrgenommen hat, tue ihm leid – er habe nicht bemerkt, wie hart und dennoch empfindlich er geworden sei. Für ihn sei es gut zu wissen, sie an seiner Seite zu haben, es wäre ihm zudem angenehm, wenn sie ihm auf der fachlichen Seite den Rücken wie bisher frei hielte – *„um meine Psyche muss ich mich aber selber kümmern"*.

Für Frau Helfi war dieses Gespräch außerordentlich intensiv, lösend und klärend. Und das alles durch einen Strauß bunter Strohblumen ...

Frau Helfi zu ihren Erlebnissen:

Ich bin so froh, dass ich im Coaching mit meinen Werten in Berührung gekommen bin. Ich dachte immer, meine Art wäre allgemein gesehen immer gut, aber ich kann heute sehen, dass ich an sich ein enges Leben geführt habe. Die Idee mit den Stühlen fand ich sehr hilfreich und auch, dass Sie mir keine Ratschläge gegeben haben – davon hatte ich in der letzten Zeit schon genug. Ich bin froh, dass das mit meinem Chef nun geklärt ist. Ich hätte gedacht, dass wir dazu viel mehr Zeit gebraucht hätten, aber manchmal liegt das Gute doch so nah. Ich schätze, dass es noch andere Menschen gibt, denen das Zusammensein mit mir zu dicht ist und es mir nur nicht so offensichtlich wurde wie bei meinem Vorgesetzten. Was mir ganz klar ist: Ohne die Arbeit an den Werten hätte ich gar nicht den Sinn erkannt, warum ich ein Verhalten von mir korrigieren soll. Ich war immer der Ansicht, ein Verhalten zu ändern, wäre ein Vorgang, um sich anderen anzupassen. Nun weiß ich, ein Verhalten ändere ich, damit es mir besser geht und damit auch anderen. Für diese Erkenntnis sage ich gerne Danke.

M. Helfi

„Man kann das Leben nur rückwärts verstehen, aber man muss es vorwärts leben."
Sören Kierkegaard

4.7

Klare Werte – starkes Team

Nina Eschemann

Zusammenfassung

Innerhalb einer international arbeitenden Holding wird für eine einzelne nationale Landesgeschäftsführung ein wirtschaftlich unbefriedigendes Ergebnis festgestellt und dem betreffenden Management kritisch vorgehalten. Da die beiden agierenden Landesgeschäftsführer profilierte Fachleute sind, bleibt bei der Suche nach den Ursachen und nach Ausschaltung anderer Annahmen nur die Schlussfolgerung übrig, dass Störungen in der Interaktion negativ auf das Ergebnis Einfluss nehmen. Es ist sogar von einer Gefährdung der Unternehmensziele durch ‚egoistische und eigensüchtige' Verhaltensweisen der beiden Akteure die Rede. So kommt die nachdrückliche Aufforderung, die Teamarbeit unbedingt zu optimieren.

In einem Coachingprozess bestätigt sich das Urteil der übergeordneten Ebene. Durch eine Methodenkombination von individuellem und Teamcoaching ist das Problem erkannt, reflektiert und eine Lösung gefunden worden, die eine dauerhafte Veränderung zur konstruktiven Interaktion des Managements und in der Folge der untergeordneten Ebenen erreicht. Die wirtschaftliche Entwicklung des Landes zeigt bald den – durch den Coachingprozess initiierten – ‚Hockeystick-Effekt', der erfreulicherweise unerwartet hoch sowohl im Effekt als auch unerwartet schnell in dem Tempo der Wirkung ist.

Für diesen Coachingprozess ist insgesamt zu betonen:

- Zwar sind sowohl den einzelnen Klienten als auch dem Team viele Aspekte, die besprochen werden müssen, im eigentlichen Sinne nicht neu,
- aber: Aus vage empfundenen, subjektiven Deutungsspekulationen verhelfen
  a) die Instrumente und
  b) die systematischen Methoden des Coachings
  zur Klärung, Bewusstwerdung und Lösungsbildung.

Der Coach – in diesem Fall der interne Leadership-Coach des Unternehmens – hat also die Funktion des Katalysators
  a) in der Interpretation der eigenen Situations- und Verhaltensanalyse und
  b) in der Konzeption der Selbstverpflichtungen zur Optimierung der Teamfähigkeit.

Im Zentrum steht dabei die gemeinsame Wertediskussion für das Team. Der werteorientierte Coachingprozess wird individuell und stärkenbasiert und später dann in einem Teamcoaching durchgeführt. In den Gesprächen werden zunächst die bestehenden individuellen Werte getrennt herausgearbeitet und reflektiert. Aus dieser Basis leiten sich sodann die gemeinsamen Teamwerte und deren Detaildefinition ab. Im Ziel stellt sich eine von gegenseitigem Verständnis, korrelierender Unterstützung, Effizienz und Positivität geprägte Teamarbeit her. Die Transformation des sich im Coaching vollziehenden Einstellungswechsels ins tägliche Arbeiten bildet den Schwerpunkt des Arbeitsprozesses (siehe Abbildung 21).

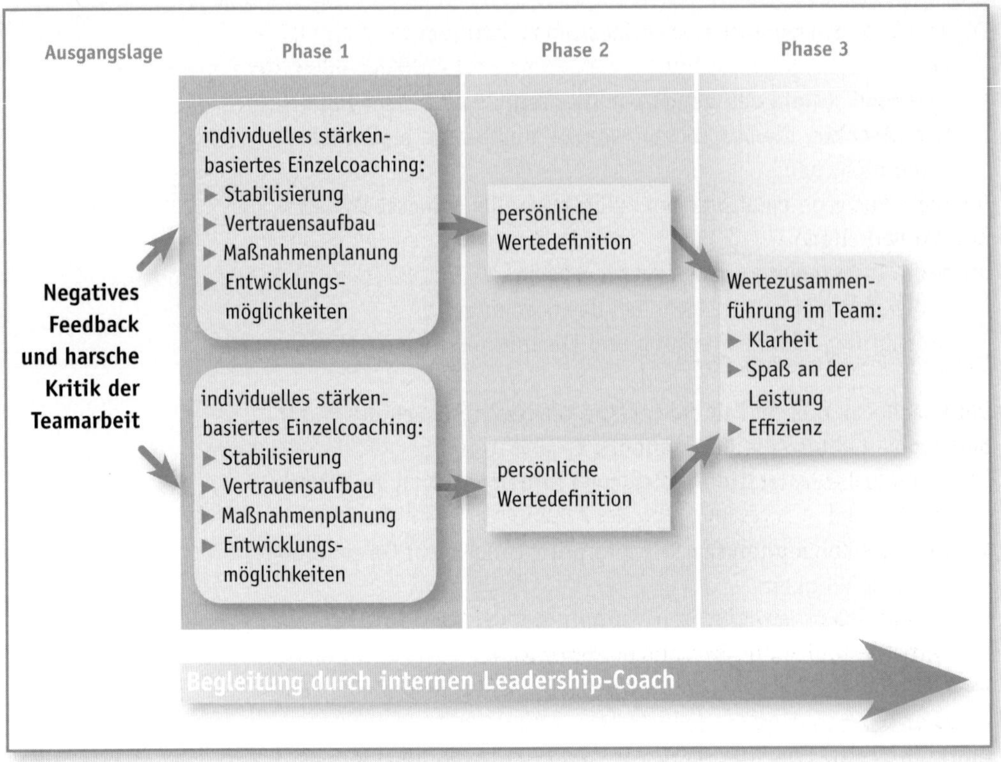

	Phase 1	Phase 2	Phase 3

Ausgangslage | Phase 1 | Phase 2 | Phase 3

Negatives Feedback und harsche Kritik der Teamarbeit

individuelles stärkenbasiertes Einzelcoaching:
- Stabilisierung
- Vertrauensaufbau
- Maßnahmenplanung
- Entwicklungsmöglichkeiten

persönliche Wertedefinition

Wertezusammenführung im Team:
- Klarheit
- Spaß an der Leistung
- Effizienz

individuelles stärkenbasiertes Einzelcoaching:
- Stabilisierung
- Vertrauensaufbau
- Maßnahmenplanung
- Entwicklungsmöglichkeiten

persönliche Wertedefinition

Begleitung durch internen Leadership-Coach

Abb. 21: Prozessdarstellung

Fallbesprechung

Die beiden Landesgeschäftsführer unseres Falles, nennen wir sie Herr Direkt und Herr Reflektiert, zeigen folgendes Profil:

Die Protagonisten

- **Herr Direkt:** ein international erfahrener und in seinem Heimatland gut vernetzter Manager. Seine Schnelligkeit, seine Zielorientierung und seine große Erfahrung machen ihn zu einem wichtigen Manager des Unternehmens. In seiner Kommunikation ist er äußerst sachlich und direkt. Herr Direkt hat die Unternehmensaktivitäten im Land für den Konzern aufgebaut.

- **Demgegenüber Herr Reflektiert:** sehr umsetzungsstark und verantwortungsbewusst, führt seinen Bereich und seine Mitarbeiter hervorragend. Herr Reflektiert kommt aus einem

Nachbarland. Vor drei Jahren ist er nach einer kurzen Einarbeitungszeit in anderen internationalen Unternehmensbereichen in die Geschäftsführung berufen worden. Ihn zeichnen Loyalität, ausgeprägte Reflexion und Sensitivität aus.

Dennoch: Das Feedback auf die Arbeit der Landesgeschäftsführung fällt verheerend aus. Jeder ist verunsichert, zweifelt an sich selbst und ist nicht zuletzt auch persönlich enttäuscht und verletzt.

Unternehmensinternes Coaching

Der besondere Vorteil für einen internen Coach einer internationalen Holding liegt darin, dass ihm die handelnden Personen, alle Unternehmensinterna und -dynamiken bekannt sind. Er vermag die daraus fließenden Interdependenzen in seinem Coaching zu berücksichtigen. So auch in diesem Fall:

- Die fast schon privaten Animositäten der beiden Herren binden wertvolle Kräfte und Ressourcen destruktiv.
- Individuelles Coaching kristallisiert die differierenden Stärken heraus.
- Die Intensität der Befreiung von den bisher entstandenen Fesseln der Animosität wird als dynamisches Element erlebt.
- Das Bewusstsein für komplementäre Kooperation wird geschärft, die Bereitschaft dazu geschaffen.

Aufgrund von vorangegangenen Projekten besteht bereits ein hohes Maß an Vertrauen zwischen Klienten und Coach. Der aktuelle Auftrag besteht darin:

- die Vorbehalte, die es untereinander gibt, abzubauen,
- die Kommunikation untereinander zu stärken und somit
- ein starkes, abgestimmtes und erfolgreiches Team aufzubauen.

Vorgehen

Die oben dargestellten Zusammenhänge erfordern einen besonders einfühlsamen und sensiblen Einstieg in den gesamten Coachingprozess. Dazu bieten die bereits bestehenden Kontakte günstige Voraussetzungen.

▼ Das gleichzeitige, individuelle Coaching von zwei Teammitgliedern durch einen Coach wird im fachlichen Diskurs kontrovers erörtert.

Unser Beispiel dokumentiert jedoch, welch großes Potenzial sich in diesem Verfahren verbirgt und wie ermutigend und inspirierend es sein kann. Die gewonnenen Erfahrungen legen es sogar nahe, die Anwendung zu intensivieren.

Zwei Bedingungen hat der Coach für den Prozess bereits in seiner Planung und dann in seiner Umsetzung unabdingbar zu sichern: Zum einen müssen beide Klienten ihre grundsätzliche Offenheit für diese Form des Prozesses erkennen lassen. Zum anderen muss beiden Teampartnern das stetige Wechselspiel von individueller Nähe und Distanz als natürliche Gegebenheit erscheinen, mit dem zurechtzukommen keine Mühe bereitet.

Darüber hinaus muss der Coach das delikate Thema der Vertraulichkeit besonders aufmerksam und vorsichtig handhaben und sich der Gefahr, eventuell zum Spielball von Manipulationsversuchen zu werden, bewusst sein. ◢

Die persönlichen und individuellen Gespräche sind geprägt von großer Offenheit, Ehrlichkeit und Vertrauen. Nichtsdestotrotz liegen beide Herren in ihrer Einschätzung der Teamarbeit weit auseinander. Während Herr Direkt in seiner sachlichen Art keinerlei Zweifel daran hat, dass man ‚nicht so weit voneinander entfernt' sei, fällt es Herrn Reflektiert aufgrund vieler persönlicher Enttäuschungen, Missinterpretationen und Fehlschlägen in der Vergangenheit dieser Teamarbeit äußerst schwer, überhaupt ein neutrales Urteil abzugeben.

Wie kann es zu einer solch verschiedenartigen Einschätzung der Zusammenarbeit kommen? Wieso gibt sich ein Teammitglied sehr zufrieden mit dem Status, während sich das andere unwohl und überhaupt nicht wertgeschätzt fühlt?

Hypothese

▼ Im geschäftlichen Alltag verliert sich sehr leicht der Blick für das Grundsätzliche: Jede gute Teamarbeit basiert auf Gemeinsamkeiten, einerseits den Budgetzielen und andererseits den qualitativen strategischen Zielen. Jede Teamarbeit, die das Attribut ‚exzellent' verdienen soll, spielt sich darüber hinaus auf der Grundlage gemeinsamer Werte und Spielregeln und einer gemeinsamen Vision für das Team im Rahmen des Ganzen ab. Ein solches Selbstverständnis sichert wiederum eine positive Grundeinstellung, stellt Vertrauen gegenüber dem Teampartner her und dient dem Aufbau von wichtigen Widerstandskräften im Fall von Problemen.

Bei Herrn Direkt und Herrn Reflektiert vermisst man diese Gemeinsamkeit. Beide Teammitglieder befinden sich im ‚luftleeren' Raum. Es stellt sich bald heraus: Der eine misst der fehlenden Verbundenheit keine Bedeutung bei, er spielt sie sogar herunter. Der andere leidet unbewusst. Ihm ist nicht klar, dass diese Fehlstelle für seinen Kollegen gar kein wesentlicher Aspekt ist. Offensichtlich verhält es sich hier so, dass die Arbeitsabläufe ohne eine gemeinsame Bodenhaftung oder ein verbindendes Element stattfinden, ohne gegenseitige Wertschätzung und Anerkennung. Insofern verfolgt jeder eben nur noch seine eigenen Ziele und kümmert sich letztlich überhaupt nicht mehr um die Belange seines Kollegen. Der Misserfolg des jeweils anderen scheint sogar heimliche Schadenfreude hervorzurufen. Nachdem nun beide durch das Feedback der Holding stark irritiert sind, ziehen sie sich vor allem auf sich selbst zurück, anstatt die Diskrepanzen ihrer gemeinsamen Kommunikation zu spüren und zu bearbeiten.

Hier setzt also die eigentliche Arbeit des Coachings an: Die Bedeutung der persönlichen Werte und deren Wichtigkeit für das Team herauszustellen. Es gilt, nach der Stabilisierung des Einzelnen, die eigenen Werte zu eruieren, im Anschluss die Schnittmenge für das Team zu definieren und auf dieser Basis beide Teampartner wieder zusammenzubringen und das Erlebnis motivierender Kooperation zu vermitteln.

Das stärkenbasierte Coaching – Ziel und Methode

Der stärkenbasierte Ansatz ist aus einem relativ neuen Zweig der Psychologie, der so genannten „Positiven Psychologie", entstanden. Begründer dieser Disziplin ist Martin E. P. Seligman, Professor an der University of Pennsylvania. Die Positive Psychologie „ist auf das Positive ausgerichtet, [...] und hat den Anspruch, positiv auf das Erleben und Verhalten im Alltag von Menschen zu wirken"[1]

Es ist eine der Grundüberzeugungen der positiven Psychologen, dass man seine Stärken ausbauen – denn dort befindet sich das größte Potenzial für persönliches Wachstum – und die Schwächen lediglich absichern soll. Das Arbeiten an den Schwächen nimmt überdurchschnittlich viel Zeit und Kraft in Anspruch, bei einem nur geringen Verbesserungsergebnis. Zudem bauen Menschen, die sich ihrer Stärken sehr bewusst sind, in Momenten der Ablehnung neue Widerstandskräfte auf. ◢

In der Bewältigung der durchaus nicht seltenen Situationen, in denen Manager mit harscher Kritik oder gar Verletzungen umgehen müssen, hat sich gerade das stärkenbasierte Coaching besonders bewährt. Der Blick auf die individuellen Talente der Klienten hilft,
- deren Stärken, Ressourcen, Verhaltensmuster und vor allem deren
- Bedürfnisse besser zu verstehen,
- sie in „ihrer Sprache" anzusprechen und sie zu stabilisieren.

Dies ist ein äußerst gewinnbringender Ansatz, da der Klient sehr schnell
- sich richtig wahrgenommen fühlt,
- sich auf seine ihm innewohnenden Ressourcen zu verlassen lernt,
- neues Selbstbewusstsein und damit neue Energien freisetzt und
- Interventionen kennenlernt, die durchweg auf seinen Stärken aufbauen.

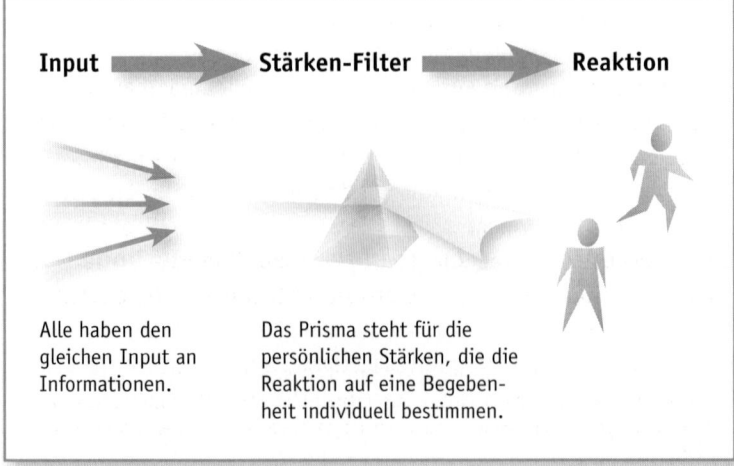

Copyright © 2000 The Gallup Organization, Princeton, NJ. All rights reserved. Gallup®, Clifton StrengthsFinder®, StrengthsFinder® and each of the 34 Clifton StrengthsFinder theme names are trademarks of The Gallup Organization.

Alle haben den gleichen Input an Informationen.

Das Prisma steht für die persönlichen Stärken, die die Reaktion auf eine Begebenheit individuell bestimmen.

Abb. 22: Denkmuster

▼ Instrument Clifton StrengthsFinder®

Ein hoch valides Instrument stellt der Clifton StrengthsFinder® von der Gallup Organisation* zur Verfügung. Seit über 30 Jahren durch wissenschaftliche Forschung kontinuierlich optimiert, wurde er schon von über zwei Millionen Menschen mit wachsendem Erfolg genutzt.

Das Instrument zeichnet sich als webbasiertes Self-Assessmenttool aus. Es befähigt den Anwender/Klienten, schnell und effizient aus den eigenen Potenzialen speziell seine ganz persönlichen Stärken zu explizieren. Der Durchführende beurteilt sich dabei selbst. Aus mindestens 180 sich gegenüberstehenden Aussagealternativen wählt er jeweils seine Präferenz. Für eine solche Entscheidung hat man 20 Sekunden Zeit, eine bewusst knappe Frist, verhilft sie doch dazu, die ‚ursprünglichen Denk-, Gefühls- und Verhaltensmuster'[2] zu erkennen.

Das Eigeninteresse an einem wirkungsvollen Ergebnis motiviert zu Ehrlichkeit, und je aufrichtiger man sich um die Beantwortung bemüht, desto präziser fällt das Gutachten aus und desto stringenter lassen sich Verbesserungsperspektiven herausarbeiten. Am Ende erhält man aus insgesamt 34 von Gallup standardisierten Talenten automatisch eine Auswertung der fünf stärksten Talente, die in kurzen Texten anschaulich beschrieben werden.

Sicherlich bietet der Clifton StrengthsFinder® in dem bisher beschriebenen webbasierten Verfahren mit dem Resultat der am weitesten entwickelten Eigenschaften bereits bemerkenswerte Rückschlüsse auf die Begabungsstruktur des Klienten. Die Gesamtkonzeption des Instruments geht aber weit über diesen ersten fundamentalen Schritt hinaus. Denn der eigentliche Gewinn einer positiven psychologischen Analyse entfaltet sich in dem zweiten Schritt, dem reflektierenden persönlichen Nachdenken des Klienten im intensiven Coachinggespräch mit dem erfahrenen StrengthsPerformanceCoach**. Seine Kompetenz und sein Feedback zu Talenten (und hier werden nicht nur die ersten fünf, sondern die oberen

---

* Clifton StrengthsFinder®, Copyright © 2000 The Gallup Organization, Princeton, NJ. All rights reserved. Gallup®, Clifton StrengthsFinder®, StrengthsFinder® and each of the 34 Clifton StrengthsFinder theme names are trademarks of The Gallup Organization.

** Anm.: Der StrengthsPerformanceCoach wird von Gallup speziell ausgebildet, autorisiert und in seiner Praxis kontinuierlich evaluiert.

zehn detailliert betrachtet) sichert die Erkenntnis der Potenziale und Möglichkeiten, die den signifikanten Stärken innewohnen, eine Kompetenz, auf deren Basis kooperativ ein konkreter Aktionsplan zur persönlichen Entwicklung des Klienten erstellt werden kann. ◢

Stärkenprofil(e) und individuelle Entwicklungspläne – Fallstudie*

Ein Blick auf das Stärkenprofil von Herrn Direkt (vgl. Abbildung 23) demonstriert einerseits, dass seine Wahrnehmung der Gefühle anderer weniger stark ausgeprägt und eher unemotional ist. Eine schnelle, direkte, wenig persönliche, vorzugsweise schriftliche Kommunikation ist sein Markenzeichen. Andererseits zeichnet sich Herr Direkt durch sehr visionäre, leistungstreibende und wettbewerbsorientierte Talente aus. Zudem repräsentiert er den zielorientierten Manager, dem Schnelligkeit und Tatkraft viel bedeuten. Das kann bei Mitarbeitern zu hoher Motivation führen. (Übrigens lehrt der kritische Blick auf die Realität im Management: durchaus eine Typologie, durch die man als Manager Respekt erzielt, weil im alltäglichen Business nicht selten einer raschen, drängenden, unemotionalen Entledigung von Problemen eine höhere Akzeptanz zugebilligt wird.)

Die Selbsteinschätzung von Herrn Direkt deckt sich mit der nun – begleitet durch den Coach – ins Bewusstsein gerückten Analyse, die sowohl auf seinem Stärkenprofil durch das Self-Assessment als auch auf den kontinuierlichen Beobachtungen und Reflexionen seiner Vorgehensweisen beruhen.

Herr Reflektiert hingegen hat ein Talentprofil (vgl. Abbildung 24), in dem Nachdenklichkeit, analytisches Denken und Überlegung sehr stark ausgeprägt sind. Er ist eine leicht introvertierte Person, die sich auszeichnet durch eine gute Wahrnehmung für die Einzigartigkeit von Menschen, starke Werteorientierung und ausgeprägtes Verantwortungsgefühl. Er braucht vielleicht etwas mehr Zeit, um

---

* Anm.: Es würde den Rahmen dieses Beitrages sprengen, in die Details des überaus differenzierten Stärken-Coachings einzusteigen. Die folgende Prozessbeschreibung verkürzt der Akzentuierung halber den wirklichen Prozess auf die obersten fünf Hauptlinien. Details zum Clifton StrengthsFinder® finden Sie auf der Website zum Buch.

- **Futuristic®/Zukunftsorientierung:** Menschen mit einer stark ausgeprägten Zukunftsorientierung lassen sich von den kommenden Dingen inspirieren. Ihre Vorstellungen von der Zukunft wirken auf andere anregend.
- **Ideation®/Vorstellungskraft:** Menschen mit einer starken Vorstellungskraft lassen sich von Ideen faszinieren. Sie sind in der Lage, zwischen anscheinend zusammenhanglosen Phänomenen Verbindungen zu sehen.
- **Achiever®/Leistungsorientierung:** Menschen mit einer stark ausgeprägten Leistungsorientierung verfügen über Durchhaltevermögen und sind in der Lage, ausdauernd zu arbeiten. Produktives Tätigsein verschafft ihnen eine tiefe Befriedigung.
- **Competition®/Wettbewerbsorientierung:** Menschen mit einer stark entwickelten Wettbewerbsorientierung vergleichen ihre eigene Leistung mit der anderer. Sie lieben Wettkämpfe und streben in jedem Fall den Sieg an.
- **Activator®/Tatkraft:** Menschen mit einer stark ausgeprägten Tatkraft setzen Gedanken in die Realität um. Geduld ist oft nicht ihre Stärke.

Abb. 23: Clifton StrengthsFinder® – Profil Herr Direkt

- **Deliberative®/Behutsamkeit:** Menschen mit einer stark entwickelten behutsamen Vorgehensweise kann man an der Ernsthaftigkeit identifizieren, mit der sie Entscheidungen treffen. Schwierigkeiten erkennen sie bereits im Voraus.
- **Connectedness®/Verbundenheit:** Menschen mit einem starken Gefühl der Verbundenheit sind davon überzeugt, dass alle Dinge miteinander verbunden sind. Sie glauben nicht an den Zufall und gehen davon aus, dass so ziemlich alles, was geschieht, irgendeinen Sinn hat.
- **Analytical®/Analytisch:** Menschen mit einem stark ausgeprägten Talent für analytisches Denken sind ständig auf der Suche nach Gründen und Ursachen. Sie machen sich ein genaues Bild sämtlicher Faktoren, die eine bestimmte Situation beeinflussen könnten.
- **Responsibility®/Verantwortungsgefühl:** Menschen mit einem stark entwickelten Verantwortungsgefühl fühlen sich den Zusagen, die sie einmal gemacht haben, verpflichtet. Für sie zählen Werte wie Ehrlichkeit und Loyalität.
- **Individualization®/Einzelwahrnehmung:** Menschen mit einer stark differenzierten Wahrnehmung sind fasziniert von den einzigartigen Eigenschaften jedes einzelnen Menschen. Sie haben einen Blick dafür, wie einzelne Personen ihr Verschiedensein in eine konstruktive Zusammenarbeit einbringen können.

Copyright © 2000 The Gallup Organization, Princeton, NJ. All rights reserved. Gallup®, Clifton StrengthsFinder®, StrengthsFinder® and each of the 34 Clifton StrengthsFinder theme names are trademarks of The Gallup Organization.

Abb. 24: Clifton StrengthsFinder®-Profil Herr Reflektiert

Vertrauen aufzubauen und dieses beim anderen ‚zu fühlen' – wenn diese Basis jedoch einmal gelegt ist, dann entsteht eine sehr beständige Beziehung, geprägt von einer offenen, vertrauensvollen und partnerschaftlichen Kommunikation.

Persönliche Werte bilden sein Orientierungssystem, sie haben, wie er es nennt, ‚Leuchtturm'-Charakter, zeigen sie ihm doch einen verlässlichen Weg durch die täglich an ihn gestellten Anforderungen. Wenn er mit Menschen arbeitet, die ein zwar nicht unbedingt deckungsgleiches, aber ähnlich wirksames Wertesystem für ihr Handeln zugrunde legen, so fühlt er sich konform und unter ‚Gleichgesinnten'. Zu seinem Kollegen, der eine solche Haltung ihm gegenüber nie gezeigt hatte, konnte ein solches Gefühl jedoch nicht entstehen.

Aufgrund dieser Talentprofile werden individuelle Entwicklungspläne für beide Herren erstellt. Die Kenntnis des problematischen Verhältnisses legt es hier schon nahe, insbesondere auf solche Talente zu fokussieren, die Teamfähigkeit und Teamorientierung fördern.

Die sich nun anschließende Arbeit an den Entwicklungspotenzialen und das daraus resultierende Erlebnis persönlichen Lernens rufen einen Motivationsschub bei beiden Herren hervor. Sich in seinen Talenten angesprochen und wertgeschätzt zu fühlen, löst positive Emotionen und Verhaltensweisen aus. Beide Herren spüren und werden sich immer bewusster, dass sie großartige Fähigkeiten und Talente einbringen und dass es infolgedessen lohnenswert erscheint, sich in diesen Bereichen fortzuentwickeln.

Soweit der Prozess des individuellen Coachings.

Die Methode der Wertedefinition

Werte stellen handlungsleitende Motive dar.

Im Verlaufe des Vertrauens- und Stabilisierungsprozesses wird die vorher vom Coach hergeleitete Hypothese, dass die gemeinsame Arbeit am Wertesystem des Teams sehr lohnenswert sei, noch einmal zum Erlebnis gebracht und sukzessive immer nachhaltiger beglaubigt. Diese Arbeit ist vor allem deshalb wichtig, weil eines der Teammitglieder sich so betont wertebestimmt deutet. Für diesen Klienten sind Werte konstitutiv, sie stellen – im Sinne des Begriffs von Viktor E. Frankl – geradezu ‚handlungsleitende Motive' dar. Dies hatte ja bereits sein Stärkenprofil manifestiert. Demgegenüber sah das andere Teammitglied von sich aus im Aspekt der Werteorientierung ursprünglich keinerlei Wichtigkeit, entdeckt nun allerdings in wachsendem Maße deren unabdingbare Relevanz.

Um keinen der beiden zu überfordern, wird vorgeschlagen, die Werte zunächst individuell auszuarbeiten. Dies hat den Vorteil, dass der Betroffene die Werte im ersten Schritt vorbehaltlos und ohne Restriktionen herleiten kann. Offenheit und Ehrlichkeit, die sich nun einstellen, akzelerieren den Prozess und begünstigen die Konkretisierung eines klaren und eindeutigen Ergebnisses.

Erste spontane Reaktionen:

Herr Direkt sagt zwar gleich zu, an dieser Fragestellung – jedoch nur angeleitet durch den Coach – zu arbeiten und die Aufgabe ‚sicher schnell zu erledigen'. Allerdings erscheint ihm dies insgeheim (zunächst noch immer) nebensächlich. Seine zögerliche Haltung weicht aber zunehmender Kooperation, nachdem ihm Sinnhaftigkeit und Wichtigkeit des Ziels einleuchtend gemacht worden sind: zum einen das bessere Gespür für die eigene Person, zum zweiten das Verständnis für den Kollegen und zum dritten die Aussicht auf Einklang in der Teamarbeit.

Herr Reflektiert wünscht die Hintergründe dieser Übung erst einmal gut zu verstehen und sicherzustellen, dass er durch diese Aufgabe – er sieht die notwendige Offenheit – nicht ‚verletzt' werden kann. Unter dieser Voraussetzung findet er die Intention der Stärkung der Teamarbeit durch eine gleiche Basis an Grundwerten einleuchtend und durchaus sinnvoll. In seiner Vorfreude gibt er sich überzeugt, dass er dies schnell und einfach erledigen könne.

▼ Bedeutung der persönlichen Werte

Das Herausarbeiten persönlicher Werte stellt für jeden Menschen ein sehr intensives Erlebnis dar. Es ist durchaus häufig der Fall, dass man zwar nach außen hin glaubt und sogar vorgibt, seine leitenden Werte zu kennen, um sie aber dann, wenn man konkret darauf angesprochen wird, nicht abrufbar zu haben. Dies gilt für Führungskräfte insofern besonders, als sie über den persönlichen Aspekt hinaus in die Entwicklung und Umsetzung einer Unternehmensethik eingebunden sind.

Das Problem ist also plurivalent und mithin für den Coach und den/die Klienten und nicht zuletzt für das Team erheblich. Werte sind wichtige Wegweiser, die eine hohe Relevanz für den Charakter besitzen, weil sie die Stabilität der eigenen Persönlichkeit entscheidend stützen. Sie konstituieren letztlich den Sinn des eigenen Daseins, der laut Viktor E. Frankl naturgemäß einen eminenten Einfluss auf das eigene Gleichgewicht ausübt.

Zudem bietet man seinem Gegenüber – in unserem Fall eben seinen Mitarbeitern – mit einer klaren Wertevorstellung eine viel zugänglichere Orientierung und Sicherheit. Offene Kommunikation der Werte wird unter Managern eher mit Vorbehalt betrachtet, vor allem vor dem Hintergrund der Frage, ob man dadurch nicht zu viel von sich preisgäbe.

Die Erfahrung zeigt jedoch, dass Krisen – sowohl individuelle als auch Krisen in Teamsituationen – sehr oft auf fehlende Kommunikation der eigenen Werte zurückzuführen sind. Intuitiv und automatisch verteidigen Menschen ihre – wenn auch nicht immer explizit definierten – Werte, und so kommt es zu Verärgerung, versteckter Auseinandersetzung und offenem Konflikt. ◢

Der Prozess der Wertefindung

Um wertvolle Zeit im Prozess zu sparen, werden beide Herren gebeten, ihre Werte aus einem Angebot potenzieller persönlicher Wertenennungen auszusuchen. Zunächst gilt es, die als bedeutsam betrachteten zu identifizieren und diese dann zu priorisieren.

Werteauswahl

- Gründlichkeit/ Genauigkeit
- Lockerheit
- Unbekümmertheit
- Toleranz
- Harmonie
- Effizienz
- Fokus
- Begeisterung/Überschwang
- Strenge
- Prägnanz/Kürze
- Freundlichkeit
- Offenheit
- Diplomatie
- Höflichkeit
- Direktheit
- Natürlichkeit
- Mut
- Sorgfalt
- Empathie
- Auffassungsfähigkeit
- Humor
- Heiterkeit
- Ernsthaftigkeit
- Tiefe
- Anpassungsfähigkeit
- Flexibilität
- Ordnung
- Ausdauer
- Bescheidenheit
- Durchschnittlichkeit
- Kreativität
- Improvisation
- Pragmatismus
- Prägnanz
- Konfrontation
- Urteilsvermögen
- Sparsamkeit
- Unabhängigkeit
- Güte
- Durchhaltevermögen
- Geduld
- Initiative
- Autonomie
- Takt
- Gemeinsamkeit
- Vorsicht
- Verlässlichkeit
- Einsatz
- Mut
- Realitätssinn
- Wachsamkeit
- Optimismus
- Ruhe
- Bodenständigkeit
- Sorglosigkeit
- Distanziertheit
- Vorsicht
- Selbstlosigkeit
- Uneigennützigkeit
- Bestimmtheit
- Großzügigkeit
- Hilfsbereitschaft
- Selbstbewusstsein
- Selbstachtung
- Stil
- Spontaneität
- Enthusiasmus
- Leidenschaft

Abb. 25: Werteauswahl

Einige der angebotenen Werte überschneiden sich vom Begriff her und wirken synonym. Dahinter steckt die Absicht, den Auswahlprozess dazu zu nutzen, die persönliche Gewichtung intensiv zu überdenken und Sicherheit über den Wert an sich zu erlangen.

Herr Direkt erledigt diese Aufgabe in seiner typischen offenen und anpackenden Art. Es verbleibt noch ein Rest an Ungewissheit, wohin ihn dieser Prozess wohl führen werde. Nichtsdestotrotz hat er eine lange Liste an Werten, von denen er sich sicher ist, dass sie alle wesentlich für ihn seien.

Wertevielfalt

Grundsätzlich gilt es als gut, durchaus viele persönliche Werte zu schätzen, über eine so genannte ‚parallele' Werte-Ordnung (vgl. These 3 in Kapitel 3.5, S. 109 f.) zu verfügen. Besonders dann, wenn einer dieser Werte angegriffen wird, erleben die betreffenden Personen keine erschütternde Enttäuschung und Unzufriedenheit, weil sie auf weitere, ihnen zweifellos ähnlich substantielle Werte zurückgreifen können. Ihre Wertewelt kommt einerseits dadurch höchstens ins Schwingen, nicht ins Schwanken; andererseits liegt darin jedoch die Gefahr, dass Mitmenschen, die dies beobachten, leicht ein opportunistisches Verhalten unterstellen.

Im nächsten Schritt gilt es, diese überaus lange und auch überlappende Liste zu reduzieren. Dazu werden die einzelnen Werte unter Oberbegriffen gruppiert und zusammengefasst, um eine angemessen gegliederte Struktur über das eigene Begriffssystem zu erhalten. Herr Direkt zeigt sich nach der Sitzung infolge der Ermutigung und Anleitung durch den Coach mit dem Ergebnis nicht nur zufrieden, sondern sogar begeistert. In seinem Feedback hebt er die neu gewonnene Klarheit über seine Wertewelt hervor. Ihn erfüllt die Zuversicht, dass seine künftige Kommunikation von dieser Klarheit profitieren werde. In den folgenden Wochen soll er prüfen, ob und in welchem Maße die Wertmaßstäbe in seinem beruflichen und privaten Leben Bestand haben.

Abb. 26: Werteaufstellung Herr Direkt

Herr Reflektiert nimmt sich seiner Werteaufstellung mit Stolz, ja fast Euphorie an. Seine Erfahrung kurz zurückliegender Begebenheiten und Reflexionen bringen ihn zu der Schlussfolgerung, dass ihm vor allem ‚ein einziger Wert' wichtig sei. Wenn er diesen Wert lebe, dann könne er alles realisieren.

Exponierter Wert

Eine solche ‚eindimensionale' Werteordnung birgt durchaus eine Gefahr – eine reale Gefahr, wie wir in diesem Fall sehen. Wenn dieser eine Wert nämlich ins Wanken gerät, dann ist die gesamte ‚Weltanschauung' dieses Menschen unterminiert. Hohe Unzufriedenheit und Frustration machen sich breit, er fühlt sich unverstanden und zieht sich zurück.

Da Herr Reflektiert seinen exponierten Wert zu diesem Zeitpunkt definitiv nicht im Team leben kann bzw. bei seinem Kollegen keine Resonanz darauf verspürt, kann man hier die eigentliche Ursache für die ungenügende Teamarbeit ausmachen. Dies ist eine ebenso umwälzende wie hilfreiche Erkenntnis für Herrn Reflektiert.

Nachdem der Coach Herrn Reflektiert zu dieser Aufklärung verholfen hat, erschließt sich eine Vielzahl von Störungen in der Zusammenarbeit mit seinem Kollegen. Außerdem sieht er auch, dass er seinen eigenen Wert seinem Kollegen gegenüber nie in der Weise ‚vor'-gelebt hat, dass der ihn hätte unmissverständlich verstehen können. Herr Reflektiert hatte angenommen, dass Herr Direkt ihn erahnen oder intuitiv verspüren müsse, eine Ebene, auf der Herr Direkt jedoch gar nicht agiert. Aufgrund dieser Einsicht erstellt Herr Reflektiert eine neue Prioritätenliste seiner Werte.

Abb. 27: Werteaufstellung Herr Reflektiert

Diese Intervention, so Herr Reflektiert, habe ihm viel Spaß gemacht, kein Wunder vor dem Hintergrund seiner hohen Affinität für das Thema. Er fühlt sich sehr erleichtert, nun die Grundprinzipien seines Handelns abrufbar zu haben und diese kommunizieren zu können. Ihn prägt dieser Prozess stark. Ihm wird auch klar, dass er seine Werte bislang, vielleicht aus Angst vor Verletzungen, nicht genügend deutlich nach außen vertreten hat, sie sogar eher – um sich zu schützen – versteckte.

Die Zusammenführung

Die erste gemeinsame Sitzung, die zur Zusammenführung der Wertesysteme dient, moderiert der Coach besonders einfühlsam und vorsichtig, denn beide Herren haben trotz des individuell großen Vertrauens zum Coach vor der ersten gemeinsamen Sitzung Respekt und Scheu. Ihnen ist nicht klar, ob das Ergebnis dieser Session Gemeinsamkeiten oder Konflikte hervorbringen werde. Die Anspannung beider ist deutlich spürbar.

Offenheit durch Stärkenbewusstsein

Um die Atmosphäre aufzulockern, aber auch um beiden Herren voreinander noch einmal ihre besonderen Talente, ihre Einzigartigkeiten darzustellen, werden im so genannten ‚Teamblend' zunächst die verschiedenen Clifton StrenghtFinder®-Talentprofile individuell vorgestellt und dann nebeneinander gelegt.

Das Bewusstsein des Stärkenfilters (vgl. Abbildung 22, S. 254) und der Wahrnehmung des Kollegen sowie die Wertschätzung der Talente des jeweils anderen führen zu einer positiven Einstellung und zu einer Erweiterung des Selbstverständnisses – vor allem aber auch zu einer Veränderung in der Einstellung zum Kollegen. Diese Maßgabe füllt die inneren Energiereserven und hilft, durch die Fokussierung auf das Positive vielleicht auch kritische Punkte zum eigenen Verhalten offen und diskussionswillig aufzunehmen.

Talentübereinstimmung

Nun sehen beide Teammitglieder (und zwar durch ein neutrales Tool eruiert), dass sie sich in einigen, den ersten fünf jedoch nachgeordneten Talenten durchaus gleichen. Beide Herren sind neugierig und lernbereit, bringen eine hohe Leistungsorientierung mit, sind strategisch geschickt und vertreten ihre Interessen mit starkem Selbstbewusstsein (Learner® – Wissbegierde, Achiever® – Leistungsorientierung, Self-Assurance® – Selbstbewusstsein und Strategic® – Strategie). Teamorientierte Talente, die auf die Gemeinsamkeiten und den Konsens im Team Wert legen, fehlen jedoch.

So angespannt beide Herren zunächst sind, so sehr ist es ihnen eine Offenbarung, die Talente des Kollegen zu verstehen und mit dem eigenen Talentprofil zu vergleichen. Herr Direkt kommentiert diesen Abgleich in seiner typischen direkten Art: „Wir haben doch einiges gemeinsam!"

Wertecoaching in der Praxis

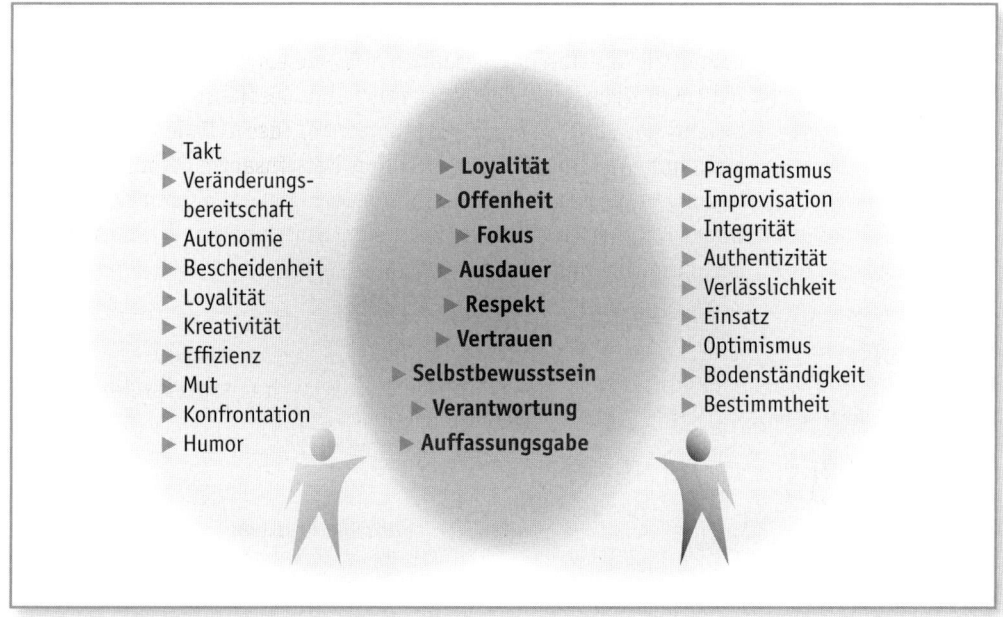

Abb. 28: Überschneidende Werte

Der offene Austausch und die ersten Schlussfolgerungen aufgrund dieser teilweise übereinstimmenden Talente sind für beide Klienten spannend. Wie Manfred Kets de Vries, Professor an der Insead, in seinem aktuellen Buch ‚The Leader on the Couch'[3] konstatiert, ist gerade das Gruppencoaching ein besonders nachhaltiges Mittel, um Lernprozesse in Gang zu setzen, die zu individueller und organisationaler Veränderung führen. Diese Dynamik demonstriert auch dieser Fall. Aus Zurückhaltung und Reserviertheit werden Diskussion, ehrlicher Austausch, Wille zum Lernen und zu Veränderung.

Teamwerte

Es obliegt nun den beiden Klienten, die Schnittmenge ihrer Werte – immerhin neun – gemeinsam zu erörtern und zu definieren: Vor dem Hintergrund der Leistungsorientierung und Tatkräftigkeit des Teams jedoch keine langwierige Angelegenheit, sondern eine direkte Aussprache, ein positiver Dialog, ein Hinterfragen und Verstehen des Kollegen; aber auch keine Nachlässigkeit, sondern eine präzise Definition der Inhalte jedes dieser ermittelten Werte.

Es wird deutlich, dass zu einem Begriff mehrere Definitionen und Interpretationen möglich sind. Je genauer nun gearbeitet und abgegrenzt wird, desto erfolgreicher fällt die zukünftige Zusammenarbeit aus. Die neu gefundenen Werte bilden den Grundstein für einen Neubeginn der Teamarbeit und den Nährboden für das bislang noch zarte Vertrauenspflänzchen, das in dieser Sitzung aufkeimt. Außerdem lassen sich nun Handlungen oder auch Verletzungen messen und dadurch ansprechen. Jede Frustration kann in der Folge direkt – ohne ein In-sich-Hineinfressen – thematisiert und beseitigt werden.

Abb. 30: Gemeinsame Werte und deren Bedeutung

Die Klärung der gemeinsamen Werte stärkt die positive Interaktion zwischen beiden Klienten. Obwohl beiden Herren die Bedeutung von Anerkennung sicher bekannt ist, wird dieses Wissen nicht praktiziert. Um das positiv zu verändern, wird nach der sehr intensiven Sitzung eine Feedbackrunde durchgeführt. Sie arbeitet sowohl die Zufriedenheit mit dem Prozess als auch Dankbarkeit dem Kollegen gegenüber heraus.

Gleichsam nebenbei wird in der gesamten Debatte die persönliche Verantwortung des Einzelnen für die Teamarbeit erkennbar. Im potenziellen Konfliktfall ist es an beiden Herren, die Ursachen unmittelbar und ohne Verzögerungen zu klären, und zwar direkt, offen und verlässlich; keine schriftliche, sondern persönliche Kommunikation. Keine Schuldzuweisung. Eigenverantwortung für die Leistungsfähigkeit des Teams. Eine fundamentale, nur scheinbar schlichte Einsicht!

Darüber hinaus stellt sich ein Bewusstsein ein, dass Konflikte unter beiden Kollegen nicht nur negative Auswirkungen auf dieses Team haben, sondern in die gesamte Mannschaft hineinstrahlen. Was für die Klienten vermeintlich nur einen harschen Austausch von Fakten darstellt, nehmen Mitarbeiter als eine Fehde wahr, die Verunsicherung auslöst. Deshalb ist es wichtig, solchen Austausch intern und ohne Zeugen zu führen. Demgegenüber nach außen hin mit einer Stimme zu sprechen, die persönliche und direkte Kommunikation zu fördern, sich dem Einfluss von Gerüchten und Erzählungen anderer zu entziehen, wird die große Herausforderung der nächsten Zeit.

Eine nach der langen Diskussion jetzt noch offene Frage bleibt, nämlich auf welche Weise man die gegenseitige Wertschätzung und den neu erworbenen Respekt unverkrampft und natürlich vermitteln kann.

Wechselseitige Anerkennung durch das ‚Feedbackfenster'

Mit dem Feedbackfenster[4] verfügt man über ein vereinfachtes, sehr wirkungsvolles Instrument. Es bietet die Möglichkeit, klar, schnell und umfassend Rückmeldungen zu finden und auszusprechen. Alle Aspekte eines ausgewogenen Feedbacks werden betrachtet, es endet immer konstruktiv. Um es gut zu beherrschen, wird empfohlen, es zunächst stets schriftlich durchzuführen. Man unterteilt ein Rechteck in vier Bereiche. Im ersten Feld oben links wird alles eingetragen, was man als ‚wichtig' empfunden hat. Im zweiten Feld oben rechts trägt man alles ein, was noch ‚offene Fragen' hervorruft, und im Feld darunter, unten rechts, trägt man alles ein, was ‚störend' ist. Im letzten Feld, unten links, werden dann alle positiven Aspekte eingetragen, alles, was ‚erfreulich' ist. Um die Ausgewogenheit des Resultates zu gewährleisten, muss jedes Kästchen gefüllt sein.

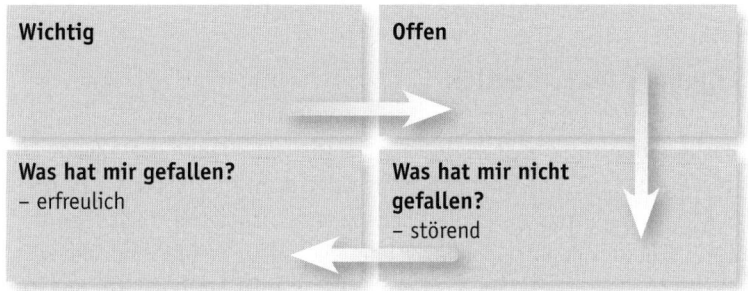

Abb. 30: Feedbackfenster (Quelle: Vistem® Visualisieren mit System)

Die jeweilige Rückmeldung beider Herren fällt ausgewogen und klar aus:

‚Wichtig' finden sie:
- ein gemeinsames Verständnis erreicht zu haben,
- Vertrauensbildung,
- die persönlichen Gefühle ausdrücken zu können und beide Seiten zu verstehen und
- den Willen zu spüren, zusammen an den Teamwerten arbeiten zu wollen und sich für die Einhaltung der Werte verantwortlich zu fühlen.

‚Offen' bleiben:
- die Frage der Nachhaltigkeit des Erreichten, zum Beispiel das Verständnis für den Kollegen im Alltag,
- die Befürchtung, in alte Verhaltensmuster zurückzufallen.

‚Störend' ist ihnen:
- trotz der erahnten Abträglichkeit fehlender Teamarbeit zu lange gebraucht zu haben, diese Diskussion zu führen,
- zu sehen, in die eigene Falle getreten zu sein, ohne es zu merken.

‚Erfreulich' ist:
- die gute, ausgewogene Moderation durch den Coach,
- der respektvolle, Vertrauen bildende Umgang im Meeting,
- das Erlebnis von Emotionalität,
- die Anerkennung der eigenen Person und Arbeit durch den Kollegen,
- der Prozess an sich mit seinem individuellen und teambasierten Coaching und
- die Wahrnehmung einer ursprünglich kaum vermutet konstruktiven und ausbaufähigen Zusammenarbeit.

Ergebnis und Ausblick

Das Erlebnis von Zufriedenheit und Aufbruchstimmung ermutigt in hohem Maße und erweckt große Zuversicht im Hinblick auf die zukünftige Zusammenarbeit. Nicht zuletzt nehmen die nachgeordneten Ebenen den atmosphärischen Wechsel erst staunend, dann ermutigt wahr – was die Motivation der Landesgeschäftsführer weiter erhöht.

Untereinander vereinbaren Klienten und Coach, im Alltag die Abmachungen auszuprobieren und sich kritisch zu beobachten; der Coach steht im Falle von Problemen jederzeit zur Verfügung. Nach drei Monaten kommt es zu einem Review, in dem die Revision von Erfahrungen und Erkenntnissen der ‚neuen' Zeit der Zusammenarbeit stattfindet.

Durch den Alltag und die hohen Anforderungen in den Aufgaben kann es schnell passieren, dass man – ohne es zu wollen – in ein altes Verhaltensmuster zurückfällt. So stellen sich auch in diesem Fall kleinere Rückschläge ein; die Teammitglieder können sie durch den Hinweis des Coachs auf die vereinbarten Werte und die Verantwortung nun aber eigenständig beheben. Positive Grundeinstellung und gegenseitige Unterstützung, die der Coachingprozess vermittelte, gewährleisten den Kontrollmechanismus.

Und die Holding – also die entscheidende Ebene? Wie kommt dort alles an? Sie nimmt die zunächst kleinen persönlichen Veränderungen und Einstellungswechsel sehr genau wahr und ermutigt durch positive Rückmeldungen zur kontinuierlichen Weiterarbeit. Sie stellt aber auch den Ruck durch die gesamte Mannschaft des Landes fest und setzt durch Übertragung zusätzlicher Verantwortungsbereiche Zeichen. Sie monitort den Entwicklungsprozess und das Ergebnis und ist mit beidem zufrieden.

Resümee der Klienten

▶ Aus dem Fazit von Herrn Direkt sei hier zitiert:
„Der Coachingprozess hat mir – das will ich nicht verhehlen – entgegen meiner ursprünglich durchaus vorhandenen Skepsis – persönlich eine Menge gebracht. Ich habe unerwartet viel über mich und meine Vorgehensweise gelernt, und ich habe verstanden, dass Teamarbeit nicht angeordnet werden kann, sondern jeden Tag wieder gelebt werden muss. Mein persönlicher Beitrag ist von hoher Bedeutung dafür. Dies heißt für mich Nähe und vor allen Dingen konstante und kontinuierliche persönliche Kommunikation.

Mir war nicht bewusst, wie sehr die schriftliche Kommunikation die Teamarbeit gestört hat. Ich hatte immer nur die Absicht, die Dinge sofort und schnell weiterzugeben. Dass dies das Vertrauensverhältnis zwischen meinem Kollegen und mir gestört hat, konnte ich mir nicht vorstellen. Ich kann eigentlich nicht zu viel kommunizieren.

Damit meine Kommunikation aber überhaupt gehört wird, muss ich meinen Kollegen in seinen Stärken, seine persönliche Wertewelt und sein individuelles Anliegen verstehen. Nur dann kann ich mich in ihn und seine Bedürfnisse hineinversetzen.

Das Anderssein meines Gegenübers empfinde ich nun nicht mehr als Gefahr, sondern als Bereicherung. Ich bin meinerseits dankbar dafür, dass mein Kollege nun versteht, wie ich bin und meine Sichtweise nicht direkt negativ interpretiert, sondern mir vertraut. Sicherlich musste ich auch lernen, dass eine persönliche und direkte Ansprache ihm wichtig ist und ich hier noch immer viel Nachholbedarf habe. Aber wir werden jeden Tag besser und sprechen immer mehr mit ‚einer Stimme'.

Diese meine Bilanz findet eine überaus erfreuliche Bestätigung dadurch, dass die Holding-Geschäftsführung unsere optimierte Teamarbeit nicht nur wahrnimmt, sondern immer wieder deutlich zum Ausdruck bringt, worauf es eigentlich ankommt: Die Bottom-Line stimmt jetzt."

▶ Aus dem Resümee von Herrn Reflektiert sei hier zitiert:
„Ohne die gute und einfühlsame Moderation des holdinginternen Coachs wäre ich niemals bereit gewesen, diesen Prozess durchzuführen. Ich hatte mich in meine Welt zurückgezogen und auch einen gewissen Komfort darin empfunden. Durch das individuelle Coaching, das mir geholfen hat, mich zu öffnen, und die stetige Begleitung des Coachs wurde ich immer wieder erinnert, dass es immens wichtig ist, positiv zu denken und so sich selbst, aber auch seine Mitmenschen zu beeinflussen. Eine Grundhaltung, die jedem bekannt ist, aber eben nicht von jedem gelebt wird. Mir ist das auch schwergefallen. Das Vertrauen in den Coach hat mir hier sehr geholfen.

Die Interventionen haben mir Energie gegeben, Spaß gemacht und Motivation vermittelt. Ein echtes Aha-Erlebnis bot dann der Vergleich der Werte. Durch falsche und missverstandene Interpretation meinerseits habe ich meinem Kollegen schon keine Chance mehr gegeben. Nun sehe ich aber, dass wir uns in einigen Werten sehr nahe sind, die intensive Diskussion hat mir geholfen zu verstehen, was mein Kollege mit diesen Werten assoziiert. Die Basis unseres ‚neuen' Vertrauens sind unsere Teamwerte. Wir haben auch festgestellt, dass man uns sehr leicht auseinanderbringen konnte.

Das lassen wir heute nicht mehr zu. Die erste Kommunikation gilt immer meinem Kollegen. Der Effekt ist unglaublich!"

Resümee des Coachs

„... Als Coach bin ich überzeugt, dass der grundlegende Einstellungswechsel der Beteiligten das wichtigste Element des Prozesses ist. Nur unter der Bedingung, dass die Klienten über ein Bewusstsein ihrer selbst, ihrer individuellen Werte und persönlichen Stärken verfügen, findet diese Öffnung und Neuausrichtung erfolgreich statt.

In unserem Fall ist es bemerkenswert, wie weit die Teamarbeit durch die Anwendung dieser vermeintlich einfachen Methoden positiv beeinflusst wurde und wie entschlossen die beiden Herren nach dieser Sitzungsserie die täglichen Herausforderungen der Teamarbeit mit ganz neuem Elan angepackt haben. Der Prozess erwies sich als produktiv und effizient, er hat Klarheit und gleichzeitig Nähe hervorgebracht. Beide Klienten haben Aufmerksamkeit dafür gewonnen, ihre Wirkung als Team noch einmal zu unterstreichen und jeder für sich und gemeinsam verantwortlich zu sein. Wenn man diese Haltung für sich übernimmt und authentisch lebt, so überträgt sich die individuelle Einstellung auch auf das Team und dessen Ruf. Das hat sich hier in sehr schöner Weise eingestellt. Das Vertrauen darauf, den Rückfall in alte Egoismen zu verhindern und das Erreichte – das ist ganz wesentlich – in alltäglicher Bemühung zu sichern, wirkt jetzt sehr fundiert ..."

Fußnoten:

1) Auhagen 2004, S. 1
2) vgl. Buckingham et.al. 2001, S. 33
3) Schwuchow 2007, S. 50 ff.
4) vgl. Thomas 2000, S. 19

4.8

Wertecoaching – ein echter Erlebnisprozess?!

Frau Anonyma

Zusammenfassung

In dem folgenden Artikel schildere ich aus eigener Erfahrung, wie ich dazu gekommen bin, mich mit dem Thema ‚Werte und Wertekonflikten' zu beschäftigen. Welche Erlebnisse führten dazu, und mit welchen Fragestellungen sah ich mich konfrontiert? Gibt es überhaupt einen Konflikt zwischen den eigenen Werten und denen eines Unternehmens? Und wie hat mir das Wertecoaching dabei geholfen, sinnvoll zu handeln?

Zuerst in eigener Sache

Ich hoffe auf Ihr Verständnis, dass ich anonym bleiben möchte – denn zurzeit arbeite ich noch in dem Unternehmen, um das es unter anderem in meinem Coachingprozess geht. Ein großer Teil meines wahrgenommenen Wertekonfliktes resultiert aus meiner jetzigen Arbeit. Meine Beschreibungen könnten es dem einen oder anderen einfach machen, mich zu identifizieren. Das möchte ich zum jetzigen Zeitpunkt verhindern.

Situation im jetzigen Unternehmen

In meinem ganzen Berufsleben, das nun schon seit zwölf Jahren andauert, habe ich verschiedene Stationen in verschiedenen Unternehmen durchlaufen. Die Situation im jetzigen Unternehmen unterscheidet sich insofern, als dass ich die Chance bekam, eine neue Abteilung aufzubauen und zum ersten Mal eine richtige Führungsaufgabe zu übernehmen. Für mich besonders reizvoll war, dass ich neue Strukturen und Aufgaben aktiv mitgestalten konnte und gleichzeitig für eine kleine Mannschaft verantwortlich war.

In den Unternehmen, in denen ich bisher arbeitete, habe ich immer geschätzt, dass trotz politischer Machtkämpfe es allen jederzeit darum ging, etwas gemeinsam zu bewegen und voranzutreiben. Es wurde viel diskutiert und gestritten, aber Differenzen wurden nie auf der persönlichen Ebene ausgetragen.

Im jetzigen Unternehmen stellt sich dies anders dar. Viele Mitarbeiter sind bereits seit Jahren dabei. Trotzdem gab es extrem viele personelle Veränderungen, ein Kommen und Gehen. Chefs und Kollegen wurden von heute auf morgen entlassen und dann wieder eingestellt. Eine Situation, in der bei vielen Mitarbeitern vielleicht die Einstellung reifte: „Was soll ich mich großartig einsetzen, wenn ich doch nicht genau weiß, was morgen passiert?" mit der Folge: „Also konzentriere ich mich mehr auf meine eigenen persönlichen Vorteile."

„Was soll ich mich großartig einsetzen, wenn ich doch nicht genau weiß, was morgen passiert?"

Ich kam in einer Phase ins Unternehmen, wo gerade ein wenig Ruhe herrschte. Mein damaliger Chef war bereits seit knapp zwei Jahren dabei. Ein absoluter Macher-Typ, der sich für mich positiv von den anderen abhob und auch entscheidend dazu beigetragen hatte, dass ich mich für diesen Job entschied. Das persönliche Umfeld in einem Unternehmen ist mir sehr wichtig.

Vor über einem Jahr überschlugen sich ein paar Ereignisse, die ich Ihnen gerne etwas detaillierter schildern möchte. Dadurch beschäftigte ich mich auf einmal mit der Frage: Passen meine Werte und die des Unternehmens noch zusammen? Habe ich einen Wertekonflikt mit diesem Unternehmen?

Der Anfang

Ein früherer Chef hat immer gesagt, „man muss erst ganz unten am Boden sein, um dann gestärkt daraus hervorzukommen". Ich fand das immer sehr übertrieben. Was heißt das: „Man muss erst ganz unten sein?" Aber, seien wir ehrlich, es sind meist negative Ereignisse oder Erlebnisse, die einen dazu bringen, über bestimmte Dinge und die Werte im eigenen Leben nachzudenken.

Was war es bei mir? Ich kann es nicht auf ein Erlebnis im Beruf oder im privaten Bereich reduzieren. Es war wie ein schleichender Prozess, ein Ereignis folgte dem anderen.

Und dabei wurde mir klar: Wenn man sich mit Werten beschäftigt, dann gräbt man tiefer als wenn es ‚nur' darum geht, über den nächsten Karriereschritt zu entscheiden. Oder wenn man darüber reflektiert, was man beachten sollte, wenn man eine neue Position mit neuen Verantwortlichkeiten innehat.

Ich nahm also diesen neuen Job mit einer neuen Position an und ging voller Elan ans Werk. Aber ich merkte schnell, ‚irgendwie fühle ich mich nicht wohl'. Lag es an meiner neuen Position als Führungskraft? Begegnen die Menschen einem dadurch anders? Lag es daran, dass ich selber versucht hatte, Privates und Geschäftliches ziemlich strikt zu trennen und die Kollegen mich dadurch eher als unnahbar und vielleicht sogar arrogant wahrnahmen?

„Ich hatte das Gefühl, überall anzuecken und empfand zudem, dass meine bisherigen Erfahrungen nicht gefragt waren."

Die neue Firma tickte ganz anders. In diesem Ausmaß hatte ich es vorher noch nicht erlebt. Persönliche Befindlichkeiten hatten die Oberhand, jedes Wort wurde auf die Goldwaage gelegt, jede Kritik persönlich genommen. Ich hatte das Gefühl, überall anzuecken und empfand zudem, dass meine bisherigen Erfahrungen nicht gefragt waren. Man wollte gar nichts verändern.

Ich hatte unterschätzt, welchen Wert die althergebrachten Beziehungs- und Einstellungsgeflechte in einer Firma haben können. Und mein Chef wohl auch.

Ich nahm wahr, dass weder Kompetenz noch Leistung und die damit verbundenen positiven Ergebnisse zählten, sondern nur die Interessen einzelner Personen, die diese mit Macht durchsetzten. Eine offene Diskussion war nicht gern gesehen und so kam es, dass mein Chef und eine weitere Kollegin von heute auf morgen das Unternehmen verließen. Natürlich ‚im gegenseitigen Einverständnis'.

Sicher kein außergewöhnlicher Vorgang, dies kommt in den besten Unternehmen vor. Aber eine weitere Kollegin war bereits vorher ‚verabschiedet' worden, eine andere hatte bereits von sich aus gekündigt. Am Anfang des Jahres hatte man sich ebenfalls von zwei weiteren Mitabeitern getrennt. So war mit einem Schlag nicht nur ‚Manpower', sondern auch ein umfassendes ‚Marken-Know-how' weg.

Es hat sich, vermute ich, keiner Gedanken gemacht, welchen Einfluss dies auf die ‚Zurückgebliebenen' hatte. Es war wie eine Schockwelle, die alles zum Erlahmen brachte.

Meine Ziele waren in dieser Situation nur, sicherzustellen, alle Projekte weiterhin voranzubringen und mich persönlich nicht von dem allgemeinen Schock mit nach unten reißen zu lassen. Dies stieß allerdings auch nicht bei allen auf Verständnis – wobei ich es gegenüber meinen Mitarbeitern als selbstverständlich ansah, auch in turbulenten Zeiten alle Energien zu bündeln und eine gute Performance zu zeigen.

Für mich war mit dem Weggang meines Chefs die wichtigste Person im Unternehmen nicht mehr da. Jemand, der mir den Rücken stärkte, integer war und mich immer wieder aufgebaut hatte. Ich war gespannt auf die Fortsetzung, und um dabei nicht untätig zuzusehen, habe ich mich selber als Nachfolgerin ins Spiel gebracht. Dies wurde damals von der Geschäftsleitung abgelehnt mit der Begründung: „Ich traue Ihnen das zu, aber ich möchte Sie schützen und nicht in der jetzigen Situation politisch verheizen."

Es gab schnellstmöglich Ersatz. Ein neuer Chef wurde nach nur zwei Wochen ‚aus dem Ärmel' gezaubert. Die Seilschaften arbeiteten: Ein guter Freund aus alten Zeiten!! Jemand, der es jedoch nicht schaffte, Vertrauen bei seinen Mitarbeitern aufzubauen und die zugegebenermaßen große Lücke zu schließen.

Und dies liegt nicht nur an den Umständen, unter denen er in diese Position kam, sondern für mich auch an seiner Persönlichkeit. Integrität und Stil gehören in meiner Wahrnehmung ganz sicher nicht zu seinen herausragenden Eigenschaften.

Für mich persönlich erreichte dieser ganze Umstrukturierungsprozess den Höhepunkt, als ich von meiner ursprünglichen Aufgabe abgezogen wurde – damit einher ging die Auflösung der gesamten Abteilung – und man mir ein neues Aktionsfeld anbot. Ich sah diesen Schritt des Unternehmens zwar als eine persönliche Niederlage an – und finde auch heute noch, dass die Preisgabe des aufgebauten Wissens meiner Abteilung ein strategischer Fehler war – dachte dann aber auch: „Okay, jetzt kommt halt eine neue Herausforderung." Ein Tätigkeitsfeld, das ich zwar schon kannte, in dem ich aber längere Jahre nicht mehr tätig gewesen war.

Die neue Führungsriege hatte also ihre Interessen durchgesetzt, und der Vorstand ließ sie gewähren. In dieser Situation stellte ich mir zum ersten Mal bewusst die Frage: „Passt das Wertesystem der Firma noch zu meinen eigenen Wertemaßstäben?" Die spontane Antwort war: „Nein, definitiv nicht."

Aber was bedeutet dies konkret? Was folgt daraus? Ich habe mich oft gefragt: „Ist vielleicht etwas an meinem Wertesystem falsch?" Mein Selbstbewusstsein litt erheblich. Als wäre die Auseinandersetzung auf dieser fundamentalen Ebene nicht schon genug, begann auch im privaten Bereich die ‚Werte-Küche' zu brodeln. Meine Trennung von meinem Freund, der Tod eines geliebten Menschen und abgebrochene Freundschaften führten dazu, dass sich diese Lebensphase für mich zu einer Art ‚Rundumschlag' im geschäftlichen und privaten Werte-Bereich entwickelte – ein Umstand, der es mir bereits heute erschwert zu erinnern, wann in welchem Bereich stärkere, mich belastende Konflikte auftraten.

Das Wertecoaching

Für mich stellte sich in dieser Folge massiver Ereignisse vor allem die Frage nach einem sinnvollen, echten und guten Handeln auf der Basis meines Wertesystems. Hilfreich war dabei für mich, dass ich für diesen Prozess den Luxus genoss, gleich auf zwei Coachs zurückgreifen zu können. Mit einem der beiden Coachs stehe ich in einem Ausbildungskontext, der es mir ermöglicht, auch meine berufliche Situation einzubringen und zu reflektieren. Mit dem zweiten Coach arbeitete ich vornehmlich an meinem privaten Wertekonflikt. Beide Coachs bringen sich auf ganz unterschiedliche Weise ein – während der erste methodisch fundiert mir auf der Basis der Lehre Viktor E. Frankls die ‚richtigen Fragen' für die Zukunft stellt, fordert mich der zweite mit einem eher philosophischen Zugang dazu auf, meine aktuelle Situation neu zu verstehen. So wurde es mir ermöglicht, den derzeitigen Wertekonflikt von ganz unterschiedlichen Perspektiven her aufzuarbeiten und mögliche Handlungsalternativen für mich abzuleiten. (Im Folgenden unterscheide ich nicht mehr zwischen den beiden Coachingstilen, die sich für mich in der Betrachtung meiner Thematik hervorragend ergänzten, sondern konzentriere mich auf den Gesamtprozess.)

Ohne Vertrauen zum Coach ist das Arbeiten mit Werten aus meiner Sicht nicht möglich. Es ist etwas anderes, wenn es um reine Karrierefragen geht. Da kann ich akzeptieren, dass es vielleicht menschlich nicht ganz so stimmt, wenn dafür die fachliche Kompetenz gegeben ist. Beim Beschäftigen mit Werten ist dies anders. Hier muss die Chemie stimmen.

Als für mich elementares Erlebnis im Coachingprozess empfand ich die Arbeit mit dem Tool LebensWerte-Kartenbox (www.werteanalyse.de/lebenswerte). Über 400 Wertebegriffe aus dem gesamten deutschen Sprachgebrauch werden hier vorgestellt und inhaltlich kurz erklärt. Zuerst war ich ganz erschlagen von der Menge, dann erstaunt über die Ähnlichkeit mancher Begriffe, wie ‚Klarheit', ‚Deutlichkeit' und ‚Prägnanz', die im Alltag so genau wie hier vorgeschlagen, meist nicht differenziert werden.

Im ersten Schritt habe ich alle Werte aussortiert, die für mich aus heutiger Sicht relevant sind. Das waren anfangs mit knapp 100 Karten sehr viele. Anschließend habe ich die Werte danach sortiert, welche ich aktuell verwirklichen kann, welche nur eingeschränkt oder gar nicht. Da ergab sich das erste Mal ein ziemlich einheitliches Bild.

Vor allem Werte wie zum Beispiel Harmonie, Kontrolle, Aktivität, Großzügigkeit, Gesundheit, Initiative, Genuss, Zugehörigkeit, Kreativität, Vertrauen, Wärme, Gelassenheit, Humor fand ich auf dem Stapel ‚eingeschränkt oder gar nicht verwirklicht' vor.

Die eher leistungsorientierten, rationalen Werte wie zum Beispiel Anspruch, Zuverlässigkeit, Pflicht, Schnelligkeit, Eigenständigkeit konnte ich meist verwirklichen, aber die eher ‚weicheren' emotionalen Werte waren ganz klar auf der Minus-Seite.

„Die leistungsorientierten, rationalen Werte konnte ich meist verwirklichen."

Dies zeigt das Dilemma, in dem ich mich befand. Irgendwann reichen die funktionierenden leistungsorientierten Werte im Job auch für das Privatleben nicht mehr aus. Es fehlt eine ganz entscheidende andere Seite, die emotional ‚Sinn' stiftet. Und diese Frage nach dem Sinn ist ganz entscheidend mit meinem eigenen Wertesystem verbunden.

Wie weit muss man sich einlassen?

Meine privaten Themen rückten mehr und mehr in den Vordergrund des Coachings. Woher kommen bestimmte Werte? Welche Bedeutung haben sie heutzutage für mich? Welche von ihnen sind projiziert, welche davon für mich förderlich oder hinderlich? Hier bleibt einem oft auch nicht erspart, zurück bis ins Elternhaus zu schauen und zu überlegen, welche Werte sind einem ‚mitgegeben' worden und welche Bedeutung haben diese heute. Sind sie stützend oder einengend, gilt es sie zu bewahren oder zu entwickeln? Für mich waren diese Blicke zurück anstrengend wie klärend zugleich.

Wichtig während des gesamten Coachings war es für mich zu erkennen: Werte teilen sich nicht auf in ‚gute' und ‚schlechte'. Jeder Mensch hat ein individuelles Wertesystem. Manche Werte sind für die aktuelle Lebenssituation passender, anderen wiederum fehlt die Stimmigkeit. Dies gilt es anzuerkennen und zu akzeptieren. Und dann gilt es, mit den Werten zu arbeiten, sie in Bewegung zu bringen.

Ableitung eines sinnvollen Handelns

Das ist mir wichtig.
▶ *Das tut mir gut.*
▶ *Das ist gut!*

Bevor ich überhaupt dazu kam, mir zu überlegen, wie ich mein emotionales Konto wieder auffüllen konnte, mir also konkrete Handlungen zu überlegen, fragte mich mein Coach: „Warum wollen Sie überhaupt etwas ändern, warum wollen Sie handeln?" Eine gute Frage! Ich will handeln, um mich zum Beispiel nicht unnötig aufregen zu müssen, um nicht immer die Perfekte spielen zu müssen, um mich nicht permanent hinterfragen zu müssen, um Verantwortung zu übernehmen, um mit Menschen zu arbeiten, die bestimmte Eigenschaften haben.

In einer Weise zu handeln, so dass mir dies möglich wird, ist mir wichtig. Und ich spüre, dass ich mich durch diese wertestimmigen Handlungen wohlfühle. Das tut mir gut. Und das ist gut.

Aber welche Handlungen ergaben sich daraus konkret für mich? Zwei Beispiele:

1. Neue Toleranz
Der Coach erklärte mir, dass sich persönliche Wertmaßstäbe im Verhalten und in Handlungen zeigen, die dann ihrerseits eine bestimmte Außenwirkung erzielen. Diese Handlungen kommen nicht

immer positiv an, siehe meine Eingangsbeschreibung wie ich mich in der Firma gefühlt habe. Ich hatte das Gefühl, ich liege nicht auf ‚einer Wellenlänge' mit den anderen Kollegen.

In solchen Situationen können Werte dann auch ‚überdehnt' werden, wenn man das Gefühl hat, dieser Wert wird gerade nicht ‚bedient'. Der Wert ‚Anspruch' ist mir zum Beispiel sehr wichtig. Ich habe einen hohen Anspruch an mich selber, aber auch an andere. Aus dem Gefühl heraus, dass das Unternehmen eine andere Anspruchshaltung hat als ich, habe ich diesen Wert sicher oft ‚überdehnt', das heißt, er kommt bei anderen eher als Verbissenheit an. Ich bekam dazu kein konkretes Feedback, ich spürte dies aber immer deutlicher. Und dies führte bei mir zu einer permanenten Unzufriedenheit und auch Unsicherheit.

Im Coaching wurde ich daraufhin mit den ‚Schwestertugenden' vertraut gemacht. Ich habe erkannt, dass die ‚Lösung' nicht darin liegt, einen eigenen Wert, wie zum Beispiel den ‚Anspruch' abzuwerten oder ihn als persönliche Last zu deklarieren. Im Gegenteil, es gilt ihn zu würdigen und zu akzeptieren, ihn aber auch in eine Entwicklung zu führen, eben indem man ihm eine ‚Schwestertugend' an die Seite stellt, die dazu beiträgt, latent ‚überzogene' Handlungen in ihrer Wirkung wieder zurechtzurücken.

Beim Wert ‚Anspruch' ist dies für mich zum Beispiel der Wert ‚Toleranz'. Die Toleranz sich selber gegenüber, manche Dinge vielleicht nicht ganz so eng zu sehen, aber auch die Toleranz anderen gegenüber, dass sie ein anderes Wertesystem haben und bestimmte Dinge einfach anders angehen.

Dies hört sich für einige eventuell banal oder selbstverständlich an, aber wenn man bestimmte Werte verinnerlicht hat, handelt man gerade in Krisensituationen oft automatisch. Dies kann positiv sein, man ‚funktioniert', es kann aber auch ins Gegenteil umschlagen und als stark negativ wahrgenommen werden.

Diese ‚Schwestertugend' ermöglichte es mir, diesen Teil meines Wertesystems beizubehalten, aber die eventuellen Negativausprägungen auszupegeln. Die Gefahr, dass ich vor lauter Toleranz alles akzeptiere, was von außen kommt, verhindert ja mein eigentlicher Wert ‚Anspruch'. Insofern handelt es sich hierbei um eine Methode, die sich selber kontrolliert und im Gleichgewicht hält.

2. Der ‚Bauchtag'

Als eher rational handelnder Mensch fällt es mir teilweise sehr schwer, auf meinen Bauch zu hören und der Emotion mehr Raum zu geben. Ich habe also mit meinem Coach vereinbart, ‚Bauchtage' durchzuführen. Einen Tag lang versuche ich, nur auf meinen Bauch zu hören und ihm damit den notwendigen und wichtigen Raum zu geben. Das ist schwer und neu für mich, aber sehr interessant und hilfreich. Ich stelle dabei immer wieder fest: Eigentlich weiß der Bauch eher als der Kopf, was mir wirklich gut tut und was nicht. Und es führt dazu, dass ich mein Wertesystem akzeptiere und nicht versuche, dagegen anzukämpfen.

Worte wie ‚Selbst-wert-gefühl' und ‚Selbst-be-wusstsein' bekommen auf einmal eine ganz andere Bedeutung, ich bin mir meiner Werte selbst bewusst.

Der Bauchtag führte dazu, dass ich mich jetzt viel öfter bei wichtigen Entscheidungen erst einmal zurücklehne und auf mein erstes Bauchgefühl höre. Nicht immer bekomme ich schon eine eindeutige Antwort, aber ich bekomme Antwort. Und das tut gut.

Wertecoaching – ein echter Erlebnisprozess mit konkreter Lösung?

Ja, wahrhaftig, ich bin durch Höhen und Tiefen gegangen. Und gehe es noch. Das Coaching führte mich durch diesen Prozess wie ein guter Freund. Für mich persönlich ist der Prozess jedoch noch nicht komplett abgeschlossen.

Ein großer Schritt war für mich zu akzeptieren, dass mein Wertesystem und das des Unternehmens nicht zusammenpassen. Dabei handelt es sich um keine persönliche Niederlage oder ein Versagen von meiner Seite.

Ich bin jetzt aktiv auf der Suche nach einem neuen Job und es sieht gut aus.

Dabei achte ich mittlerweile auf andere Eigenschaften und hinterfrage durchaus die Wertesysteme des potenziell neuen Unternehmens und im Gespräch achte ich auf die mir vermittelten Wertevorstellungen. Ich versuche, den emotionalen Werten mehr

Raum zu geben, Dinge zu tun, die mir guttun, damit ich wieder einen Sinn erlebe und spüre.

Sollten Sie sich auch gerade in einem Wertekonflikt befinden, egal ob mit Mitarbeitern, Vorgesetzten oder den Unternehmenswerten allgemein, ich kann Ihnen das Arbeiten mit einem Wertecoach wirklich empfehlen.

Ich bin es mir wert. Und Sie?

Zum guten Sinn ...

Viele wert- und sinnvolle Coachingsitzungen liegen hinter uns. Von der tiefgängigen Verantwortungsbereitschaft unserer Klienten für ihre Werte und ihre Werteordnungen sind wir noch ganz beeindruckt. Die Offenheit unserer Klienten für die eigenen Sinnfragen stimmt uns zuversichtlich. Wir haben erlebt, wie der Weg von einer brisanten Situation hin zu einer Entwicklung persönlicher Werte unseren Klienten besondere Kraft verlieh, Energien freisetzte, Orientierung gab und nachhaltige Veränderung auslöste.

Was ist mir wichtig? Was lenkt und leitet mich? Was gibt mir Orientierung und Halt? Was ist das wirklich Wesentliche in meinem Leben?

Unsere Klienten haben uns teilhaben lassen bei ihrer Besinnung auf das Wesentliche und Wertvolle. Dabei sind wir mit ihnen durch heikle, auch krisenhafte Situationen gegangen. Wir haben dabei festgestellt, dass die ruhige, Zeit gebende, sehr uneingeschränkte Art des Zuhörens und der dennoch klare Fokus auf den Sinn im Leben zur Bewältigung belastender Situationen neue gangbare Wege eröffnet. Auf diesen Wegen wurde die Auseinandersetzung mit den eigenen Werten für jede Klientin und jeden Klienten zu einer conditio sine qua non. Was ist mir wichtig? Was lenkt und leitet mich? Was gibt mir Orientierung und Halt? Was ist das wirklich Wesentliche in meinem Leben? Alles Fragen, die jedes Leben begleiten und phasenweise mal mehr und mal weniger zentral sind.

Wir haben erlebt, wie sinnerfüllend auch für uns Coachs diese Arbeit ist, was uns Wertecoaching durch seine Tiefe menschlich gibt. Da fällt es schwer, jetzt umzuschalten ... und ein Fazit zu ziehen.

Und dennoch haben wir uns zusammengesetzt und überlegt, welche Schlüsse wir ziehen können für ein Wertecoaching, das unsere Klienten dabei unterstützt, brisante berufliche Situationen sinnvoll zu meistern. Dabei lassen wir im Folgenden unsere eigenen Lernerfahrungen ebenso einfließen, wie die auf der Metaebene reflektierten Parameter für ein gelingendes Coaching.

Setting

In unserer Erfahrung steht zu Beginn eines Wertecoachings die genaue Aufklärung des Klienten in Bezug auf das theoretische Fundament, das Menschenbild und die Arbeitshaltung des Coachs im Vordergrund. Es ist wichtig zu erkennen, welches Gewicht der Klient in die Waagschale des Coachingprozesses wirft, wenn er einen Einblick in die Substanz seines Wesens gewährt. Dieses Gewicht gilt es mit Transparenz zu balancieren.

Wichtig ist zudem eine umfassende Auftragsklärung, die auch den Hinweis enthält, dass sich aus der Zusammenarbeit Fragestellungen entwickeln können, die gegebenenfalls in einem therapeutischen Kontext zu klären sind. Auch hat sich bewährt, deutlich zu machen, dass der Transfer des Reflektierten und kognitiv Geklärten in konkrete Handlungen oder Verhaltensweisen einen neuen Zustand von Unsicherheit bedeuten kann. Gerade in diesem Kontext haben wir oft erleben können, wie wertvoll es für einen Coach ist, über ein robustes Repertoire insbesondere auch systemischerer Interventionsformen zu verfügen. Ein derlei methodisch stabiles Gerüst erlaubt es ihm, bereits in der Phase der Auftrags- und Anliegenklärung den Klienten dafür zu sensibilisieren, wie sich Auswirkungen zum Beispiel eines von ihm initiierten Werte-Entwicklungsprozesses in seinem Umfeld zeigen könnten.

Ein bereits sinnzentriertes Herausschälen des Anliegens – das in seiner Form durchaus als eine erste Intervention angesehen werden kann – ist nach unserer Erfahrung eine wichtige Wegmarke für einen in der Folge wirkungsvollen und nachhaltigen Coachingprozess.

Je stärker die seelische Belastung und je eher die Situationsbewertung des Klienten eine Krise vermuten lassen, desto spürbarer wird der Faktor Zeit für den Coach und in dem von ihm verantworteten Prozess. Der Klient sucht schnelle Entlastung, vielleicht sogar ein Wunder. Das ist verständlich. Dennoch braucht es eine ausgewogene Mischung von Zielgerichtetheit und Muße. Diesen Zusammenhang gilt es ebenfalls bereits zu Beginn aufzuzeigen. Wir empfehlen deshalb, nicht die Anzahl von Sitzungen zu fixieren, sondern vielmehr einen Zeitkorridor zu vereinbaren, der auch Spielraum lässt für längere Abstände zwischen einzelnen Coachingsitzungen oder auch für Gespräche, die in erforderlichen Fällen auch wesentlich länger dauern können als die zumeist halbtägig verabredeten Einheiten.

Mit längeren Coachingsitzungen haben wir gute Erfahrungen gemacht, da die Auseinandersetzung mit den eigenen Werten etwas mit ‚sich auf den Weg machen' zu tun hat. Dabei haben wir beobachtet, dass dafür Zeiten der Besinnung mit dem Coach als Begleiter zum Beispiel auf einem gemeinsamen Spaziergang, bei der Integration von Musik oder auch bei einer Erweiterung des Settings vom Einzelcoaching hin zum Beispiel zum Paarcoaching sehr hilfreich sind. Außerdem kann es sinnvoll sein, mit dem Klienten Zeiträume außerhalb des Coachings zu vereinbaren, in denen er sich in Ruhe mit gestellten ‚Hausaufgaben' auseinandersetzen kann.

Ein weiterer Punkt trifft sicher auf alle Coachings zu, gewinnt dennoch im Wertecoaching eine besondere Bedeutung. Für die Arbeit an den eigenen Werten ist ein gutes Vertrauensverhältnis zwischen Coach und Klient entscheidend. Deshalb braucht es vor allem zu Beginn des Coachings vertrauensfördernde und angstreduzierende Interventionen, die es dem Klienten erleichtern, eine Beziehung zum Coach aufzubauen. Hilfreich sind hier eine ruhige Arbeitsumgebung, umfassende Aufklärung beim Einsatz unterstützender Technik oder diagnostischer Verfahren, für den Erstkontakt via Internet sicher eine über die bereits unter ‚Setting' genannten Aspekte hinausgehende klare Kommunikation des Coachs über sein Selbstverständnis, seine Qualitätsleitlinien und seine Evaluationsformen.

Klient

Aufseiten des Klienten halten wir es für wichtig, dass er für die Dimensionen des Wertecoachings, insbesondere für die Einblicknahme in sein aktuelles Wertesystem aufgeschlossen ist. Offenheit in der Reflexion über vergangene Lebensereignisse ist unabdingbar, daher mag es sinnvoll sein, als Coach diese Bereitschaft auch im Kontraktgespräch noch einmal sicherzustellen – dies auch deshalb, weil wir immer wieder gesehen haben, dass es im Wertecoaching zu Situationen kommt, die den Klienten fordern, sich mit inneren Anteilen auseinanderzusetzen, die weit außerhalb der persönlichen Komfortzone liegen und zuweilen starke Gefühlsregungen hervorrufen.

Damit einher geht die Tatsache, dass Klienten im Wertecoaching eher auf die Fragen stoßen, die in ihrem Leben eine zentrale und oftmals entscheidende Rolle spielen. Vor diesem Hintergrund kommt es vor, dass sich das Ausgangsanliegen im Verlauf des Coachings verändert und neue Brisanzen entstehen können, die zum Beginn der Arbeit noch nicht erkennbar sind. Auch darüber muss der Klient entsprechend informiert werden und bereit sein, sich in der konkreten Situation unter Umständen neu zu positionieren.

Nicht zuletzt steht der Klient beim Wertecoaching mit seiner ganzen Persönlichkeit im Blickpunkt und nicht nur mit einem bestimmten Verhalten. Es geht um ihn als ‚Ganzes'. Nimmt er beispielsweise die Rolle einer Führungskraft ein, so durchtönt er mit seiner Persönlichkeit das von ihm geformte Führungsgeschehen. Die ‚Töne' wiederum (um den Prolog in diesem Buch wieder aufzugreifen) finden ihren Ursprung in den personalen Werten des Klienten. Was der Klient sich also ‚wert' ist, zeigt sich schließlich im Grad seines wertschätzenden Verhaltens, seiner sinnvollen Handlungen und Entscheidungen und seiner wertebasierten Kommunikation.

Coach

Als Coachs ist uns deutlich geworden, dass auch auf unserer Seite notwendige Voraussetzungen für einen gelingenden Prozess im Wertecoaching gegeben sind.

Dazu gehören eine fundierte theoretische Grundlage (in unserem Fall die Logotherapie von Viktor E. Frankl) und die Kenntnis des eigenen Wertesystems. Hilfreich ist ebenfalls die Vernetzung mit anderen Coachs, um sich kontinuierlich kollegial mit der eigenen Werteordnung und Wertegestaltung auseinanderzusetzen.

Sicher ist auch eine werteorientierte Ausbildung sinnvoll. Diese kann sehr unterschiedlich aussehen. In unserem Autorenkreis haben wir auf philosophischen, psychologischen, pädagogischen, psychosozialen und therapeutischen Qualifizierungen aufbauen können. Eine Coachingausbildung, in der auch die Auseinandersetzung mit der eigenen Werteordnung stattfindet, halten wir hingegen für unabdingbar. Dazu gehören auch die Fragen, ‚wie kommuniziere ich meine Werte als Coach' und ‚wie stelle ich den Umgang mit meinen eigenen Werten gegenüber meinen Klienten sicher'?

Auch die möglichen Grenzüberschreitungen vom Wertecoaching zur Therapie zu kennen, ist für uns ein wichtiges Merkmal der Professionalität des Coachs. Wir haben in unserer Praxis oft erfahren, dass Aspekte einer seelischen Überlast derart aufscheinen, dass eine Vernetzung mit ausgebildeten Therapeuten als ein qualitativer Standard angesehen werden sollte.

Fraglos benötigt der im Business arbeitende Wertecoach ein tragfähiges Fundament aus Wissen und Erfahrungen, um Werte- und Sinnthemen in einen Gesamtzusammenhang eines Unternehmenssystems einordnen zu können. Dies wiederum wird sicher durch Kenntnisse aus eigener Führungs- und Managementtätigkeit erleichtert und ermöglicht, Impulse und Antworten zu geben auf Fragen wie: Gibt es ein Werteverständnis in unserem Unternehmen? Wie werden Werte bei uns kommuniziert? Woran erkennen die Mitarbeitenden, wie sich Werte im Führungsverhalten zeigen? Wie kann ich als Führungskraft bei meinem Mitarbeitenden die Auseinandersetzung mit ihren Werten fördern? Wie werde ich als Führungskraft zum Wertebotschafter? Wie generiere ich in meinem Unternehmen Sinnhaftigkeit?

Zum guten Schluss möchten wir Sie als Leser an einem Ausschnitt unserer eigenen ‚großen und kleinen' Quintessenzen und Lernerfahrungen teilhaben lassen, die wir untereinander im Rahmen unser Buchprojektbesprechungen austauschten.

„Der Coach muss immer wieder in der Lage sein, den Gesamtüberblick herzustellen, denn oft ‚verlaufen' sich die Klienten und brauchen eine führende Moderation."

„Eine signifikante Lernerfahrung im Wertecoaching ist für mich die stete Begegnung mit elementaren Lebensthemen bei unterschiedlichsten Anliegen. Sie fordern mich als Coach, den Grenzbereich von Coaching und Psychotherapie maßgeschneidert für die jeweiligen Klienten und mit einer entsprechenden Sensibilität zu gestalten."

„Klientinnen und Klienten berichten immer wieder, dass sich die Entwicklung ihrer Werte häufig unwillkürlich und ungeplant vollzieht. Erst wenn sich Sinnfragen stellen, erfolgt eine bewusste, geplante Werte-Entwicklung."

„Oft fragen sich Klienten, wohin der ‚neue Weg' führen kann und soll. Bei der Beantwortung dieser Fragen habe ich Frankl´s Betrachtungen und vor allem das existenzanalytische Menschenbild sozusagen ‚in eigener Krisensache' als besonders hilfreich und weiterführend erlebt."

„Schön ist, wenn die Klienten erkennen, dass nicht alles, was ihnen wichtig ist, ihnen auch wesentlich ist. Aber das alles, was ihnen wesentlich ist, ihnen auch wichtig ist."

„Um von einem wertebasierten Coaching besonders zu profitieren, sollten Klienten sich ein Stück weit auch auf ‚trockene Theorie' einlassen. Der Wunsch und Wille zur Selbstreflexion, die Fähigkeit zur Selbsttranszendenz und die Bereitschaft, sich die Dinge auch mühsam oder mit Geduld erarbeiten zu müssen, sind ebenso wichtig."

„Coachs sollten über eine ausreichende Erfahrung und Praxis verfügen, um die individuelle ‚Schmerzgrenze', Belastbarkeit usw. des Klienten zu erkennen und in der eigenen Vorgehensweise zu berücksichtigen. Dies setzt nicht nur Methodenwissen voraus, sondern vor allem, dass der Coach selbst bereits die Erfahrung gemacht hat, um die Erkenntnis der eigenen Werte zu ‚ringen' und sich seines Wertesystems und dessen Einfluss auf seine Arbeit stets bewusst ist."

„Mir ist deutlich geworden, dass Wertecoaching ohne den Blick in die Lebensgeschichte des Klienten kaum möglich ist. Um dabei wirkliche Tiefe in der Auseinandersetzung mit Sinn- und Wertefragen zu erzielen, benötige ich Zeit, Raum und Ruhe."

„Es beeindruckt mich, dass beim Wertecoaching eine andere Form der Beziehung zwischen Coach und Klient entsteht. Es ‚menschelt', und die Dimension von Sinnhaftigkeit gewinnt an Bedeutung. Für mich entsteht zwischen Coach und Klient eine von gegenseitiger Dankbarkeit getragene Beziehung. Durch die Teilhabe an den Werten meines Klienten bekomme auch ich als Coach etwas ‚geschenkt'."

„Durch die Tiefe der Zusammenarbeit sind wir als Coachs zu einer ständigen Selbstreflexion aufgefordert."

„Coachs müssen sich im Wertecoaching noch stärker in der Impulsgebung zurückhalten und dem Kunden den Raum für die Sinnfindung eröffnen. Für mich heißt das, anregende Fragen zu stellen, verschiedene Betrachtungspunkte zu beleuchten, sich respektvoll dem Wertesystem des Klienten zuzuwenden und bereit zu sein für neue Erfahrungen – letztendlich auch mit dem eigenen Wertesystem."

Abschließend danken wir unseren Klienten für die vielen menschlich berührenden Einblicke und Erfahrungen. Wir danken für das entgegengebrachte tiefe Vertrauen und für die ehrlichen und anerkennenden Rückmeldungen.

Anhang

Wertecoach-Collegium

Nina Eschemann

geb. 1972, verheiratet, 1 Kind – Studium der Sprachen (Englisch, Französisch, Spanisch) und Wirtschaftswissenschaften, Strengths Performance Coach (nach Clifton StrengthsFinder®), zertifizierter Business Coach (CoachPro®), seit über 10 Jahren im Handel tätig. Leadership Coach in einem großen, internationalen Handelsunternehmen. Absolventin des „Authentic Happiness Coaching Programs" von Prof. Martin E. P. Seligman. Internationale Erfahrung im Coaching von Einzelpersonen und Teams auf Top-Managementebene. Vorlesungen und Vorträge zum Themenbereich Stärkenorientierung und Positive Psychologie als Managementmethode auf internationalen Kongressen an internationalen Hochschulen. Im Januar 2007 Erhalt des „Clifton Strengths Prize", verliehen für die Verdienste ums internationale Stärkencoaching. Arbeitsschwerpunkte: persönliche Stärkenentwicklung, Teamentwicklung, Leadership, Entwicklung von Grundwerten und Vision, Kommunikation, positive Psychologie.

Gunda Hess

Diplom-Pädagogin, Jahrgang 1962. Ausbildung in systemischer Beratung/Familientherapie (IPFP Wiesbaden) mit mehrjähriger Berufstätigkeit als Therapeutin für Abhängigkeitserkrankungen. Umfassende Qualifizierung im Bereich Personalentwicklung (Zentrum für universitäre Weiterbildung Kaiserslautern) und langjährige Berufserfahrung im Bereich betrieblicher Sozial- und Mitarbeiterberatung. Seit 2006 ausgebildeter Business Coach (CoachPro®) mit den Arbeitsschwerpunkten: Individuelle Beratung und Einzel-Coaching bei persönlichen und beruflichen Entwicklungs- und Veränderungsprozessen.

Bertram Kasper

Dipl. Sozialarbeiter, Dipl. Supervisor, Supervisor (DGSv), Business Coach (CoachPro®). Seit 15 Jahren im Bereich Supervision, Coaching, Fort- und Weiterbildung tätig. Davon 10 Jahre Aufbau eines konzerngebundenen Qualifizierungsunternehmens als Führungskraft und seit 4 Jahren als Geschäftsführer. Begleitung von Changeprozessen in Kommunen, Verwaltungen und Non-Profit-Organisationen mit mehr als 1.000 Mitarbeitenden. Erfahrung aus über 1.700 Coaching- und Supervisionssitzungen. Arbeitsschwerpunkte: Leadership einschließlich Qualifizierung, Kommunikation und Konfliktmanagement, Kollegiale Beratung, Values@work.

Monica Ockenfels

Jahrgang 1962, Studium der Psychologie und Betriebswirtschaft, Coaching-Ausbildung und verschiedene Zusatzqualifikationen in Klientenzentrierter Gesprächsführung und Systemischer Beratung, Ausbildung zum Werte- und Sinncoach (CoachPro®-Silentium). Mehrjährige Erfahrung aus der Personalberatung (Executive Search) sowie verschiedenen Leitungsfunktionen in den Bereichen Human Resources & Personalentwicklung in der Consulting- und Mobilfunkbranche. Seit 1998 Geschäftsführende Gesellschafterin der ‚p-liner' Consulting GmbH. Seit 2007 Dozentur an der Universität Siegen zu den Themen Selbstmarketing und Kommunikation. Beratungsschwerpunkte: Coaching von Führungs- und Führungsnachwuchskräften – besonders in stark politisierten und/oder konzerngebundenen Umfeldern –, Werte-Entwicklung und Sinnfindung, individuelle Karriere-Entwicklung.

Malu Salzig

Geschäftsführende Gesellschafterin focus change consulting GmbH, Inhaberin von Unternehmensdialog, Beraterin und Trainerin einer internationalen Unternehmensberatung, Abteilungsleiterin und Beraterin einer großen deutschen Krankenkasse, Ausbildung in systemischer Organisationsentwicklung, Ausbildung in Organisationsberatung und Coachingkompetenz, Ausbildung CoachPro®-Silentium zum Werte- und Sinncoach, Ausbildung in Gestaltberatung, Weiterbildung in systematischer Führungskräfte-Entwicklung, Diplom-Sozialpädagogin, Studium an der EFH Darmstadt.

Ralph Schlieper-Damrich

Diplom-Kaufmann, Inhaber der Perspektivenwechsel GmbH, zuvor 13 Jahre im leitenden Personal- und Bildungsmanagement tätig – als Gesamtschulungsbereichsleiter eines führenden Pharmagroßhandelsunternehmens, als Seminarleiter einer Unternehmensakademie eines internationalen Mischkonzerns, als Gründungsgeschäftsführer einer von der Bundesregierung initiierten Business-School und als Leiter des Bereichs Führungskräfte- und Kulturentwicklung und Coaching eines multinationalen Pharmaunternehmens. Erfahrungen aus sechs Fusionen. Qualifizierung zum Business Coach u. a. durch Horst Rückle. Arbeitet mit Unternehmern und Führungskräften der ersten drei Führungsebenen (in Coaching und im Sparring), mit Selbstständigen, Ärzten und Politikern. 2004–2007 Mitglied des Präsidiums des Deutschen Bundesverbandes Coaching e.V. Spezialist für Anliegen im Kontext der Werteverwirklichung, Sinnfragen und Lebens- und Berufskrisen. Ausbildungsleiter der Individualqualifizierung CoachPro®. Herausgeber des Buchs: Ermöglichungscoaching (2006), Mitautor des Buchs: Coachingtools (2004).

Weitere Informationen und Kontaktmöglichkeiten zu den Autorinnen, Autoren und ihren Unternehmen finden Sie unter
▶ www.wertecoaching.biz

CoachPro® ist das Netzwerk der Absolventinnen und Absolventen der CoachPro®-Ausbildungsreihe, die die Perspektivenwechsel GmbH mit verschiedenen Kooperationspartnern in Deutschland, Österreich und der Schweiz realisiert. Das gesamte Netzwerk besteht aus über 60 versierten Coachs und Führungskräften mit Coaching-Kompetenz.

Informationen zur Individual-Ausbildung zum Werte- und Sinncoach CoachPro®-Silentium finden Sie unter www.logocoaching.de/ausbildung

CoachPro® und Logocoaching® sind eingetragene Marken der Perspektivenwechsel GmbH. Das Unternehmen ist führend im Markt niveauvoller Individual-Managementqualifizierungen (Business Coach, Business Mentor, Unternehmenskulturberater, Systemischer Personalentwickler u.a.)

Wissenschafts-Collegium

Petra Kipfelsberger M.A.

studierte Psycholinguistik, Wirtschaftspsychologie und Pädagogik an der Ludwig-Maximilians-Universität München (2003-2007). Sie ist Alumnus der Bayerischen Elite-Akademie. Seit 2005 freiberufliche Trainerin und Coach für Sinn und Werte im Frankl'schen Verständnis, Rednerisches Ausdrucksverhalten sowie Artikulation und Stimme. Derzeit Assistentin für Dorothee Echter, Topmanagementcoaching, München. C-Kirchenmusikerin.
▶ Kontakt: petra.kipfelsberger@eliteakademie.de

Fachlektor Logotherapie

Dr. phil. Otto Zsok

Studien der Katholischen Theologie und Sozialarbeit in Freiburg im Breisgau mit Diplomabschluss sowie Philosophie an der Hochschule für Philosophie in München. Promotion mit dem Thema: Musik und Transzendenz – Ein philosophischer Beitrag zur Eruierung der geistig-spirituellen Inhalte der großen abendländischen Musik (Gregorianik, Bach, Beethoven und Mozart).

Ausbildung in Logotherapie bei Dr. Elisabeth Lukas und Prof. Wolfram Kurz am Süddeutschen Institut für Logotherapie in Fürstenfeldbruck (1986-1989), Sozialarbeiter beim Diözesancaritasverband der Stadt München (1986-1993), Rundfunk-Journalist (1983-1991). Auszeichnung mit dem Förderpreis des Viktor-Frankl-Fonds der Stadt Wien (2001). Gastdozentur an der Westungarischen Universität in Sopron/Ungarn. Seit 1990 Dozent im Sozialen Seminar München. Seit März 2003 Direktor des Süddeutschen Instituts für Logotherapie in Fürstenfeldbruck (Nachfolge Frau Dr. E. Lukas).
▶ Kontakt: www.logotherapie.de

Fachlektor Wertecoaching

Ralph Schlieper-Damrich

Diplom-Kaufmann, Heilpraktiker mit Schwerpunkt Psychotherapie (HPG). Inhaber der Perspektivenwechsel GmbH und Leiter der P.E.R.S.P.E.K.T.I.V.E.N.W.E.C.H.S.E.L.-Praxis für wertebasierte Psychotherapie, Logotherapie und Existenzanalyse. Mehrjährige Ausbildung in Logotherapie und Existenzanalyse nach Prof. Viktor E. Frankl am Süddeutschen Institut für Logotherapie, Leitung Dr. phil. Otto Zsok.

Dienstleistungen im Bereich logotherapeutischer Begleitung von Fach- und Führungskräften, Managerseelsorge und Qualifizierung zum Werte- und Sinncoach.

▶ Kontakt: www.logotherapie-augsburg.de, www.wertesinn.de, www.logocoaching.de, www.managerseelsorge.de

Herzlichen Dank

Das ganze Autorenteam dankt Frau Christiane von Ehr aus Kempten für ihre wertvolle Unterstützung bei der Korrekturlesung unserer Texte und für ihre zahlreichen stilistischen Empfehlungen.

Literaturverzeichnis

Apelt, O. (1989): Platon. Der Staat. Über das Gerechte. Hamburg. Meiner Verlag

Auhagen, A. E. (Hrsg.) (2004): Positive Psychologie, Anleitung zum „besseren" Leben. Weinheim. Beltz Psychologie Verlags Union

Batthyany, A. & Guttmann, D. (2005): Empirical research in logotherapy and meaning-oriented psychotherapy: an annotated bibliography. Arizona. Zeig, Tucker & Theisen, Inc.

Becker, P. (2000): Der Beitrag Viktor Frankls zu einer Theorie der seelischen Gesundheit und der Psychotherapie. Existenz und Logos, Heft 2, S.66-82 (in Arbeit zitiert: Vortrag auf dem Kongress der Deutschen Gesellschaft für Logotherapie und Existenzanalyse „Logotherapie im Gespräch mit den Humanwissenschaften" vom 13. bis 16. April 2000 in Würzburg, URL: http://www.psychologie.uni-trier.de/becker/publikationen.htm#artikelpb [Stand 1.10.2007])

Biller, K. (1995): Der Wert-Begriff. In: Kurz, W. & Sedlak, F. (Hrsg.) (1995): Kompendium der Logotherapie und Existenzanalyse. Bewährte Grundlagen, neue Perspektiven. Tübingen. Verlag Lebenskunst. S.117-129

Böckmann, W. (1984): Wer Leistung fordert, muß Sinn bieten. Moderne Menschenführung in Wirtschaft und Gesellschaft. Düsseldorf. Econ Verlag

Böckmann, W. (1987): Sinnorientierte Führung als Kunst der Motivation. Landsberg/Lech. Econ Verlag

Boder, W. (1973): Die sokratische Ironie in den platonischen Frühdialogen. Studien zur antiken Philosophie 3. Amsterdam. Grüner Verlag

Böschemeyer, U. (2005): Unsere Tiefe ist hell. Wertimagination – ein Schlüssel zur inneren Welt. München. Kösel-Verlag

Brinker, K. & Sager, S. F. (2006): Linguistische Gesprächsanalyse. Eine Einführung. Berlin. Erich Schmidt Verlag

Buckingham, M., Clifton, D. O. (2001): „Entdecken Sie Ihre Stärken jetzt!". Frankfurt am Main. Campus Verlag

Fellini, F. (1981): Fellini´s Faces. Vierhundertachtzehn Bilder aus Federico Fellini's Fotoarchiv. Diogenes Verlag

Frankl, V. E. (1951): Logos und Existenz. Wien. Amandus Verlag

Frankl, V. E. (1990): Der Mensch auf der Suche nach Sinn. Teilwiedergabe des Vortrags bei Radio Vorarlberg. URL: http://your.orf.at/vbgwebcam/radio/focusplayer.php?uri=focus_frankl_mensch.RA&title=%20Prof.%20Viktor%20Frankl:%20Der%20Mensch%20auf%20der%20Suche%20nach%20Sinn [Stand 1.10.2007]

Frankl, V. E. (1992): Der unbewußte Gott. Psychotherapie und Religion. München. Kösel-Verlag

Frankl, V. E. (1995a): Der Mensch vor der Frage nach dem Sinn. München. Piper Verlag

Frankl, V. E. (1995b): Die Psychotherapie in der Praxis. Eine kasuistische Einführung für Ärzte. München. Piper Verlag

Frankl, V. E. (1999): Theorie und Therapie der Neurosen. Einführung in Logotherapie und Existenzanalyse. München. Reinhardt Verlag

Frankl, V. E. (2002): Logotherapie und Existenzanalyse. Texte aus sechs Jahrzehnten. Weinheim. Beltz Verlag

Frankl, V. E. (2005a): Ärztliche Seelsorge. Grundlagen der Logotherapie und Existenzanalyse. Zehn Thesen über die Person. Wien. Deuticke Verlag

Frankl, V. E. (2005b): Der leidende Mensch. Anthropologische Grundlagen der Psychotherapie. Bern. Huber Verlag

Frankl, V. E. (2005c): ... trotzdem Ja zum Leben sagen. Ein Psychologe erlebt das Konzentrationslager. München. Kösel-Verlag

Frankl, V. E. (2005d): Der Seele Heimat ist der Sinn. Logotherapie in Gleichnissen von Viktor E. Frankl. München. Kösel-Verlag

Graf, H. (2007): Die kollektiven Neurosen im Management. Wien. Linde Verlag

Griech. Wörterbuch: Schäfer, K.-H., Zimmermann, B. (1990): Langenscheidts Taschenwörterbuch der griechischen und deutschen Sprache. Berlin. Langenscheidt Verlag

Gutmann, M. (2003): Die dialogische Pädagogik des Sokrates – Ein Weg zu Wissen, Weisheit und Selbsterkenntnis. Münster. Waxmann Verlag

Hawking, St. (1993): Einsteins Traum. Expeditionen an die Grenzen der Raumzeit. Hamburg. Rowohlt Verlag
Heitsch, E. (2002): Platon. Apologie des Sokrates. Göttingen. Verlag Vandenhoeck und Ruprecht
Hellinge, B., Jourdan, M. & Maier-Hein, H. (1984): Kleine Pädagogik der Antike. Frankfurt am Main. Verlag Lang
Hesse, J., Schrader, H. Chr. (2006): Was steckt wirklich in mir? Der Potentialanalyse-Test. Frankfurt. Eichborn Verlag

Kets de Vries, M. (2006): The Leader on the Couch: A Clinical Approach to Changing People and Organizations. Chicester. Verlag John Wiley & Sons
Klingberg, H., (2001): When Life Calls Out to Us: The Love and Lifework of Viktor and Elly Frankl. Verlag Doubleday Books
Krohn, D. & Neißer, B. (2004): Verständigung über Verständigung. Metagespräche über Sokratische Gespräche. Münster. Lit Verlag
Kurz, W. (1995): Der Mensch auf dem Weg zu sich selbst. In: Kurz, W. & Sedlak, F. (Hrsg.) (1995): Kompendium der Logotherapie und Existenzanalyse. Bewährte Grundlagen, neue Perspektiven. Tübingen. Verlag Lebenskunst. S.39-69

Looss, W. & Rauen, C. (2005): Einzel-Coaching – Das Konzept einer komplexen Beratungsbeziehung. In: Rauen, C. (Hrsg.) (2005): Handbuch Coaching. Göttingen. Hogrefe. S.155-182
Loska, R. (1995): Lehren ohne Belehrung. Leonard Nelsons neosokratische Methode der Gesprächsführung. Bad Heilbrunn, Julius Klinghardt Verlag
Lukas, E. (1988): Rat in ratloser Zeit. Anwendungs- und Grenzgebiete der Logotherapie. Freiburg. Herder Verlag
Lukas, E. (1989): Psychologische Vorsorge. Krisenprävention und Innenweltschutz aus logotherapeutischer Sicht. Freiburg. Herder Verlag
Lukas, E. (2002): Lehrbuch der Logotherapie. München. Profil Verlag
Lukas, E. (2005): Der Seele Heimat ist der Sinn. Logotherapie in Gleichnissen von Viktor E. Frankl. München. Kösel-Verlag
Marquard, O. (1987): Apologie des Zufälligen. Stuttgart. Reclam Verlag
Marquard, O. (1994): Skepsis und Zustimmung. Philosophische Schriften. Stuttgart. Reclam Verlag
Martens, E. (2004): Sokrates. Eine Einführung. Stuttgart. Reclam Verlag

Mugerauer, R. (1992): Sokratische Pädagogik. Ein Beitrag zur Frage nach dem Proprium des platonisch-sokratischen Dialoges. Marburg. Tectum Verlag

Müller, M., Halder, A. (1988): Kleines Philosophisches Wörterbuch. Freiburg, Basel, Wien. Herder-Verlag

Ostberg, P. M. (1998): Sinn- und werteorientierte Führung in Unternehmen. In: Amini, B., Heines, K.-D. & Trier, U. (Hrsg.) (1998): Wort und Sinn. Sprache als Medium der Sinnfindung. Dokumentation der Oldenburger Tagung der Deutschen Gesellschaft für Logotherapie und Existenzanalyse e. V. 5. bis 8. Juni 1997. o. O. Deutsche Gesellschaft für Logotherapie. S.165-180

Pattakos, A. (2005): Gefangene unserer Gedanken. Viktor Frankls 7 Prinzipien, die Leben und Arbeit Sinn geben. Wien. Linde Verlag

Petzold, H. G., Hildenbrand, C.-D. & Jüster, M. (2002): Coaching als ‚soziale Repräsentation' – sozialpsychologische Reflexionen und Untersuchungsergebnisse zu einer modernen Beratungsform. http://www.donau-uni.ac.at/imperia/md/content/studium/umwelt_medizin/psymed/artikel/coaching.pdf [Stand: 1.10.2007]

Pieper, J. (2002): Darstellungen und Interpretationen: Platon. Hamburg. Meiner Verlag

Rauen, C. & Steinhübel, A. (2005): Coaching-Weiterbildungen. In: Rauen, C. (Hrsg.) (2005): Handbuch Coaching. Göttingen. Hogrefe. S.289-310

Riedel, C., Deckart, R. & Noyon, A. (2002): Existenzanalyse und Logotherapie. Ein Handbuch für Studium und Praxis. Darmstadt. Primus Verlag

Rufener, R. (1998): Platon. Der Staat. München. Deutscher Taschenbuch Verlag

Schein, E. H. (2003): Karriereanker. Die verborgenen Muster in ihrer beruflichen Entwicklung (Band 1 und 2), Landsberg, Verlag Wolfgang Looss

Schleiermacher, F. D. E. (1986): Platon Werke. Kratylos – Der Sophist – Der Staatsmann – Das Gastmahl. Berlin. Akademie-Verlag

Schlieper-Damrich, R., Schulz Ph., Netzwerk CoachPro (Hrsg.) (2006): Ermöglichungscoaching. Vom Klienten-Dompteur zum Entwicklungs-Arrangeur. Bonn. managerSeminare Verlag

Schmid, B. (2004): Systemisches Coaching. Konzepte und Vorgehensweisen in der Persönlichkeitsberatung. Bergisch Gladbach. Verlag Andreas Kohlhage

Schrastetter, R. (o. J.): Die Erkenntnis des Guten. Platons Sonnen-, Linien- und Höhlengleichnis. In: Hofmann, R. et al. (Hrsg.) (1989): Anodos. Festschrift für Helmut Kuhn. Weinheim. VCH Acta Humaniora

Schreyögg, A. (2003): Coaching. Eine Einführung für Praxis und Ausbildung. Frankfurt/Main. Campus Verlag

Schulz von Thun, F. (1989): Miteinander Reden 2: Stile, Werte und Persönlichkeitsentwicklung. Differentielle Psychologie der Kommunikation. Reinbek. Rowohlt Verlag.

Schwuchow, K. (2007): The Leader on the Coach: Manager und ihre blinden Flecken. In: Wirtschaftspsychologie aktuell. 1/2007. S. 50 ff.

Stavemann, H. H. (2002): Sokratische Gesprächsführung in Therapie und Beratung. Eine Anleitung für Psychotherapeuten, Berater und Seelsorger. Weinheim. Beltz Verlag

Thomas, C. (2000): Erfolgreich mit Kritik umgehen mit Vistem®. München. Midena Verlag

Whitmore, J. (1997): Coaching für die Praxis. München. Verlag Wilhelm Heyne

Tabellen- und Abbildungsverzeichnis

Tabellenverzeichnis

Tab. 1: Vergleich des sokratischen mit dem Frankl'schen Menschenbild 77

Tab. 2: Unterschiede zwischen Logotherapie und Business-Coaching 101

Tab. 3: Die ‚Götterparty' von Frau Raben .... 188 f.

Tab. 4: Innerer Dialog mit Werte-Coachs .... 218 f.

Abbildungen

Abb. 1: Dimensionalontologie, in Anlehnung an Lukas 25

Abb. 2: Prozess zur Sinnerfüllung, in Anlehnung an Lukas 32

Abb. 3: Wertekonflikt resultierend aus Dimensionsverlust durch Projektion, in Anlehnung an Frankl 34

Abb. 4: Bewusstseinsstufen, in Anlehnung an Sokrates' Liniengleichnis 73

Abb. 5: Verlauf des Erkenntnisprozesses in einem Sokratischen Dialog 82

Abb. 6: Fließende Übergänge zwischen dem Wirkungskreis von Wertecoaching und Logotherapie 103

Abb. 7: Werte-Handlungs-Quadrat für den Wert ‚Anerkennung' von Frau Echt 140

Abb. 8: Werte-Handlungs-Quadrat für den Wert ‚Verantwortung' von Frau Echt 142

*„Im Gegensatz zu den Energiequellen
ist der Sinn unerschöpflich."*

Viktor E. Frankl

Abb. 9:   Moderationskarten mit Wertebegriffen von
          Frau Navigare 166
Abb. 10: Berufliche Wertedefinitionen von Frau Navigare 167
Abb. 11: Unverzichtbare berufliche Werte von Frau Navigare..... 168
Abb. 12: Bojen-Modell 175
Abb. 13: Wertequadrat zum Wert ‚Bescheidenheit'
         von Frau Raben 184
Abb. 14: Aufstellung der imaginierten Götterparty 190
Abb. 15: Arbeitsblatt für eine Wertebiografie 199
Abb. 16: Zwischenevaluation durch Frau Ecke 202
Abb. 17: Strukturhilfe ‚gut/hilfreich' und
         ‚weniger gut/weniger hilfreich'................................. 208
Abb. 18: Negativ-Spirale der Gedanken von Herrn Blau 216
Abb. 19: Positiv-Spirale der Gedanken von Herrn Blau.............. 217
Abb. 20: Auszug der PCM-Auswertung von Frau Helfi 238
Abb. 21: Prozessdarstellung 250
Abb. 22: Denkmuster 254
Abb. 23: Clifton StrenghtsFinder® – Profil Herr Direkt.............. 257
Abb. 24: Clifton StrenghtsFinder® – Profil Herr Reflektiert 257
Abb. 25: Werteauswahl.. 261
Abb. 26: Werteaufstellung Herr Direkt...................................... 262
Abb. 27: Werteaufstellung Herr Reflektiert 263
Abb. 29: Überschneidende Werte 265
Abb. 30: Gemeinsame Werte und deren Bedeutung................... 266
Abb. 31: Feedbackfenster... 267

Stichwortverzeichnis

A

Abgrenzung Therapie/Coaching ... 102
Abschied nehmen ... 113
Adler, Alfred ... 14
Akzeptanz ... 41
Angst ... 51, 204
Anliegen hinter dem Anliegen ... 179
Anspruchsdenken ... 107, 179
Antreiber-Dynamik ... 160
Arbeitshaltung des Coachs ... 283
Arbeitslosigkeit ... 121
Auftragsklärung ... 283

B

Bergpanorama (Intervention) ... 138
berufliche Erfüllung ... 119
berufliche Neuorientierung ... 153
Bewusstseinsstufen ... 72
Biografiearbeit ... 57, 199
Bojen-Modell ... 175
Brisanz-Erleben ... 19, 134
Burn-out ... 102
Business-Coaching ... 101

C

Charakter ... 26
Clifton StrengthsFinder ... 255
Coach-Klient-Verhältnis
 ... 41, 125, 284
Coaching-Ansätze ... 96, 98
Coaching-Definition ... 93
Coaching-Qualifikation ... 99, 285
Coaching-Ziele ... 98

D

Daseinssinn ... 43
Demotivation ... 44
Dereflexion ... 52, 118, 178
Dialog-Definition ... 78
Dialogisches Prinzip ... 74
Dilemmata ... 57

E

Egozentrierung ... 52
Einsicht ... 41
Einstellungen verändern
 ... 49, 54, 144
Einstellungsmodulation
 ... 42, 54, 67, 160, 180
Einstellungssicherheit ... 82
Einstellungswerte ... 35, 176
Entscheidungssicherheit ... 60
entwicklungsfördernde Fragen ... 124
Erkenntnisprozess ... 82
Erkenntnis des Guten ... 70
Erlebniswerte ... 35, 176
Ermöglichungscoaching ... 94, 128, 234
Erwartungshaltung ... 107, 197
Existenzanalyse ... 14, 22
existenzielles Vakuum ... 47, 103, 205

F

Fantastischer Dialog ... 56
Feedback-Fragen ... 185
Feedbackfenster ... 267
freier Wille ... 60
Freiheit ... 24
Fremdbestimmung ... 205

Freud, Sigmund ... 14
Frustrationstoleranz ... 116
Führungswerte ... 137

G

geistiges vs. rationales Wesen ... 71
gemeinsamer Nenner ... 57
Gesundheit ... 45
Gewissen ... 27, 34, 60, 72, 209, 241
Glaubenssätze ... 126, 148, 186, 220
Gleichberechtigung im Dialog ... 80
Glück ... 29, 69
Götterparty (Intervention) ... 186

H

handlungsleitende Motive ... 258
Handlungsmuster ... 153
heilsame Selbstvergessenheit ... 32
Hingabe ... 29
Homöostase ... 28
Homo noeticus ... 23, 71
Humor ... 50
Hyperreflexion ... 52, 118, 178, 210

I

Improvisation ... 49
Individualpsychologie ... 14
innere Werte-Coachs ... 218
internes Coaching ... 251
Interventionsmethoden ... 49, 123

K

Karriereanker ... 155
kollektive Neurose ... 128
Kommunikationsbedürfnisse ... 237
Krankheit ... 45

L

Lebens-Bilanzierung ... 113
Leid ... 37, 116
Liniengleichnis ... 72
Logotherapie ... 13

M

Mäeutik ... 70, 76, 82, 86
Menschenbild Sokrates/Frankl ... 67
Motivation ... 31, 44

N

Negativ-Spirale der Gedanken ... 216
neo-sokratische Methode ... 67
noetische Dimension ... 23
noo-psychischer Antagonismus
 ... 25, 30
noogene Neurose ... 46

O

Offenheit ... 284
Opfer-Haltung ... 43

P

Paradoxe Intention ... 50, 180
parallele Werteordnung ... 109
Perfektionismus ... 211
Personal Indicator ... 223
Perspektivenwechsel ... 118, 178, 243
philosophische Wahrheiten ... 68
Positiv-Spirale der Gedanken ... 217
Potenzialanalyse ... 255
Potenzialanalyse-Test (PAT) ... 155
pragmatischer Wertidealismus ... 33
Process Communication Model ... 237
provokative Konfrontation ... 180
psychiatrisches Credo ... 45
psychische Dimension ... 24
psychische Gesundheit ... 46, 102
Psychoanalyse ... 14
Psychophysikum ... 24
pyramidale Werteordnung ... 109

R

Reifungskrise ... 46
Respekt ... 195
Ressourcenorientierung ... 158, 186
Resümee-Blatt ... 202

S

Scheinsicherheit ... 82
Schöpferische Werte ... 35, 176
Schuld ... 38
Schwestertugend ... 200, 279
Seinsschichten ... 23
Selbst-/Fremdwahrnehmung ... 182
Selbstdistanzierung
    ... 30, 51, 52, 113, 150, 161
Selbsteinschätzung ... 223, 255
Selbsterkenntnis ... 30
Selbststeuerung ... 168
Selbsttranszendenz ... 28, 53, 74
Selbstverständnis des Coachs ... 122
Selbstwert ... 56, 171, 181
Seligman, Martin E. P. ... 253
Sinn-Konstruktivismus ... 61
Sinn- und Identitätskrise ... 128
Sinndefinition ... 15
Sinnerfüllung ... 22, 32
Sinnfindung ... 21, 43
Sinnkrise ... 204
Sinnmöglichkeiten ... 27
Sinnwahrnehmungstraining ... 55
Sinn des Lebens ... 106
Sokratischer Dialog ... 67, 124
Sokratische Fragen ... 87
Sokratische Ironie ... 82, 85
Sokratische Pädagogik ... 68, 84
somatische Dimension ... 24
stärkenbasiertes Coaching ... 253
Streben nach Konsens ... 79

T

Teamblend ... 264
Teamcoaching ... 248
Teamkonflikt ... 249
Teamwerte ... 249, 265
Tod ... 39, 114
Tragischer Optimismus ... 116, 228
Tragische Trias ... 36
Transaktionsanalyse ... 160

Transzendenz ... 23
Trotzmacht des Geistes
    ... 25, 111, 150, 158, 227

U

Unternehmensethik ... 11

V

Validität der Logotherapie ... 59
Veränderung ... 41
Veränderungsaktivität ... 126
Verantwortung ... 111, 127, 136, 227
Verhaltensmuster ... 144, 255
Verhaltenssicherheit ... 82
Vernunft ... 71

W

Wahrheit ... 68, 81
Weisheit ... 85
Wertblindheit ... 48
Werteverwirklichungspotenzial ... 176
Werte-Entwicklungsprozesse ... 57
Wertequadrat (Schulz von Thun)
    ... 140, 184, 244
Werte-Ordnung ... 109, 227, 261
Werteaufstellung ... 262
Wertebiografie ... 199
Wertedefinitionen ... 33, 167, 258
Wertefindungsprozess ... 260
Wertehierarchie ... 214
Werte-Imagination ... 56
Wertekategorien ... 176
Wertekonflikte ... 33, 171, 272
Wertepriorisierung ... 48, 109, 137
Werteprofil ... 137
Wertereflexion ... 165
Werteverlust ... 104
Wertezusammenführung ... 250
Wille zum Guten/zum Sinn ... 70
Würde ... 121

Z

Zwang ... 51